材料制备原理与技术

谷　智　介万奇　周万城　编著

西北工業大學出版社

【内容提要】 本书着重介绍与无机材料制备、晶体生长和薄膜沉积相关的基础理论和基本概念。内容包括无机材料的基础知识，材料的晶体化学基础、点缺陷以及非晶态结构，相平衡基础和相平衡的应用，无机材料制备中的高温动力学过程基础，晶体生长的物理基础和晶体生长的方法与技术，薄膜沉积方法和技术等。

本书是材料学专业的本科基础教材，在内容编排上遵循理论联系实际的原则，尽可能做到内容精简、突出重点、阐明难点，可供相关专业的高等学校师生以及相关工程技术人员使用和参考。

图书在版编目(CIP)数据

材料制备原理与技术/谷智，介万奇，周万城编著．—西安：西北工业大学出版社，2013.12
(2021.8 重印)
ISBN 978－7－5612－3887－5

Ⅰ.①材… Ⅱ.①谷… ②介… ③周… Ⅲ.①材料制备 Ⅳ.①TB3

中国版本图书馆 CIP 数据核字(2013)第 315252 号

出版发行：西北工业大学出版社
通信地址：西安市友谊西路 127 号　　**邮编**：710072
电　　话：(029)88493844　88491757
网　　址：www.nwpup.com
印 刷 者：西安日报社印务中心
开　　本：787 mm×1 092 mm　1/16
印　　张：15.625
字　　数：376 千字
版　　次：2014 年 1 月第 1 版　　2021 年 8 月第 2 次印刷
定　　价：45.00 元

前　言

材料、能源和信息科学是现代文明的三大支柱。材料制备原理是研究材料的组成、结构、缺陷与性能关系及其变化规律的一门基础学科，材料制备技术则是研究材料制备新技术、新工艺以实现新材料的设计思想，并使其投入应用的一门应用学科，两者相互结合、相互促进，形成材料制备科学与技术。

为适应高等教育按系设置宽口径专业的改革需要，实现加强基础、拓宽知识的大学本科教育培养目标，本课程将原来属于三个不同专业的教材内容融合在一门课程中消化。从分析物理现象和化学现象的联系着手，论述无机非金属材料制备原理与技术的基本理论知识，探讨无机非金属材料的组成、结构、缺陷与性能和工艺之间的有机联系，探索无机材料制备、晶体生长和薄膜沉积过程中的热力学和动力学规律。

本书的内容分为 10 章，包括无机材料物理化学、陶瓷制备工艺、晶体生长技术和薄膜沉积技术等内容。无机材料物理化学部分主要阐述晶体的结构与缺陷、相平衡、非晶态固体等内容，陶瓷制备工艺部分主要阐述固体材料制备过程中的物质传递、固体与固体反应形成新的固体和烧结等内容，晶体生长技术部分主要阐述晶体生长热力学、界面的平衡结构、晶体生长动力学、单晶材料的制备等内容，薄膜沉积技术部分主要阐述薄膜沉积的原理、物理气相沉积和化学气相沉积的原理与方法等内容。

笔者在编著过程中始终把握基础理论知识与实际材料的研究、制备与应用相结合的原则。内容编排遵循理论联系实际的原则，深入浅出，既有基本原理的论述，又有实际操作方法和工艺、技术的介绍，还配有适当的基本原理和典型设备示意图。

材料制备原理与技术内涵丰富，涉及的学科领域和范围非常广泛，知识技术又在不断地发展更新，鉴于知识水平有限，难免存在不足之处，恳请读者批评指正。

编著者

2013 年 10 月

目　录

第1章 晶体化学基础

无机非金属材料多数是以结晶状态存在的物质——晶体。不同的晶体具有不同的性质，晶体所具有的性质是由晶体的内部结构决定的，如果内部结构发生了变化，性质也将产生变化。晶体的结构是由构成晶体的原子或离子在三维空间中的堆积方式所决定的，故晶体的结构又与晶体的化学组成相联系，化学组成的改变，意味着构成晶体的质点(原子或离子)在本质上存在差异，从而在结构中的排列组合方式也发生变化。因此，晶体化学的任务，主要就是研究晶体的组成、内部结构和性质之间的关系。

1.1 化 学 键

原子之间以什么力构成分子、构成物质是化学键理论的核心。在分子或晶体中，两个或多个原子(或离子)之间的强烈相互作用，称为化学键。元素原子依靠化学键结合而聚合成晶体。目前，已确知的化学键有离子键、共价键和金属键。其中，离子键是依靠静电库仑力作用形成的化学键。共价键由两个或多个电负性相差不大的原子依靠共有若干电子所构成。金属键由金属中的“自由电子”和金属正离子组成的晶格之间的相互作用力构成。另外，分子之间还普遍存在范德华引力，是一种较弱的相互作用，一般不把它归入化学键。有时分子间或分子内的某些F,O,N与H组成的基团之间还可形成氢键，氢键也是一种较弱的键，但比范德华键要强，并具有方向性与饱和性。

1.1.1 离子键

金属原子将其外层的一个或一个以上的价电子转移到非金属原子时，形成具有较稳定电子组态的正、负离子，正负离子之间由于库仑引力而相互吸引，但当它们充分靠近时，离子的核外电子云之间将产生斥力。当引力与斥力平衡时，就形成稳定的离子键。离子键既可存在于气态分子中，也可存在于晶体中，前者称离子型分子，后者称离子型晶体。离子键没有方向性及饱和性。每一个正离子容许几何上可能放置的最大数目的负离子包围在其周围；同样，每个负离子也将被最大数目的正离子所包围。

1.1.2 共价键

原子相互接近时，原子轨道相互重叠变成分子轨道，原子核之间的电子云密度增加，电子同时受到两个核的吸引，使体系能量降低，这样形成的化学键称共价键。共价键可由价键理论和分子轨道理论来描述。虽然这两个理论最终并不矛盾，但实际上它们从不同的观点处理化学键问题。

海特勒-伦敦用量子力学方法对氢分子的处理是价键理论的理论基础。将处理氢分子基态的结果推广到其他双原子或多原子分子体系，当这些分子的原子相互接近时，那些尚未配对且自旋相反的电子可两两配对形成共价键。价键理论认为：

(1)若A,B两原子的外层原子轨道(价电子轨道)各有一个未配对电子,则当A,B两原子接近时,这两个原子的电子以自旋反平行配对,而形成共价单键。若A,B两原子的外层原子轨道(价电子轨道)各有两个或三个未配对电子,则这些电子两两配对形成共价双键或共价三键。

(2)若A原子的外层原子轨道有 n 个未配对电子,B原子的外层原子轨道只有一个未配对电子,则1个A原子可与 n 个B原子化合形成 AB_n 型分子。

(3)共价键具有饱和性:已配对的电子不能再与另外的电子配对。

(4)共价键具有方向性:原子形成分子时,电子云重叠愈多,形成的共价键愈牢固,故共价键的形成将尽可能采用能实现电子云最大重叠的方向。

分子轨道理论是以变分法处理氢分子离子 H_{2+} 为基础发展起来的。分子轨道理论认为,一般分子中每个电子的轨道运动状态也可用适当的单电子波函数来描述。这种分子中描述单电子运动状态的波函数叫分子轨道。对某一分子,若能获得它的一系列分子轨道和相应的能级,就可像处理多电子原子一样,按电子排布原理,将分子中的电子填入分子轨道,得到分子的电子构型、分子中电子的概率分布以及能级的高低。

1.1.3 金属键

较早论述金属中的化学键理论为金属的自由电子模型。该理论认为金属都为电离能低,电负性小的元素,这些元素的原子内层电子受束缚较强,只能在较狭窄的区域内活动,称“定域电子”,而其外层电子则受束缚较弱,可以电离出来,并可在整个晶体中比较自由地运动,称“自由电子”或“离域电子”。这些脱离了原子的“自由电子”不属于个别原子,而是由所有原子所共有。同时,失去外层电子的金属原子形成金属离子。金属离子与“自由电子”相互吸引,形成金属晶体,金属的这种结合力称为金属键。金属键的特性是无方向性和饱和性。

1.1.4 分子间作用力

除了原子间强烈的相互作用——化学键(作用能在120～600 kJ/mol)——之外,分子间还存在较弱的相互作用,作用能在几十kJ/mol以下,比化学键小一两个数量级,这种作用不需要电子云重叠,无方向性和饱和性,在分子间普遍存在。这种分子间较弱的相互作用,称为分子间作用力,又称范德华力。由于使用分子间势能比分子间作用力更方便,故通常用分子间势能来讨论分子间作用力。

分子间作用力的来源主要有三种。

1. 取向力

取向力也称葛生(Keesom)力或静电力。极性分子有永久偶极矩,取向力由极性分子永久偶极矩间的静电引力作用引起,可根据静电理论计算这种平均静电作用能：

$$E_{取}=\frac{2\mu_1^2\mu_2^2}{3KTR^6} \tag{1-1}$$

式中 μ_1,μ_2—— 两个相互作用分子的偶极矩;

K—— 玻耳兹曼常数;

T—— 绝对温度;

R—— 两个分子重心间距离。

2. 诱导力

诱导力又称德拜(Debye)力。极性分子的永久偶极矩将诱导邻近非极性分子发生电荷位移,产生诱导偶极矩,诱导力由永久偶极距和诱导偶极矩的相互作用引起。

两个同种分子的相互平均诱导作用能为

$$E_{诱}=\frac{2\alpha\mu^2}{R^6} \tag{1-2}$$

两个异种分子的相互平均诱导作用能为

$$E_{诱}=\frac{\alpha_1\mu_2+\alpha_2\mu_1}{R^6} \tag{1-3}$$

式中 μ,μ_1,μ_2—— 分子的偶极矩;

α,α_1,α_2—— 分子极化率;

R—— 两个分子重心间距离。

3. 色散力

色散力也称伦敦(London)力。取向作用、诱导作用至少有一个分子是极性分子,但许多非极性分子之间仍然存在吸引力,原因是非极性分子之间虽然无永久偶极矩,但电子与原子核的运动,其运动方向和位移大小在不断变化,可产生瞬时正、负电荷中心不重合,形成瞬时偶极矩,它可诱导另一个分子出现瞬时偶极矩,彼此发生瞬时吸引,其作用能大小为

$$E_{色}=\frac{3}{2}\frac{I_1I_2}{I_1+I_2}\frac{\alpha_1\alpha_2}{R^6} \tag{1-4}$$

式中 I_1,I_2—— 两分子极化力;

α_1,α_2—— 两分子极化率;

R—— 两个分子重心间距离。

取向力和诱导力只存在于极性分子,色散力则在极性分子或非极性分子中都存在。这些作用力不仅存在于不同分子间,而且还存在于同一分子内的不同原子或基团之间。

1.1.5 氢键

分子中以共价键与电负性大的原子X相连的氢原子还可以与另一个电负性大的原子Y形成一种较弱的键:X-H……YR,这种键称为氢键。X,Y原子可以是F,O,N等电负性大而半径小的原子。如F-H……F;O—H……O;N—H……N;N-H……F;N-H……O等结构中的“……”即表示氢键。在特殊情况下,电负性大的Cl(半径较大)和半径小的C(电负性较小)也可有弱的氢键,如N—H……Cl;C—H……C等。

一般认为,X-H基本上是共价键,而H……Y则是一种很强的范德华键。因为X电负性大,H带部分正电荷而半径又特别小,可对另一个电负性大的Y原子产生强的静电吸引而形成氢键。由于H特别小,X,Y相对较大,当H和X,Y接触后,第三个电负性大的原子就难再接近H,故氢键又呈饱和性。为减少X,Y之间的斥力,X—H……Y要尽可能在一条直线上,故氢键具有方向性。也可说氢键是种较强的、具有饱和性和方向性的范德华键。

氢键的强弱与X,Y的电负性大小有关,电负性愈大,氢键愈强。同时与Y的半径也有关,半径愈小,氢键愈强。

氢键这一名称有两层意义，一是指 X—H……Y 结构，如键长是指 X……Y 间的距离，通常比共价键长，但比范德华键短；二是指 H……Y 的结合，如氢键的键能是指 H……Y 结合被破坏时所需要的能量。氢键的键能一般比共价键能小，但又比一般分子间相互作用力大，它的形成不像共价键那样需要严格的条件，它的结构参数如键长、键角和方向性等各方面都可在相当大的范围内变化，具有一定的适应性和灵活性。

大部分氢键 X—H……Y 中的 X—H 与 Y 分别为两个分子中的组成部分，这种氢键称分子间氢键，如 H_2O，HCl，HF 等；但也有的氢键是在分子内形成的，称为分子内氢键，如邻位硝基苯酚。

1.2 离子晶体的晶格能

由正负离子靠静电作用力结合在三维空间有规则排列所构成的晶体称为离子晶体。在离子晶体中，由于把晶体结合在一起的力完全起因于静电力，因此离子晶体中表征离子键强度的晶格能可用晶体中所有静电吸引和排斥加起来计算来获得。

晶体晶格能的定义为：0 K 时，1 mol 合物中的正、负离子由相互远离的气态离子结合成离子晶体时所释放的能量。它也等于将 1 mol 晶体转化为气态离子所需要的能量。

假设晶体中键的作用力完全是离子键力，则可根据离子晶体中离子的电荷、离子的排布等结构数据计算晶格能。根据库仑定律，两个相距为 r 的正、负离子之间的吸引能为

$$U_{吸引}=\frac{Z_1 Z_2 e^2}{r} \tag{1-5}$$

式中 e—— 电子电荷；

Z_1, Z_2—— 正、负离子电价；

r—— 正、负离子间的平衡距离。

当两个离子相互接近时，电子云之间将产生排斥，排斥能可近似表示为

$$U_{排斥}=\frac{B}{r^n} \tag{1-6}$$

式中 B—— 比例系数；

n—— 玻恩指数，其数值大小与离子的电子层结构有关，见表 1-1。

当正负离子属于不同类型时，n 取平均值，如 NaCl 晶体的 n 为 8。

表 1-1 波恩指数

离子的电子层结构类型	He	Ne	Ar，Cu^+	Kr，Ag^+	Xe，Au^+
n	5	7	9	10	12

综合考虑吸引能和排斥能，一对正、负离子间的势能为

$$U=U_{吸引}+U_{排斥}=\frac{Z_1 Z_2 e^2}{r}+\frac{B}{r^n} \tag{1-7}$$

U 明显随离子间距而变化，当离子的吸引力和排斥力相等时，总势能最低，达到平衡，晶体相对稳定，r 为平衡距离 r_0，根据 $r=r_0$ 时 U 的一阶导数为零，可得

$$B=\frac{Z_1Z_2e^2r_0^{n-1}}{n} \tag{1-8}$$

因此，一对正、负离子在平衡距离时具有的势能为

$$U=-\frac{Z_1Z_2e^2}{r_0}\left(1-\frac{1}{n}\right) \tag{1-9}$$

式(1-9)为一对正、负离子间的平衡势能，但还不是晶体的晶格能。在晶体中，正、负离子按一定规律排布，每个离子周围都有许多正、负离子和它作用，在计算晶格能时，这些相互作用都要加以考虑。如图 1-1 所示为 NaCl 晶体结构示意图，当 Na^+ 和 Cl^- 最近的距离为 r_0 时，每个 Na^+ 周围具有的离子为：6 个距离为 r_0 的 Cl^-，12 个距离为$\sqrt{2}r_0$ 的 Na^+，8 个距离为$\sqrt{3}r_0$ 的 Cl^-，6 个距离为$\sqrt{4}r_0$ 的 Na^+……

这样，在 1 mol NaCl 型晶体结构中，每个离子所处势场的势能为

$$U=-\frac{Z_1Z_2e^2}{r_0}\left(1-\frac{1}{n}\right)\left(\frac{6}{1}-\frac{12}{\sqrt{2}}+\frac{8}{\sqrt{3}}-\frac{6}{\sqrt{4}}+\cdots\right) \tag{1-10}$$

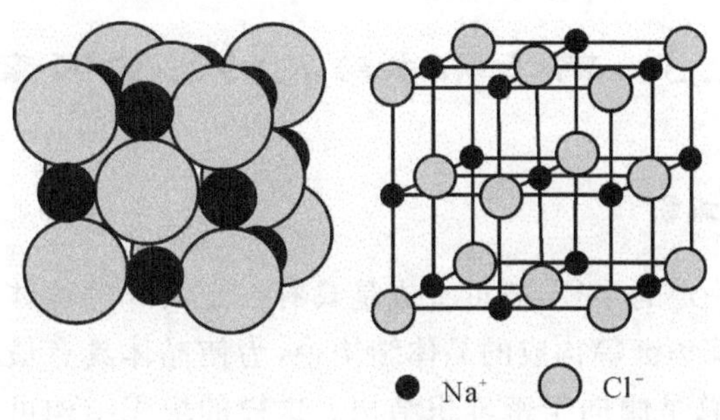

图 1-1　NaCl 晶体结构

设马德隆(Madelung) 常数 $A=\left(\frac{6}{1}-\frac{12}{\sqrt{2}}+\frac{8}{\sqrt{3}}-\frac{6}{\sqrt{4}}+\cdots\right)$，$A$ 是与离子晶体构型有关的常数，如表 1-2 所示。

表 1-2　各类晶体的 Madelung 常数

晶体结构	配位数	晶系	Madelung 常数
氯化钠 NaCl	6∶6	立方	1.747 6
氯化铯 CsCI	8∶8	立方	1.762 7
闪锌矿 ZnS	4∶4	立方	1.638 1
纤锌矿 ZnS	4∶4	立方	1.641 3
萤石 CaF_2	8∶4	立方	2.519 4
金红石 TiO_2	6∶3	四方	2.408 0
刚玉 $A1_2O_3$	6∶4		4.171 9

这样，式(1-10) 可表示为

$$U=-\frac{AZ_1Z_2e^2}{r_0}\left(1-\frac{1}{n}\right) \tag{1-11}$$

1 mol 二元型晶体结构中有 N_0(阿伏伽德罗常数)对正负离子,则晶体的总势能为

$$U=-\frac{N_0AZ_1Z_2e^2}{r_0}\left(1-\frac{1}{n}\right) \tag{1-12}$$

晶体的晶格能为

$$U_{晶}=-U=\frac{N_0AZ_1Z_2e^2}{r_0}\left(1-\frac{1}{n}\right) \tag{1-13}$$

晶格能的大小反映了晶体中质点结合的强度及晶格的稳定性,离子晶体的许多性质如硬度、热膨胀系数、熔点、溶解度等都与晶格能密切相关。由式(1-13)所示的晶格能公式可知,由于玻恩指数都比较大,$(1-1/n)$对晶格能的影响比电价数、马德隆常数及正负离子之间的平衡距离要小得多。因此,不同离子晶体间如果其电价数相同,离子构型也相同,则 r_0(一般为正负离子半径之和)大时,其晶格能较小,熔点较低,热膨胀系数较大。如同为 NaCl 构型的 MgO,CaO,SrO 和 BaO 晶体,随着碱土金属离子半径的增加,其晶格能由 MgO 到 BaO 逐渐降低,其硬度和熔点也逐渐下降。

1.3 离子晶体结构的影响因素

1.3.1 球体最紧密堆积

原子和离子都具有一定的半径,故可看成是具有一定尺寸的球体。在由无方向性和饱和性的金属键、离子键、范德华键等构成的晶体结构中,为使晶体具有最小的内能而构成稳定的结构,原子、离子或分子总是倾向于密堆积结构。这样的堆积结构可用球体的密堆积规律来描述。

1.3.1.1 等径球体的最紧密堆积

等径球体的最紧密堆积可从密堆积层来了解。如图 1-2 所示。

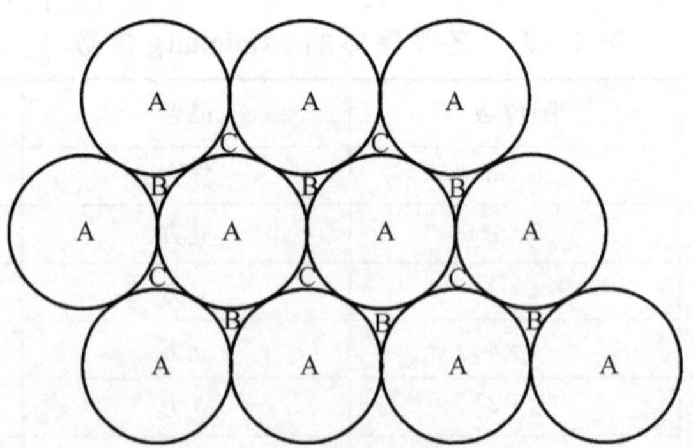

图 1-2 密堆积层的结构

将许多等径球最紧密排在一起,就构成密堆积层。在每层密堆积层中,每个球周围有六个球与其接触,此时,每三个彼此相接触的球之间存在呈弧线三角形的空隙,每个球周围有六个这样的空隙,其中半数空隙的尖角指向图的下方(其中心位置标为 B),半数空隙的尖角指向图的上方(其中心位置标为 C)。将第二层球堆上去时,为保证最紧密堆积,就要将圆球放在 B 或

C位置，即第二层球应放在第一层的空隙上，但空隙只用去一半。当第三层球放上去时，为保持密堆积，有两种方法。一种是每个球正好堆在第一层A球位置上面，即第三层球与第一层球的位置正对着，依次堆上去成为ABABAB……堆积，这种堆积可取出一个六方晶胞，故又称六方最紧密堆积，如图1-3所示。另一种是将第三层球放在正对第一层未被占用的空隙上方，即第一层在A位，第二层在B位，而第三层在C位上，依次堆上去成为ABCABC……堆积，这种堆积可取出一个面心立方晶胞，这种堆积称面心立方最紧密堆积，如图1-4所示。在这两种堆积方式中，每个球体所接触到的同种球体的个数均为12个。

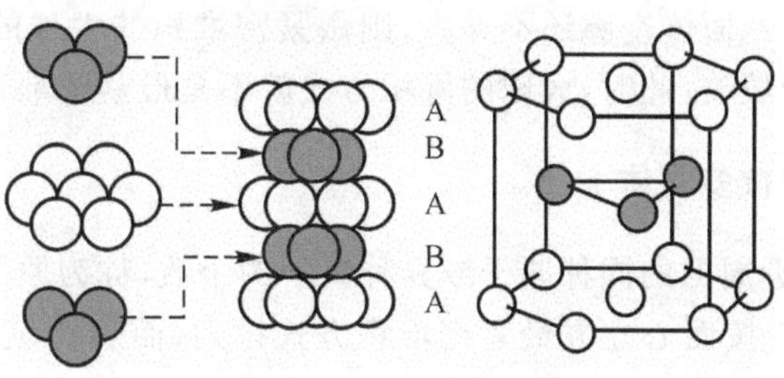

图1-3　六方最紧密堆积

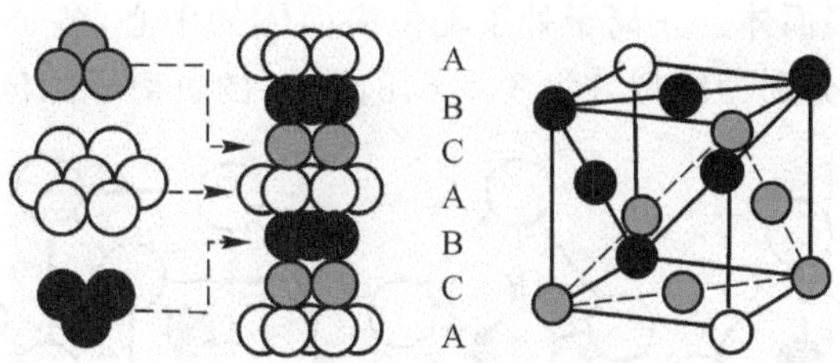

图1-4　立方最紧密堆积

1.3.1.2　密堆积中的空隙

尽管以上的两种堆积方式都为最紧密堆积，但球体之间仍存在一定的空隙。等径球体的各种最紧密堆积形式具有相同的堆积密度。如果用空间利用率，即一定空间中圆球所占体积的百分数表示球堆积的紧密程度，则六方最紧密堆积和面心立方最紧密堆积的空间利用率都是74.05%。

在各种最紧密堆积中，球间的空隙数目和大小也相同。根据包围空隙的球体配位情况，可将空隙分成两种类型，一为四面体空隙，一为八面体空隙。四面体空隙由4个球体环围而成，第二层的一个球放在第一层的3个球围成的空隙之上，这4个球就构成了四面体空隙。八面体空隙由6个球环围而成，球体中心连线构成八面体形，如图1-5所示。在体积上，八面体空隙稍大于四面体空隙。

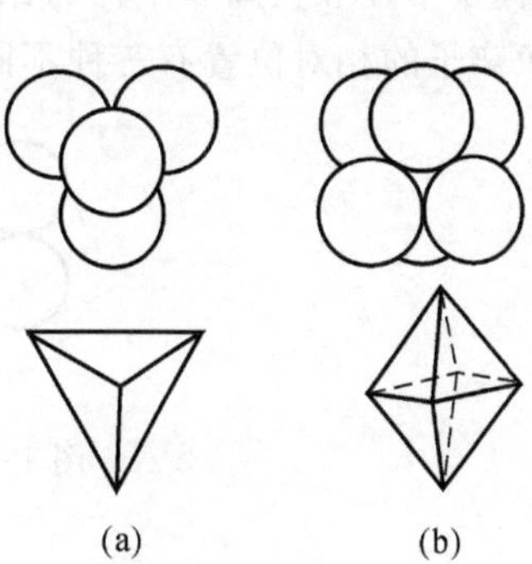

图1-5　四面体空隙和八面体空隙

(a)四面体空隙；　(b)八面体空隙

如图1-2所示，每个球的周围有8个四面体空隙和6个八面体空隙。而每个八面体空隙由6个球组成，每个四面体空隙由 4 个球组成，因此一个球体周围的八面体空隙不是都属于它，只有 1 个(6×1/6)八面体空隙属于一个球体，类似地，只有 2 个(8×1/4)四面体空隙属于一个球体。因此，对于由 n 个等径球堆积成的体系，共有 $2n$ 个四面体空隙和 n 个八面体空隙。

1.3.1.3 不等径球体的最紧密堆积

在不等径球的堆积中，球体有大有小，通常可认为由较大的球体作为等径球的最紧密堆积，然后较小的球体填入由大球紧密堆积形成的空隙之中，其中小球填入四面体空隙，稍大的球填入八面体空隙，如果八面体空隙还不够大，则做紧密堆积的大球的堆积方式稍加改变，使空隙增大，较小的球便于填放，此时，大球的堆积方式就不是最紧密堆积。

1.3.2 配位数和配位多面体

一个原子或离子临近周围的同种原子或异种离子的个数，称为原子配位数或离子配位数。如 NaCl 晶体结构中，Cl^- 按面心立方最紧密堆积方式排列，而 Na^+ 就填充在 Cl^- 所形成的八面体空隙中，每个 Na^+ 周围有 6 个 Cl^-，因此 Na^+ 的配位数为 6。

配位多面体是指在晶体结构中与某一个正离子(或原子)成配位关系而相邻结合的各个负离子中心连线所构成的多面体。正离子处于配位多面体的中心，各个配位负离子处于配位多面体的顶角上。图 1-6 分别为配位数为 3,4,6,8,12 时的负离子配位多面体形状。

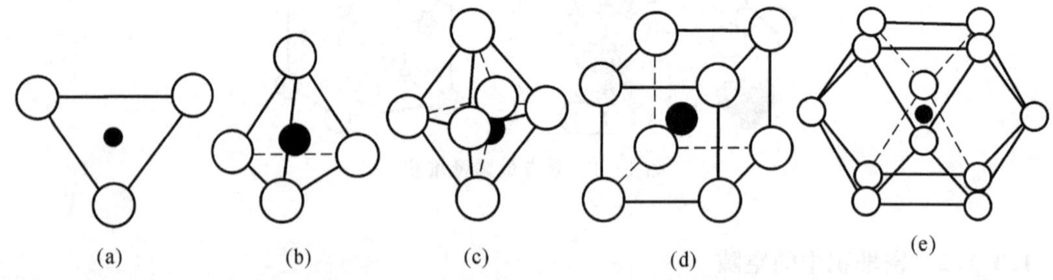

图 1-6 常见负离子配位多面体形状

(a)三角体； (b)四面体； (c)八面体； (d)立方体； (e)立方八面体

通常，负离子半径较大，倾向于最紧密堆积，较小的正离子填入空隙中。而配位数的大小与正离子半径和负离子半径的比值有关。例如，当正离子填入负离子形成的八面体空隙中时，正、负离子的相对位置有三种不同的情况，如图 1-7 所示。

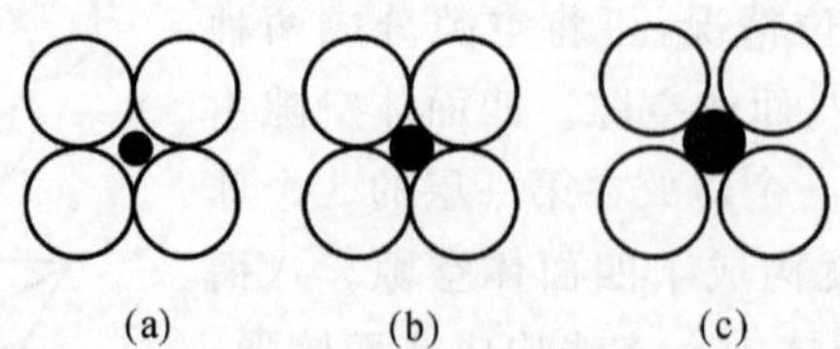

图 1-7 八面体配位中正、负离子接触情况

(1)负离子与负离子相接触，正离子与负离子相脱离(正离子在负离子堆积的空隙中可自由移动)，如图 1-7(a)所示。这种情况下，彼此接触的负离子之间的斥力，因平衡它的正离子远离而增大，能量增加，使体系处于非稳定状态。故这样的堆积结构并不能稳定存在，即使在

晶体的形成过程中出现了这样一种状态，体系也将根据能量最低原理，改变排列状态，以保证正、负离子接触而成稳定结构。

(2)负离子与负离子相接触，正离子与负离子也接触，如图 1-7(b)所示。这种情况下，体系处于平衡状态，结构稳定。

(3)正离子与负离子相接触，负离子之间脱离接触，如图 1-7(c)所示。这种情况下，正离子半径大于空隙临界值而将空隙撑大，负离子不是最紧密堆积，导致静电力不平衡，引力大于斥力，但过剩的引力可由更远的离子作用来平衡。故这种状态并不影响结构的稳定性及正离子配位数。但在晶体中，每个正离子的周围总是要尽可能紧密地围满负离子，每个负离子的周围也要尽可能紧密地围满正离子，否则这个系统便不稳定。因此，在正离子半径达到一定程度后，原来有六个负离子围着的正离子，要被八个负离子所包围，即配位数由 6 上升到了 8。

在图 1-7(b)所示的情况下，由几何关系：$(2r^-)^2+(2r^-)^2=(2r^++2r^-)^2$，可计算出：$r^+/r^-=0.414$。在图 1-7(a)所示的情况下，$r^+/r^-<0.414$，正离子的配位数将由 6 变为 4 或更小。由类似的几何关系，当正离子周围有八个负离子并正好负离子与负离子相接触，正离子与负离子也相互接触时，可计算出：$r^+/r^-=0.732$。

因此，当 $0.414\leqslant r^+/r^-<0.732$ 时，正离子的配位数为 6。而当 $r^+/r^-\geqslant 0.732$ 时，正离子的配位数为 8 或更多。用类似的几何关系可以计算出形成不同配位结构时 r^+ 与 r^- 之比的极限值，如表 1-3 所示。

表 1-3　配位数和离子半径比关系

离子半径比 r^+/r^-	0.155～0.225	0.225～0.414	0.414～0.732	0.732～1.00	≥1.00
配位数	3	4	6	8	12
配位多面体形状	三角体	四面体	八面体	立方体	立方八面体或复七面体

因此，在离子晶体的密堆积结构中，离子总是根据其半径大小来选择配位数或配位多面体。即在一个确定的负离子密堆积结构中，只能被具有一定半径范围的正离子填充，才不会改变原来的结构类型。一旦知道晶体由什么离子组成，从 r^+/r^- 比值就可确定正离子的配位数和所形成的负离子配位多面体的结构。但实际上，除了正、负离子半径比，还有许多因素影响离子的配位数，如温度、压力、极化性能等。在许多复杂的晶体中，配位多面体的几何形状并不像理想的那样有规则，有时甚至会出现较大的偏差。

1.3.3　离子极化

从几何堆积角度可以将离子作为刚性小球处理，在电学上则将离子作为点电荷处理。实际上，在外电场作用下，离子的正、负电荷中心将离开原子核而不再重合，正电荷向外电场的阴极方向偏转，负电荷向外电场的阳极方向偏转，使核外电子云变形而产生偶极矩，这样，整个离子就不再是个球体。大小也产生变化，这种现象称为极化，如图 1-8 所示。在晶体中，带电离子在其周围形成一定的电场，必然要对其周围离子产生吸引或排斥作用，使周围离子的电子云变形，正负电荷中心不再重合，产生离子极化。

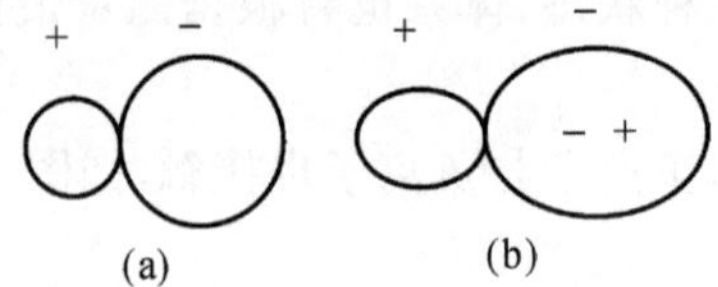

图 1-8 离子极化作用示意图

(a)未极化； (b)已极化

离子晶体中，每个离子都具有双重作用，即自身被其他离子极化和极化周围另一个离子。前者称为极化率，后者称为极化力。

离子的极化率表征的是离子的可极化性。离子在单位强度的电场中产生的诱导偶极矩为

$$\mu=\alpha E \tag{1-14}$$

式中 α—— 极化率

E—— 电场强度。

则离子极化率为

$$\alpha=\mu/E \tag{1-15}$$

式中，$\mu=l\times e$，l 为正负电荷中心距。一般有如下规律：

(1)离子半径愈大，极化率愈大；

(2)负离子的极化率一般比正离子大；

(3)正离子价数愈高，一般极化率愈小；

(4)负离子价数愈高，极化率愈大；

(5)正离子最外层为 18 电子构型时(如 Cu^+，Ag^+，Zn^+，Cd^+，Hg^+)，极化率也较大。

离子的极化力表征的是一个离子极化别的离子的能力。可用 $f\propto Z/r$(Z 为离子所带电荷，r 为离子半径)表示，一般有如下规律：

(1)高价正离子有较强的极化力；

(2)同价正离子，半径愈小极化力愈大；

(3)负离子的极化力一般小于正离子极化力，复杂负离子(络合负离子)的极化力更小；

(4)正离子最外层为 18 电子构型时，极化力较小。

一般来说，正离子半径小，电价较高，极化力表现明显，不易被极化，而负离子则正好相反，常显示出被极化的现象。

正负离子相互极化的结果是电子云产生变形和重叠，使离子间的距离缩短，离子键中出现共价键成分。随着极化的逐渐增强，离子键中的共价键成分逐渐增多，使无方向性和饱和性的离子键逐渐变成有方向性和饱和性的共价键，导致晶体结构对称性降低，使原来高度对称的密堆积结构转向链状、层状或架状结构，同时配位数降低。因此，离子极化也是决定晶型的重要因素之一。

1.3.4 电负性

1.3.4.1 原子电离能

原子的电离能用于衡量一个原子或离子丢失电子的难易程度。使一个处于能量最低状态

的气态原子失去 1 个电子变成一价气态正离子所需要的能量称第一电离能 I_1：

$A(g)+I_1 \rightarrow A^+(g)+e$。气态一价正离子再失去 1 个电子变成二价正离子所需要的能量，称第二电离能 I_2：

$A^+(g)+I_2 \rightarrow A^{2+}(g)+e$。第三、第四……电离能依次类推。逐级电离时，有效电荷越来越大，故所需电离能也越来越大，即

$$I_1 < I_2 < I_3 < I_4 < \cdots$$

通常，第一电离能 I_1 是重要的原子参数，它反映了原子中价电子被联系及解离的难易（被氧化难易）、极化能力、非金属性及成酸性的强弱。I_1 小的元素，易离出电子，易被氧化，极化力弱，非金属性弱，成酸性强。

1.3.4.2　电子亲和能

一个处于能量最低状态的气态原子获得 1 个电子成为气态一价负离子时放出的能量，称电子的亲和能 E_A：

$$A(g)+e \rightarrow A^-(g)+E_A$$

电子亲和能的大小涉及核的吸引和核外电荷相斥两个因素，一般随原子半径的增大而减小。

1.3.4.3　电负性

电负性用于量度化合物中原子对成键电子吸引力的大小，用 χ 表示。当 A 和 B 两种原子结合成双原子分子 AB 时，若 A 的电负性大，则生成分子的极性是 $A^{\delta-}B^{\delta+}$，即 A 带有较多的负电荷，B 带有较多的正电荷。反之，若 B 的电负性大，则生成分子的极性是 $A^{\delta+}B^{\delta-}$。分子极性愈大，离子键成分愈高，故电负性也可认为是原子形成负离子倾向相对大小的量度。

有多人进行过电负性的计算，如马利肯根据原子电离能和电子亲和能得出

$$\chi=(I_1+E_A)/125 \tag{1-16}$$

奥瑞等提出

$$\chi=0.359Z^*/r^2+0.744 \tag{1-17}$$

式中　Z^*——作用在价电子上的有效核电荷数；

　　　r——原子共价半径。

鲍林(Pauling)提出电负性可用两元素形成化合物时的生成焓数值来计算，他认为若 A 和 B 两个原子的电负性相同，A—B 键的键能应为 A—A 键和 B—B 键键能的几何平均值，而多数 A—B 键的键能均超过此平均值，此差值可用于测定 A 原子与 B 原子电负性的依据。根据一系列电负性数据拟合，可得方程

$$\chi_A-\chi_B=0.102\Delta^{1/2} \tag{1-18}$$

如 H—F 键的键能为 565 kJ/mol，而 H—H 和 F—F 键的键能分别为 436 kJ/mo1 和 155 kJ/mol，它们的几何平均值为 260 kJ/mo1，差值 Δ 为 305 kJ/mol，而 F 的 χ 为 4.0，这样 H 的电负性值为 2.2。

电负性的一般规律如表 1-4 所示。

(1)金属元素电负性较小，非金属元素电负性较大。电负性是判断元素金属性的重要参数，$\chi=2$ 可作为近似标志金属元素和非金属元素的分界点。

(2)同一周期由左向右随族数增加,元素的电负性也增加;而同族元素随周期的增加其电负性减小。

(3)电负性相差大的元素之间生成离子键的倾向较大,电负性相近的非金属元素之间以共价键结合,金属元素相互以金属键结合。

(4)电负性数据也是研究过渡型键的主要参数。鲍林提出估计分子中离子键成分所占百分比公式为

$$离子键百分比 = \Delta/D(A) = 23(\chi_A - \chi_B)^2 \tag{1-19}$$

式中,D 为键的解离能。

汉内等提出的离子键百分数的计算公式为

$$离子键百分比 = 16(\Delta\chi) + 3.5(\Delta\chi)^2 \tag{1-20}$$

式中,$\Delta\chi = \chi_A - \chi_B$。

表 1-4　元素电负性

Li	Be											B	C	N	O	F
1.0	1.5											2.0	2.5	3.0	3.5	4.0
Na	Mg											Al	Si	P	S	Cl
0.9	1.2											1.5	1.8	2.1	2.5	3.0
K	Ca	Sc	Ti	V	Cr	Mn	Fe	CO	Ni	Cu	Zn	Ga	Ge	As	Se	Br
0.8	1.0	1.3	1.5	1.6	1.6	1.5	1.8	1.8	1.8	1.9	1.6	1.6	1.8	2.0	2.4	2.8
Rb	Sr	Y	Zr	Nb	MO	Tc	Ru	Rh	Pd	Ag	Cd	In	Sn	Sb	Te	I
0.8	1.0	1.2	1.4	1.6	1.8	1.9	2.2	2.2	2.2	1.9	1.7	1.7	1.8	1.9	2.1	2.5
Cs	Ba	La—Lu	Hf	Ta	W	Re	Os	Ir	Pt	Au	Hg	Tl	Pb	Bi	Po	At
0.7	0.9	1.1～1.2	1.3	1.5	1.7	1.9	2.2	2.2	2.2	2.4	1.9	1.8	1.8	1.9	2.0	2.2
Fr	Ra	Ac	Th	Pa	U	Np—No										
0.7	0.9	1.1	1.3	1.5	1.7	1.3										

1.4　鲍林离子晶体规则

鲍林(Pauling)总结出了关于离子型晶体结构的五条规则,即所谓的鲍林规则。

1.4.1　鲍林第一规则:关于正离子配位多面体和正负离子半径比规则

在离子化合物结构中,每个正离子被包围在负离子所形成的多面体中,每个负离子占据多面体的一个顶角,其中正离子与负离子之间的距离由它们的半径之和决定,而正离子的配位数取决于正负离子半径之比,与离子的价数无关。

鲍林第一规则表明,正离子的配位数并非取决于正负离子的半径,而是取决于它们的比值。如果负离子作最紧密堆积,则可从理论上计算出正离子配位数与正负离子半径比之间的关系。

1.4.2　鲍林第二规则:关于离子电价的规则

在一个稳定的离子化合物中,每一个负离子的电价等于或近似等于从相邻正离子至该负离子的各静电键强度的总和。

设正离子的电荷数为 Z^+,n 为其配位数,则从正离子到配位多面体上每个负离子的静电键强度 $S=Z^+/n$。若某一负离子的电荷数为 Z^-,则鲍林第二规则可表示为

$$Z^-=\sum_i S_i=\sum_i \frac{Z_i^+}{n_i} \tag{1-21}$$

利用鲍林第二规则可分析离子晶体结构的稳定性,通过计算每个负离子所得到的静电键强度的总和,如果与其电价相等,则表明电价平衡,结构稳定。例如,NaCl 结构中,Na^+ 处于六个 Cl^- 所形成的八面体中,则 Cl^- 从一个 Na^+ 处获得的静电键强度为 1/6,而每个 Cl^- 又与六个 Na^+ 配位,故每个 Cl^- 从 Na^+ 处获得的总静电键强度为 $6\times1/6=1$,与 Cl^- 的 -1 价相等。

此外,鲍林第二规则也可用来确定共用同一个负离子的配位多面体的数目。例如,在 $[SiO_4]$ 四面体中,Si^{4+} 位于由四个 O^{2-} 构成的四面体中央,从 Si^{4+} 分配给每个 O^{2-} 的静电键强度为 $4\times1/4=1$,而 O^{2-} 的电价为 2,这样,O^{2-} 还可和其他的 Si^{4+} 或金属离子配位。在 $[AlO_6]$ 八面体中,Al^{3+} 分配给每个 O^{2-} 的静电键强度为 $3\times1/6=1/2$。在 $[MgO_6]$ 八面体中,Mg^{2+} 分配给每个 O^{2-} 的静电键强度为 $2\times1/6=1/3$。因此,$[SiO_4]$ 四面体中的每个 O^{2-} 还可同时与另一个 $[SiO_4]$ 四面体中的 Si^{4+} 配位(两个 $[SiO_4]$ 四面体共用一个 O^{2-}),或同时与两个 $[AlO_6]$ 八面体中的 Al^{3+} 配位(一个 $[SiO_4]$ 四面体和两个 $[AlO_6]$ 八面体共用一个 O^{2-}),或同时与三个 $[MgO_6]$ 八面体中的 Mg^{2+} 配位(一个 $[SiO_4]$ 四面体和三个 $[MgO_6]$ 八面体共用一个 O^{2-})。

1.4.3　鲍林第三规则:关于配位多面体共用棱、共用面的规则

在离子晶体结构中,配位多面体之间共用棱、特别是共用面的存在将降低该结构的稳定性。对于高电价和低配位数的正离子,这个效应特别巨大。

图 1-9 所示为两个四面体和两个八面体相互连接的情况,两个四面体或两个八面体之间共用的顶点数可以为 1(共顶连接),也可以为 2(共棱连接)或 3(共面连接)。如图所示,随着多面体间共用顶点数的增多,两个多面体中心的正离子之间的距离迅速缩短,正离子之间的斥力将显著增加,这样将导致晶体结构的不稳定。

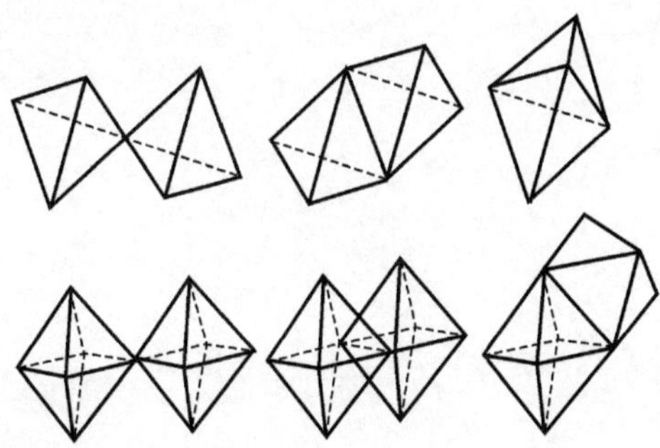

图 1-9　两个四面体(上)或两个八面体(下)之间相互连接的情况

设两个四面体中心的距离在共顶连接时为 1,则共用棱时的距离为 0.58,共用面时为

0.33。对于八面体,这三个值分别为1,0.71和0.58。故四面体时共用棱、共用面导致的结构稳定降低效应更加突出。同样,正离子之间的静电斥力还与正离子的电价有关,电价越高,斥力越大,共用棱、共用面产生的结构稳定性的降低更加明显。因此,[SiO_4]四面体之间只能以共顶方式连接,而[AlO_6]八面体之间则可以共棱连接。

1.4.4 鲍林第四规则:关于配位多面体尽量互不结合的规则

若晶体中有一种以上正离子,那么电价较高配位数较低的正离子配位多面体之间有尽量彼此互不结合的趋势。

当晶体中存在一种以上的正离子时,会产生一种以上的配位化合物,这些正离子的电价有高有低,配位数有多有少。而配位多面体中心离子之间的静电斥力是随配位多面体之间的距离减小而增大的,因此电价较高配位数较低的正离子配位多面体之间尽量互不结合而相互远离,这将减小配位多面体中心离子之间的静电斥力,从而提高晶体结构的稳定性。

1.4.5 鲍林第五规则:关于构造单元数目的规则(节约规则)

同一晶体中,本质上不同组成的构造单元的数目趋向于最少。

鲍林第五规则表明,参与晶体结构的正负离子种类应尽可能少,否则各种各样的多面体很难形成一个有规律排布的、统一的晶体骨架。该规则还表明,结构中所有化学性质相似的原子,其周围环境应该尽可能相同。

思　考　题

1. 陶瓷材料的主要的化学键是什么?可以根据什么参数估计键性比例?
2. 为什么球体最紧密堆积原理广泛用于金属原子晶体和离子晶体,但不适用于分子晶体?
3. 简述鲍林对离子晶体的结构归纳出的五条规则。
4. 钙钛矿($CaTiO_3$)是ABO_3的典型结构,由Ca原子和Ti原子的正交简单格子各一套,O原子的正交简单格子三套,相互穿插配置组成其结构晶胞。请画出钙钛矿的理想晶胞结构,并计算结构中Ca和Ti离子的配位数(提示:单位晶胞中含有一个分子$CaTiO_3$)。

第2章 晶体的点缺陷

晶体可以看成是由原子、分子、离子在空间完全有规则地排列构成的，这种具有完整点阵结构的晶体是理想化的，称为理想晶体。但在任何一个实际晶体中，其原子、分子或离子的排列总是或多或少地与理想点阵结构有所偏离。那些偏离理想点阵结构的部位叫做晶体的缺陷或晶体的不完整性。

固体中物质的迁移、固相间微粒的扩散、固体中的化学反应等的发生都可归因于晶体结构中存在缺陷。晶体缺陷的存在破坏了晶体的周期势场，影响了电子的结构、分布与运动，改变了缺陷附近的能态分布，对固体的光学、电学、磁学、声学、力学和热学等各种物理和化学性质都有重要的影响。晶体的缺陷可包括从原子、电子水平的缺陷到亚微观缺陷以至显微缺陷等各个层次的缺陷。严格地说，造成晶体点阵结构的周期势场畸变的一切因素，都可称为晶体的不完整性或晶体的缺陷。

根据缺陷在空间分布的几何形状和尺寸大小，可将晶体缺陷分为如下几类：

(1)点缺陷：偏离理想点阵结构的部位仅为一个或几个原子范围，在所有的方向上尺度都很小，也称为零维缺陷，如空位、间隙原子、杂质原子等。

(2)线缺陷：偏离理想点阵的部位为一条线，在其他两个方向上尺寸比较小，也称一维缺陷，如各种类型的位错。

(3)面缺陷：偏离理想点阵结构的部位为二维尺寸比较大的面，也称二维缺陷，如晶界、相界(表面、界面)、堆垛层错等。

(4)体缺陷：在晶体中三维尺寸都比较大的缺陷，也称三维缺陷，如孔洞、夹杂物、沉淀物等。

晶体的缺陷可在晶体生长中产生，也可在晶体加工、热处理过程以及高能粒子的辐射或轰击过程中产生，前者称为“原生缺陷”，后者称为“二次缺陷”。

理想晶体中的一些原子被另外的原子所取代，或在晶格间隙中掺入杂质原子，或者由于热振动、冷加工、辐照等导致晶体中产生空位或间隙原子，破坏了有规则的周期性排列，引起质点间周期势场的畸变，这样造成的晶体结构的不完整性，仅仅局限在原子位置，称作点缺陷。

2.1 点缺陷的类型

晶体中的点缺陷包括空位、间隙原子和杂质原子，以及由它们组成的复杂缺陷(如空位团、空位—杂质复合体等)。没有外来杂质时，由组成晶体的基体原子的排列错误形成的点缺陷称为本征缺陷，又称晶格位置缺陷。如由于温度升高，晶格原子的热振动起伏产生的空位和间隙原子是典型的本征缺陷，它们的数目依赖于温度，故又称热缺陷。而由外来杂质原子引起的各种缺陷，称杂质缺陷。

2.1.1 晶格位置缺陷

晶体中，原子以格点平衡位置为中心振动，但这种振动不是简谐运动，一个原子的振动和周围原子的振动密切相关，这使原子振动的能量服从麦克斯韦-玻耳兹曼分布而呈涨落现象。在某一原子能量达到一定程度后，就能脱离正常平衡位置，跑到邻近的间隙位置，这样就产生了一个空位和一个间隙原子。常见的热缺陷有：

2.1.1.1 弗兰克尔(Frenkel)缺陷

晶体中的某一原子，由于温度升高，振动加剧，脱离了其平衡结构，就在某一点形成空位而在另一位置出现间隙原子，即空位和间隙原子成对出现，故晶体中空位数目和间隙原子数目相等，这种缺陷称弗兰克尔缺陷，如图 2-1 所示。由于空位和间隙原子靠得很近，当间隙原子具有足够能量时，有可能返回空位位置，这种过程称为复合。

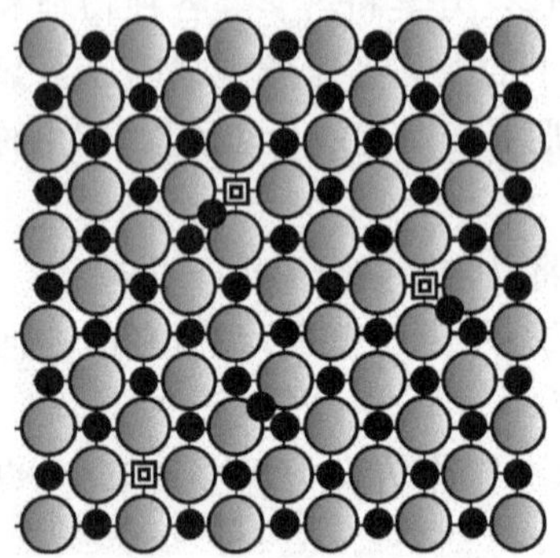

图 2-1 弗兰克尔缺陷

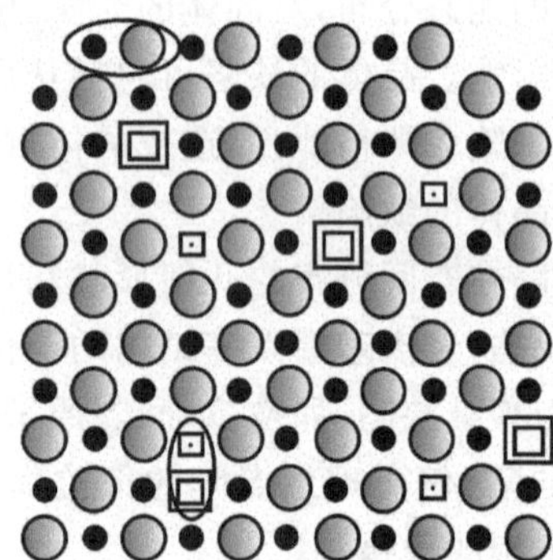

图 2-2 肖特基缺陷

2.1.1.2 肖特基(Schottky)缺陷

开始在晶体表面上有某个原子聚集了足够大的动能，由原来的位置迁移到表面上另一个新的正常晶格位置上去，而在表面上形成空位，这个空位又由于热运动逐步扩散到晶体内部，形成内部的空位，这种在晶体中只有空位而没有间隙原子的缺陷称为肖特基缺陷，如图 2-2 所示。肖特基缺陷由晶体内部的空位组成，它可存在于同一种原子组成的晶体中，也可存在于离子晶体、共价晶体和分子晶体中。在符合化学计量的离子晶体中，必须使正负离子的空位数之比与正负离子数之比相等以保持整个晶体的电中性。

2.1.2 杂质缺陷

与基体原子不同的外部杂质原子进入晶体体内构成的点缺陷称为杂质缺陷。进入晶体后，由于杂质原子与原有的原子性质不同，它不仅破坏了原子有规律的排布，而且引起杂质原子周围周期势场的畸变。按杂质原子在晶体内所占据的位置不同，可将其分成两类。

2.1.2.1 置换型杂质原子

杂质原子或离子进入原晶体中正常的点阵结构位置上，被束缚在杂质原子处的电子或空穴取决于杂质原子与被取代的原子的价电子的相对数目。一种杂质原子能否进入某种晶体中取代其中的某个原子取决于这种过程在能量上是否有利。能量效应包括离子之间的静电作用能、键合能及相应的体积效应等因素。

离子型晶体中，正、负离子的电负性差别较大，杂质原子以离子形式即以失去电子或束缚电子的状态，进入与它的电负性相近的离子位置上，在能量上较为有利。故金属杂质离子将占据晶体中原来金属离子的位置，非金属杂质离子占据晶体中原来非金属离子的位置。

在金属间化合物和共价型化合物晶体中，当晶体中组成元素间的电负性相差不大时，或杂质元素的电负性介于它们的电负性之间时，原子或离子的大小等几何因素就成为决定掺杂过程能否进行的主要因素。一般原子半径不大于 15%的元素之间可相互取代，形成置换型杂质原子。置换型杂质原子的存在将会造成其附近的晶格畸变，造成的晶格畸变有两种，如果杂质原子的半径比基体原子半径小，晶格倾向于收缩，测量它的晶格常数将是减小的；如果杂质原子的半径比基体原子半径大，晶格倾向膨胀，晶格常数变大，如图 2 - 3 所示。

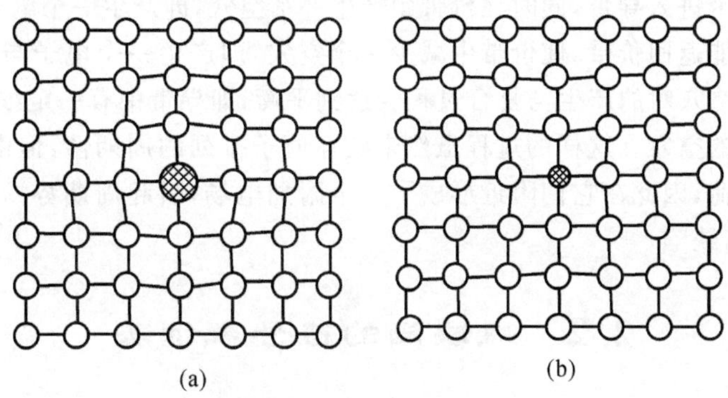

图 2 - 3　置换型杂质原子

(a)杂质原子半径比基质原子半径大；　(b)杂质原子半径比基质原子半径小

2.1.2.2　间隙型杂质原子

外来杂质原子进入晶体中的间隙位置，这种杂质原子称为间隙型杂质原子。外来杂质原子能否进入晶体间隙位置，主要取决于体积效应，只有那些半径较小的原子或离子才能成为间隙型杂质原子，产生杂质缺陷。间隙型杂质原子的存在也造成其附近的晶格畸变，如图 2 - 4 所示，整个晶体倾向膨胀。

2.1.3　电荷缺陷

根据固体的能带理论，非金属固体具有价带、禁带和导带，如图 2 - 5 所示。半导体与绝缘体的区别仅在于半导体的禁带宽度较小。

0 K 时的导带全部空着而价带全部被电子填满。在一定温度下，价带中的部分电子将受热运动的影响有可能被激发而越过禁带，进入到上面的导带中成为自由电子，导带获得电子后参与导电过程。温度越高，电子越过禁带的几率越大，导电性越好。在价带中的电子越过禁带进入导带后，就在价带中留下一些空的电子能级，这些空轨道称空穴，由于价带中其他较高能级的电子也可跃迁到这种空穴上，故价带中的电子也能参与导电过程。电子在外电场作用下定向移动，相当于空穴向相反方向移动，即这种空穴的移动，相当于正电荷的移动，可称为空穴电流。

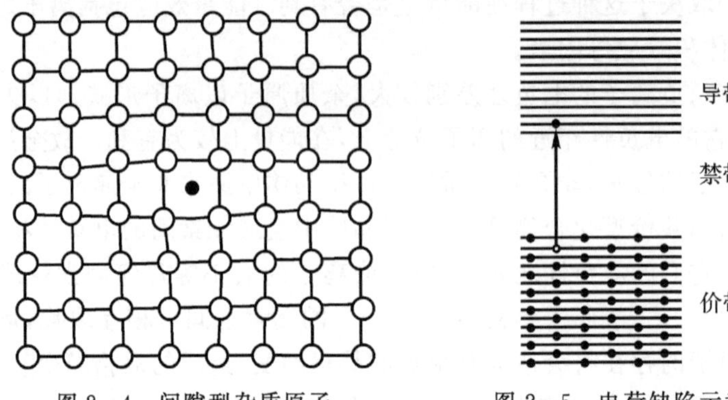

图 2-4　间隙型杂质原子　　　　图 2-5　电荷缺陷示意图

一个电子由价带进入导带，同时在价带中产生一个空穴，即产生一个电子-空穴对。相反，导带中的电子也可能返回价带，使价带中减少一个空穴，即产生一个电子与空穴复合的过程。一定温度下，电子-空穴对的产生与复合过程会达到平衡，即导带中有一定浓度的自由电子，价带中也有相同浓度的空穴。这样的过程虽然未破坏原子排列的周期性，但由于空穴和电子分别带正电荷和负电荷，因此在它们附近形成了一个附加电场，引起周期势场畸变，造成了晶体的不完整性，称电荷缺陷。

2.2　点缺陷的符号表示法

为表示晶体中各类点缺陷，克留格-乌因克(Kroger - Vink)提出了一套描述缺陷的记号，并发展了应用质量作用定律处理晶体缺陷间关系的缺陷化学。这套记号的形式为 A_b^z。

主要符号 A 表示点缺陷的种类，用以下各种符号表示：

空位缺陷——用 V 表示；

杂质缺陷——用该杂质的元素符号表示；

电子缺陷——用 e 表示；

空穴缺陷——用 h 表示。

缺陷符号的下标 b 表示点缺陷在晶体中的位置，其中用被取代的原子的元素符号表示缺陷是处在该原子所在的点阵结构位置，用字母 i 表示缺陷处在晶体点阵结构的间隙位置。

缺陷符号的上标 z 表示点缺陷所带有效电荷，其中符号"×"表示缺陷是中性的，符号"·"表示缺陷带有一个单位正电荷，符号"/"表示缺陷带有一个单位负电荷。若一个缺陷总共带 n 个单位电荷，则用 n 个这样的符号标出。这里的有效电荷是指缺陷及其周围的总电荷减去理想晶体中同一区域处的电荷后所得的电荷，对于电子和空穴，它们的有效电荷与实际电荷相等，在原子晶体中，由于原子不带电荷，故带电的置换型杂质缺陷的有效电荷与该杂质离子的实际电荷相等。在化合物晶体中，缺陷的有效电荷与实际电荷一般是不相等的。

例如空位缺陷：对 AB 化合物晶体，若晶体中存在正离子 A 的空位，则用 V'_A 表示，它表示在 A^+ 的位置上出现了一个 A^+ 空位，原来这个位置上是带一个单位正电荷的 A^+ 离子，而现在出现不带电的空位，所以有效电荷为一个单位负电荷；若存在负离子 B 的空位，则用 $V_B^{\cdot}$ 表示，

它表示在 B^- 的位置上出现了一个 B^- 空位，由于原来在这个位置上是带一个单位负电荷的 B^-，而现在是不带电的空位，故缺陷的有效电荷是一个单位正电荷。类似地，$A_i^{\cdot}$ 和 B_i'分别表示间隙 A 原子和间隙 B 原子缺陷；如果在 AB 化合物晶体中掺杂少量外来原子 L 时，原子 L 若占据 A 原子位置，则用 L_A表示，占据 B 原子位置，用 L_B表示，占据间隙位置，用 L_i表示。例如 Ca^{2+} 进入 NaCl 晶体中时，Ca^{2+} 取代了 Na^+，由于 Ca^{2+} 比 Na^+ 多一价，因此与这个位置应有的电价相比，Ca^{2+} 多一个正电荷，故可写成 $Ca_{Na}^{\cdot}$。如果 Ca^{2+} 取代了 ZrO，晶体中的 Zr^{4+} 则为 Ca''_{Zr}，表示 Ca^{2+} 在 Zr^{4+} 位置上同时带两个单位有效负电荷；对于电子缺陷，若电子并不局域在特定的原子位置上，即所谓的准自由电子，可以用 e'表示，对于不局域在特定的原子位置上的准自由空穴用 $h^{\cdot}$ 表示；对于弗兰克尔缺陷，如 AgBr 离子晶体，若 Ag^+ 形成间隙离子，留下的电子局域在空位上使空位带负电荷，则可用下式表示：

$$Ag_{Ag} \Leftrightarrow Ag_i^{\cdot} + V'_{Ag}$$

对于肖特基缺陷，如 NaCl 离子晶体，形成肖特基缺陷时，成对的 Na^+ 和 Cl^- 迁移到晶体表面，则可用下式表示（下标 S 表示表面位置）：

$$Na_{Na^+}^{+} + Cl_{Cl^-}^{-} \Leftrightarrow V'_{Na} + V_{Cl}^{\cdot} + (Na_{Na^+}^{+})_S^{\times} + (Cl_{Cl^-}^{-})_S^{\times}$$

2.3　缺陷化学反应表示法

如果将缺陷看作化学物质，那么材料中缺陷的形成就可用类似化学反应方程式一样的缺陷反应方程式表示。在写缺陷反应方程式时，与化学反应式一样，必须遵守一些基本原则。

1. 位置关系

在化合物 M_aX_b 中，M 位置的数目必须与 X 位置的数目保持确定的比例关系（化学计量比）。如果在实际晶体中，M 与 X 的比例不符合原有的位置比例关系，就表明晶体中存在缺陷。例如 TiO_2 中，Ti∶O＝1∶2，当处于还原气氛中时，由于晶体中氧不足而生成氧空位，用 TiO_{2-x}表示，因而 Ti∶O＝1∶$2-x$。而实际上，Ti 与 O 原子的位置比仍为 1∶2，其中包括了 x 个 V_O。

2. 位置增殖

当缺陷发生变化时，有可能引入 M 空位 V_M，也可能把 V_M消除。当引入或消除空位时，相当于增加或减少 M 的点阵位置数。但发生这种变化时，要服从位置关系。能引起位置增殖的缺陷有：V_M，V_X，M_M，M_X，X_M，X_X等。不发生位置增殖的缺陷有：e'，$h^{\cdot}$，M_i，X_i 等。例如产生肖特基缺陷时，晶体中离子迁移到晶体表面，在晶体内留下空位，增加了位置数目。这种迁移到表面的离子是按分子式成对出现的，因而它是服从位置关系的。

3. 质量平衡

与化学反应一样，缺陷方程的两边必须保持质量平衡。必须注意的是缺陷符号的下标只是表示缺陷位置，对质量平衡没有作用。如 V_M为 M 位置上的空位，它不存在质量。

4. 电荷平衡

在缺陷反应前后晶体必须保持电中性，即缺陷反应式两边必须具有相同数目的总有效电荷。或者说缺陷反应式两边必须具有相同数目的总有效电荷。

5. 表面位置

当晶体中 M 质点从内部移到表面时，可用符号 M_S表示，下标 S 表示表面位置，有时对表面位置不作特别表示。

缺陷反应式在描述材料的掺杂、固熔体的生成与非化学计量化合物的反应等方面都有重要作用。现举例说明如下：

(1)肖特基缺陷：单质晶体 M 形成肖特基缺陷时，其缺陷方程为

$$M_M = M_S + V_M \quad 或 \quad 0 = V_M$$

化合物 MX 形成肖特基缺陷时，其缺陷方程为

$$M_M + X_X \Leftrightarrow V'_M + V_X^{\cdot} + M_S + X_S$$

(2)弗兰克尔缺陷：晶体 M 形成弗兰克尔缺陷时，其缺陷方程为

$$M_M = M_i^{\cdot} + V'_M。$$

(3)ZrO_2晶体中添加 CaO：

$$CaO \xrightarrow{ZrO_2} Ca''_{Zr} + V_O^{\cdot\cdot} + O_O^{\times}$$

(4)MgO 溶解到 Al_2O_3 晶格中

$$2MgO \xrightarrow{Al_2O_3} 2Mg'_{Al} + V_O^{\cdot\cdot} + 2O_O^{\times}$$

2.4　点缺陷的热力学平衡

热缺陷是由热起伏引起的，在热平衡条件下，热缺陷的多少仅与晶体所处的温度有关。温度一定时，热缺陷处于不断产生和复合消失的过程中，如果单位时间内产生和消失的热缺陷数目相等，晶体内的热缺陷数目将保持不变，应用热力学统计物理方法，就可根据体系在平衡时应满足的热力学条件，对平衡过程作出重要的结论。

2.4.1　晶体中肖特基缺陷的热力学平衡

设一晶体单质，共有 N 个原子，有 N_h 个空位，在该晶体中形成一个肖特基缺陷时所需要的能量为 E_S。由热力学第二定律，在恒温恒压下进行的一个自发过程，反应体系的自由能降低，即

$$\Delta G = \Delta H - T\Delta S < 0$$

式中　ΔG—— 体系的自由能；

ΔH—— 体系的焓的变化量；

ΔS—— 体系的熵的变化量。

由于固体中点缺陷的生成对晶体的体积影响很小，即晶体体积基本上不变，故有 $\Delta V \approx 0$，则有

$$\Delta H = \Delta \nu + P\Delta V \approx \Delta \nu$$

则

$$\Delta G \approx \Delta \nu - T\Delta S$$

其中 $\Delta \nu$ 表示体系内能的变化量。

晶体中存在肖特基缺陷时，其内能增加，同时熵也增加。内能增加使自由能增加，但熵的增加则使自由能减少，在一定温度下达到平衡时，体系的自由能达到最小值。按统计热力学，熵为

$$S = K\ln\Omega$$

式中　Ω—— 体系的微观状态；

K—— 玻耳兹曼常数。

设没有缺陷时单质晶体的熵值为 S_0，有 N_h 个空位缺陷时的晶体熵值为 S_1，则有

$$S_0 = K\ln\Omega_0$$

$$S_1 = K\ln\Omega_1$$

式中　Ω_0—— 没有缺陷时体系的微观状态数，由原子热振动状态决定；

Ω_1—— 晶体中有肖特基缺陷时，由空位在晶体中的无序分布所决定的微观状态数。

通常，空位的产生不引起振动微观状态的改变，可不考虑 Ω_0 的具体值。而 Ω_1 则相当于晶体中 N 个同类原子和 N_h 个空位分布在 $(N+N_h)$ 个点阵结构所确定的位置上的排列方式的总数，即构型数，故有

$$\Omega_1 = (N+N_h)!\ /(N!\ N_h!)$$

以 Ω 表示有缺陷时体系的微观状态总数，则

$$\Omega = \Omega_0\Omega_1$$

故体系的熵变为

$$\Delta S = K\ln(\Omega_0\Omega_1) - K\ln\Omega_0 = K\ln\frac{(N+N_h)!}{N!\ N_h!} \tag{2-1}$$

相应的晶体中自由能的改变为

$$\Delta G = N_h E_S - KT\ln\frac{(N+N_h)!}{N!\ N_h!} \tag{2-2}$$

体系达平衡时，体系的自由能为最小值，即在一定温度下体系自由能的变化量对变量的一阶偏导数等于零，即

$$\left(\frac{\partial\Delta G}{\partial N_h}\right)_T = 0 \tag{2-3}$$

利用斯特林(Stirling) 近似公式：

$$\ln N! = N\ln N - N \quad (N \gg 1)$$

有

$$\ln\frac{(N+N_h)!}{N!\ N_h!} = (N+N_h)\ln(N+N_h) - (N+N_h) - N\ln N + N - N_h\ln N_h + N_h \tag{2-4}$$

将式(2-4) 代入到式(2-2) 中，可得

$$\frac{N_h}{N+N_h} = \exp\left(-\frac{E_S}{KT}\right) \tag{2-5}$$

在一般晶体中，$N_h \ll N$，则上式可简化为

$$N_h = N\exp\left(-\frac{E_S}{KT}\right) \tag{2-6}$$

由式(2-6) 知，晶体中点缺陷的浓度随温度升高而急剧增大，故可用温度来控制晶体中肖特基缺陷的浓度。

2.4.2　晶体中弗兰克尔缺陷的热力学平衡

设一单质晶体，共有 N 个原子，其中有 N_i 个原子为间隙原子，同时在晶体的点阵结构中产

生 N_i 个空位，再设每个结构单元即每个点阵点平均有 m 个间隙，则整个晶体共有 mN 个间隙位置。在晶体中 $(N-N_i)$ 个原子或 N_i 个空位分布在 N 个点阵结构位置上的方式或构型数为 $N!/[(N-N_i)!\,N_i!]$，而晶体中 N_i 个间隙原子分布在 mN 间隙位置上的方式或构型数为 $(mN)!/[(mN-N_i)!\,N_i!]$，故由于间隙原子和空位的无序排列所产生的构型总数为

$$\left[\frac{N!}{(N-N_i)!\,N_i!}\right]\left[\frac{(mN!)}{(mN-N_i)!\,N_i!}\right] \tag{2-7}$$

相应的构型熵变为

$$\Delta S_k = K\ln\left[\frac{N!}{(N-N_i)!\,N_i!}\right]\left[\frac{(mN!)}{(mN-N_i)!\,N_i!}\right] \tag{2-8}$$

由于空位和间隙原子的产生并不影响体系的振动微观状态，故在整个过程中，振动熵变 $\Delta S_v \approx 0$，故体系的总熵变

$$\Delta S = \Delta S_k + \Delta S_v \approx \Delta S_k$$

设每产生一个弗兰克尔缺陷所需的能量为 E_F，则产生弗兰克尔缺陷过程所引起的自由能变化为

$$\Delta G = N_i E_F - KT\ln\left[\frac{N!}{(N-N_i)!\,N_i!}\right]\left[\frac{(mN!)}{(mN-N_i)!\,N_i!}\right] \tag{2-9}$$

一定温度下，体系达到平衡时，自由能取最小值，并有

$$\left(\frac{\partial \Delta G}{\partial N_i}\right)_T = 0 \tag{2-10}$$

利用斯特林(Stirling) 近似公式可得

$$\frac{N_i^2}{(N-N_i)(mN-N_i)} = \exp\left(-\frac{E_F}{KT}\right) \tag{2-11}$$

在一般晶体中，$N_i \ll N$，则式(2-11) 可简化为

$$N_i = m^{\frac{1}{2}} N\exp\left(-\frac{E_F}{2KT}\right) \tag{2-12}$$

2.5 固　熔　体

当有外来的组分(原子、离子或分子)分布在基质晶体晶格中时，这些组分在基质中的含量可以变化，但不破坏基质晶体的结构，仍然保持一个晶相，类似溶液中溶质溶解在溶剂中一样，这样所形成的由外来组分与基质晶体共同组成的单一、均匀的晶态固体称为固熔体。在固熔体中，外来组分占据晶体中的一些晶格结点或间隙位置，破坏了基质点阵排列的有序性，引起周期势场畸变，导致结构不完整，可归类于杂质缺陷。

固熔体在无机固态材料中所占比例很大，常常可利用固熔原理制备各种新型的无机非金属材料。固熔体既可在晶体生长过程中产生，也可从熔液或熔体中析晶时形成，甚至可在烧结过程中由原子扩散而形成。按外来组分在基质晶体晶格中的位置不同，可将固熔体划分为置换型固熔体和间隙型固熔体。前者是外来组分进入基质晶体后，置换基质原子(离子、分子)而处于原来晶体中的正常晶格位置；后者则是外来组分进入基质晶体晶格中的间隙位置。

2.5.1 置换型固熔体

在无机固态材料的形成过程中，常常会产生一种离子被另一种离子所取代的情况。例如

MgO 晶体中常含有 FeO 或 NiO，即 Fe^{2+} 或 Ni^{2+} 置换了晶体中的 Mg^{2+}，并无序地分布在晶格中的位置上，其组成甚至可写为 $Mg_{1-x}Fe_xO(0\leqslant x\leqslant 1)$，相关的相图如图 2－6(a)所示。这种固熔体中，离子之间的置换量是无限的，称为完全互熔固熔体(又称连续置换型固熔体)。Al_2O_3－Cr_2O_3，ThO_2－UO_2，$PbZrO_3$－$PbTiO_3$ 等二元系统都可以形成完全互熔固熔体。另外，有一些系统中，离子之间的置换量是有一定限度的，如 CaO－MgO 和 MgO－Al_2O_3系统，这样的固熔体称为部分互熔固熔体(又称有限置换型固熔体)，如图 2－6(b)所示。一些系统的离子之间则不能相互置换，即不能形成固熔体，如图 2－6(c)所示。

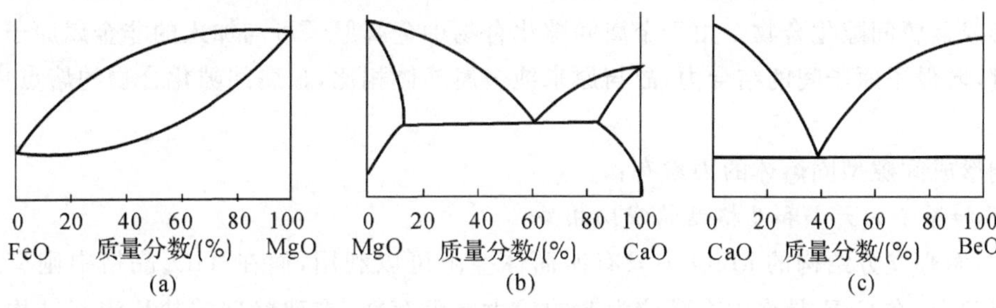

图 2－6　MgO－FeO，CaO－MgO 和 BeO－CaO 二元系统相图

(a)MgO－FeO 二元系统相图；(b)CaO－MgO 二元系统相图；(c)BeO－CaO 二元系统相图

影响形成置换型固熔体的主要因素有：

1. 离子尺寸

置换型固熔体中，离子的尺寸对形成完全互熔还是部分互熔固熔体有重要影响。从晶体稳定观点看，相互置换的离子半径差别越小，固熔体就越稳定。如果两种晶体的结构类型相同，两种离子的半径相差又不超过 15%，则它们之间能形成完全互熔固熔体。如都具有 NaCl 结构的 MgO 和 FeO，Mg^{2+} 和 Fe^{2+} 的半径差小于 15%，它们之间能形成完全互熔固熔体。而当两种离子的半径差在 15%和 40%之间时，置换量就有限了，只能形成部分互熔固熔体。

2. 晶体的结构类型及晶胞大小

两种组分的晶体结构类型相同是形成完全互熔固熔体的重要条件。如 MgO 和 FeO，Al_2O_3和 Cr_2O_3，ThO_2和 UO_2，$PbZrO_3$和 $PbTiO_3$等能形成完全互熔固熔体，它们之间的晶体结构类型都是相同的。此外，晶胞越大，形成完全互熔固熔体的可能性越大。

3. 键的性质

当键的性质趋向共价键时，离子之间不易相互置换形成固熔体。

4. 离子电价

形成固熔体时，除了上述因素外，固熔体中保持电价平衡也很重要。除了相同电价的离子之间相互置换能保持电价平衡外，不同电价离子之间的置换，也可通过其他离子补足电价，使固熔体保持电中性。例如钙长石 Ca[$Al_2Si_2O_8$]和钠长石 Na[$AlSi_3O_8$]形成完全互熔固熔体，其中一个 Al^{3+} 代替一个 Si^{4+}，同时一个 Ca^{2+} 取代一个 Na^+，即 $Na^+ + Si^{4+} \Leftrightarrow Ca^{2+} + Al^{3+}$，使其结构保持电中性。

此外，也可通过形成空位缺陷的方式保持不等价置换固熔体中的电中性。例如用熔融法制备尖晶石($MgO\cdot Al_2O_3$)单晶时，往往不易得到纯尖晶石，而是获得富铝尖晶石，即含有多余铝的尖晶石。这是由于 Al_2O_3熔入尖晶石形成固熔体的缘故，相当于 Al^{3+} 置换 Mg^{2+}，但置换时为保持电中性，必须用 2 个 Al^{3+} 置换 3 个 Mg^{2+}，这样就在原来 Mg^{2+} 的位置留下一个正离子空位，其缺陷反应式为

$$Al_2O_3 \xrightarrow{MgO} 2Al_{Mg}^{\cdot} + V_{Mg}'' + 3O_O^{\times}$$

2.5.2 间隙型固熔体

若外来组分的原子比较小，它们能进入基质晶体晶格中的间隙位置，这样形成的固熔体称为间隙型固熔体。如许多金属晶体中添加的 H，C，B 等原子很容易进入金属晶体晶格的间隙位置而形成金属间隙化合物。由于金属间隙化合物中金属原子可与加入的非金属原子形成部分共价键，增强了原子间的结合力，故与原来纯金属晶体相比，金属间隙化合物的熔点更高，硬度更大。

影响形成间隙型固熔体的因素有：

1. 添加原子的大小和晶格结构密切相关

例如，面心立方结构的 MgO 中只有四面体空隙可以利用，而在 TiO_2 晶格中则有八面体空隙可以利用，在 CaF_2 晶格中有配位为 8 的较大空隙存在，在架状硅酸盐片沸石结构中的空隙则更大。因此形成间隙型固熔体的次序依次为片沸石＞CaF_2＞TiO_2＞MgO。

2. 添加到间隙位置中的离子，需要有一定的电荷来平衡，以保证整个晶体的电中性

可以通过形成空位或产生置换型固熔体来平衡电价。例如，将 YF_3 添加到 CaF_2 中形成 $Ca_{1-x}Y_xF_{2+x}$ 固熔体中，F^- 进入晶格的间隙位置，同时 Y^{3+} 置换了 Ca^{2+}，仍然保持电中性，其缺陷反应为

$$YF_3 \xrightarrow{CaF_2} Y_{Ca}^{\cdot} + F_i' + 2F_F^{\times}$$

2.6 非化学计量化合物

定比定律是化学的基本定律之一，即化合物中各元素按一定的简单整数比结合，这种组分比称为化学计量比。如在Ⅲ～Ⅴ族或Ⅱ～Ⅳ族化合物 MX 中，组分 M 与 X 的原子比为 1∶1。但实验表明几乎所有的无机化合物或多或少都有与化学计量比偏离的现象，当化学计量比偏离不大时，材料的化学性质与化学计量比化合物差别不大，但对材料的许多物理性质，如电学、光学、磁学等性质却有显著的影响。这种偏离化学计量比化合物的产生与晶体中点缺陷的存在有关。例如，当 NaCl 晶体中存在大量的 Cl 原子空位 V_{Cl} 时，就意味着晶体中 Cl 的原子总数少于 Na 的原子总数，故它偏离了 1∶1 的化学计量比。

非化学计量的固体物质可分成两类：一类是由纯粹化学定义规定的非化学计量化合物，它们用化学分析、X 射线衍射及平衡蒸气压测定等手段能确定其组成偏离化学计量比的均一物相，如 FeO_{1+x}，FeS_{1+x} 和 PdH_x 等，它们的组成明显偏离化学计量比。另一类是用化学分析和 X 射线衍射都测不出，但可由测量其光学、电学或磁学性能确定其组成稍微偏离化学计量的固体化合物，从晶体的点阵结构看，这类化合物是由于存在少量缺陷才使其组成稍微偏离化学计量比。

绝大多数非化学计量化合物实际上是由同一金属不同价态氧化物之间所形成的固熔体，可分成 4 种类型：

2.6.1　金属过剩氧化物

$Zn_{1+x}O$，$Cd_{1+x}O$ 等属于这种类型。过剩的金属离子进入间隙位置，其带正电，为保持电中性，等价的电子被束缚在间隙正离子周围。如 ZnO 在锌蒸气中加热，颜色会逐渐加深，其缺陷反应式为

$$ZnO \Leftrightarrow Zn_i^{\cdot\cdot} + 2e' + \frac{1}{2}O_2 \uparrow$$

或

$$ZnO \Leftrightarrow Zn_i^{\cdot} + e' + \frac{1}{2}O_2 \uparrow$$

2.6.2　缺金属氧化物

$Fe_{1-x}O$，$Cu_{2-x}O$ 和 $Co_{1-x}O$ 等属于这种类型。$Co_{1-x}O$ 可看成是 Co_2O_3 在 CoO 中的固熔体，为保持电中性，3 个 Co^{2+} 要被 2 个 Co^{3+} 和 1 个空位所置换，其缺陷反应式为

$$2Co_{Co} + \frac{1}{2}O_2(g) \Leftrightarrow 2Co_{Co}^{\cdot} + V_{Co}'' + O_O^{\times}$$

或

$$\frac{1}{2}O_2(g) \Leftrightarrow 2h^{\cdot} + V_{Co}'' + O_O^{\times}$$

根据质量作用定律，平衡常数为

$$K = \frac{[O_O^{\times}][V''_{Co}][h^{\cdot}]^2}{P_{O_2}^{\frac{1}{2}}}$$

因此有

$$[h^{\cdot}] \propto P_{O_2}^{\frac{1}{6}}$$

上式表明随着氧分压的增加，空穴浓度增大，电导率等相应提高。

2.6.3　氧过剩氧化物

UO_{2+x}属于这种类型。UO_{2+x}可看成是 U_3O_8 在 UO_2 中的固熔体，其缺陷反应式为

$$\frac{1}{2}O_2(g) \Leftrightarrow 2h^{\cdot} + O''_i$$

2.6.4　缺氧氧化物

TiO_{2-x}，ZrO_{2-x}等属于这种类型。如果环境中氧不足，ZrO_2 晶体中的氧可逸出到大气中，使晶体中出现氧空位。ZrO_{2-x}可看成是四价锆和三价锆氧化物的固熔体，其缺陷反应式为

$$2Zr_{Zr} + 4O_O \Leftrightarrow 2Zr'_{Zr} + V_O^{\cdot\cdot} + 3O_O^{\times} + \frac{1}{2}O_2 \uparrow$$

或

$$O_O \Leftrightarrow 2e' + V_O^{\cdot\cdot} + \frac{1}{2}O_2 \uparrow$$

由质量作用定律可得

$$[V_O^{\cdot\cdot}] \propto P_{O_2}^{-\frac{1}{6}}$$

上式表明氧空位的浓度与氧分压的 1/6 次方成反比。

2.7 点缺陷与电子-空穴对

实际的晶体总含有一些杂质或各种缺陷，特别是在研究和制备半导体材料时，往往要将一定量的杂质或点缺陷引入到晶体中，因为引入微量杂质或点缺陷，能改变晶体的能带结构，控制晶体中电子与空穴的浓度及其运动，对晶体的各种性能产生决定性的影响。缺陷的存在破坏了晶体点阵结构的周期性，点缺陷周围的电子能级也不同于正常晶格点阵中原子处的能级，可在晶体的禁带中造成能量高低不等的各种局域能级。

2.7.1 锗晶体中掺入杂质原子

纯净的结构完整的锗晶体为本征半导体，即其半导体性质由电子从价带被激发到导带所产生的电子-空穴对所引起，其禁带宽度 $E_g = 0.71\text{eV}$。

2.7.1.1 砷原子掺入锗晶体

砷原子掺入锗晶体形成置换杂质缺陷 $As_{Ge}^{\times}$，由于砷原子外层电子数比锗原子多一个，这样电子不仅填满了价带，而且还多出一些电子，多出的电子数目与杂质缺陷的数目相同，即每有一个置换杂质缺陷就会多出一个电子，这个电子虽然受到砷原子核的束缚，但缺陷处的势场比正常的点阵结构中锗原子处的势场弱，故对这个额外电子的束缚较弱，则该电子的能量要高于价带的其他电子。这个与缺陷相联系的电子能级实际上并不在价带，而是在介于价带和导带之间的禁带，如图 2-7(a)所示。该电子能级位于导带底以下靠近导带底的地方，与导带底相距仅 0.012 7 eV，故缺陷上的该电子很易受激发跃迁到导带中，成为准自由电子，同时在缺陷处形成一个正电中心 $As_{Ge}^{\cdot}$，该过程可表示为

$$As_{Ge}^{\times} + E_D \Leftrightarrow As_{Ge}^{\cdot} + e'$$

其中，E_D表示从缺陷 $As_{Ge}^{\times}$激发出一个电子所需要的能量，显然此处 $E_D = -0.012\,7$ eV。由于 $As_{Ge}^{\times}$是一个给出电子的缺陷，故叫施主缺陷，其所在的能级叫施主能级，E_D叫施主电离能。由于 E_D比禁带宽度 E_g小得多，故使电子脱离 $As_{Ge}^{\times}$的束缚激发到导带所需的能量远小于使电子从价带激发到导带所需的能量。因此，温度不高时，导带中的电子主要来自杂质。这种含有施主缺陷的半导体称为 N 型(电子型)半导体。

2.7.1.2 硼原子掺入锗晶体

硼原子掺入锗晶体，形成置换杂质缺陷 $B_{Ge}^{\times}$，由于硼原子外层电子数比锗原子少一个，从整个晶体看，价带不能完全充满而缺少一些电子，数目与 $B_{Ge}^{\times}$相同，即每有一个置换杂质缺陷就缺少一个电子，或者说每个置换杂质缺陷附近的价带出现一个空穴。由于硼原子实比锗原子少一个正电荷，即相当于在这个杂质缺陷处存在一个负电荷中心。空穴被缺陷的负电荷中心松弛地束缚，使缺陷能级位于价带顶上不远处的禁带，如图 2-7(b)所示。束缚空穴的缺陷

也可吸收一定能量而给出一个空穴到价带，该过程相当于从价带激发一个电子到价带顶上的缺陷所形成的局域能级上与被束缚的空穴复合，同时在价带产生一个空穴。该过程可表示为

$$B_{Ge}^{\times}+E_A \Leftrightarrow B'_{Ge}+h^{\cdot}$$

其中，E_A表示把一个束缚在缺陷上的空穴电离到价带成为准自由空穴时所需的能量，该能量值也叫空穴电离能。由于这类置换杂质缺陷具有接受电子的作用，故这种缺陷叫受主缺陷，其所在的能级叫受主能级。$B_{Ge}^{\times}$缺陷的 $E_A=0.010\ 4$ eV，即 B'_{Ge}的局域能级位于价带顶上约 0.010 4 eV处的禁带。由于空穴电离能 E_A比禁带宽度 E_g小得多，故温度不高时，价带的电子很容易激发到价带顶上的禁带中 $B_{Ge}^{\times}$缺陷的空的电子能级上，在价带留下能参与导电的准自由空穴。这种主要靠空穴导电的半导体称为 P 型(空穴型)半导体。

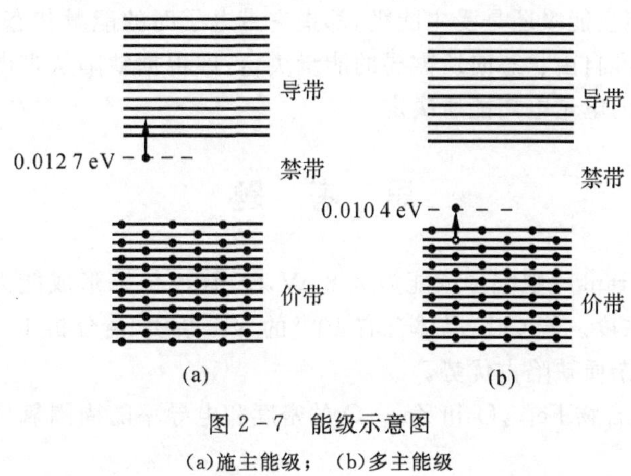

图 2-7　能级示意图

(a)施主能级；　(b)多主能级

2.7.1.3　锂原子掺入锗晶体

锂原子掺入锗晶体，锂原子将进入点阵结构的间隙位置，形成间隙型杂质原子缺陷，这是一正电荷中心，束缚着一个电子，该电子能级远远高于价带中其他电子的能级，位于禁带最上边，靠近导带底的地方，缺陷的电离过程为

$$Li_i^{\times}+E_D \Leftrightarrow Li_i^{\cdot}+e'$$

其中 $E_D=0.009\ 3$ eV。

2.7.2　在晶体中产生电子与空穴的空位缺陷

1. *在真空中加热 CdS 晶体时形成 $V_S^{\times}$*

在真空中加热 CdS 晶体时，有少量中性硫原子从点阵结构中失去而形成硫离子的空位，即在硫离子正常位置留下两个被松弛地束缚着的电子。空位符号 $V_S^{\times}$，相当于(V_S+2e')。这两个电子能级位于导带底下接近导带底的位置，故很容易激发到导带中，显然，$V_S^{\times}$是一个施主缺陷。这种半导体是电子型半导体。

2. *在硫蒸气中加热 CdS 晶体形成 $V_{Cd}^{\times}$*

在硫蒸气中加热 CdS 晶体，将使晶体中硫的量高于化学计量，产生一定的镉离子空位。该过程中有两个电子被过量的硫原子夺去，在镉离子空位处留下两个空穴，这两个空穴被束缚在镉离子的空位上，缺陷符号为 $V_{Cd}^{\times}$，相当于($V''_{Cd}+2h^{\cdot}$)。$V_{Cd}^{\times}$可从价带中接受一个或两个电

子，形成 V'_{Cd} 和 V''_{Cd} 两种缺陷，显然，$V_{Cd}^{\times}$ 是一个受主缺陷。这种半导体是空穴型半导体。

2.7.3 离子晶体中掺入杂质原子

当离子晶体中的正离子被比它电价高的正离子取代时，就会有电子被松弛地束缚在杂质原子处。如 $A1^{3+}$ 取代 ZnS 晶体中的 Zn^{2+}，生成缺陷为 $Al_{Zn}^{\times}$，相当于一价正离子上束缚着一个电子，即（$Al_{Zn}^{\cdot}+e'$），缺陷的电离过程为

$$Al_{Zn}^{\times}+E_D \Leftrightarrow Al_{Zn}^{\cdot}+e'$$

由上述实例可以发现，点缺陷周围的电子能级与其他地方不同，它们可在禁带中形成高低不同的能级，这些能级只局限于点缺陷附近，故称局域能级。局域能级指束缚着电子的缺陷的能量状态，即无论是施主能级还是受主能级，都指它带电子时的能量状态，其位置根据一个电子从这个能级转移到准自由状态时所需要的能量决定，即根据缺陷从带电子的状态转变为不带电子的状态所需要的电子电离能所决定。

思 考 题

1. CaF_2 晶体中，Frankel 缺陷形成能为 2.8 eV，Schttky 缺陷形成能为 5.5 eV，计算 25℃和 1 600℃时热缺陷浓度。若 CaF_2 晶体含有 10^{-6} 的 YF_3 杂质，请分析 1 600℃时 CaF_2 晶体中是热缺陷占优势还是杂质缺陷占优势。

2. 非化学计量化合物 $Fe_{1-x}O$ 和 $Zn_{1+x}O$ 的密度和电导率随周围氧气分压的增加将如何变化？为什么？

3. 非化学计量化合物 TiO_x 中，$Ti^{3+}/Ti^{4+}=0.1$，求 TiO_x 的 x 值和氧空位的浓度。

4. ZrO_2 和 0.25 mol 的 CaO 可以形成萤石结构的固熔体，该固熔体的晶格参数 $a=0.515\ 3$ nm，密度 $\rho=5.184\ g/cm^3$，Zr，Ca 和 O 的相对原子质量分别为 91.2，40 与 16。分析该固熔体的主要缺陷类型。

第 3 章　熔融态和玻璃态

自然界中，物质通常以气态、液态和固态三种聚集状态存在。这些物质状态在空间的有限部分则称为气体、液体和固体。其中固体又有晶体和非晶体两种形式。晶体的结构特点是构成晶体的质点在三维空间作有规则的周期性排列，即呈现远程有序。而非晶态固体的结构特点是近程有序而远程无序。非晶态固体又包括玻璃体和橡胶、沥青等高聚体。无机玻璃是脆性材料而橡胶则有很大的弹性，两者在宏观性质上差异较大，但微观结构上都呈现远程无序的结构特征。

用能量曲线可以形象地描述这两类固体材料结构的有序程度，如图 3-1 所示。理想晶体 a 的能量在内部是均匀的，只是在接近表面时才有所增加。玻璃 c，d 的能量高于晶体，而非晶体 e 由于有无数的内表面，所以能量分布不规则。

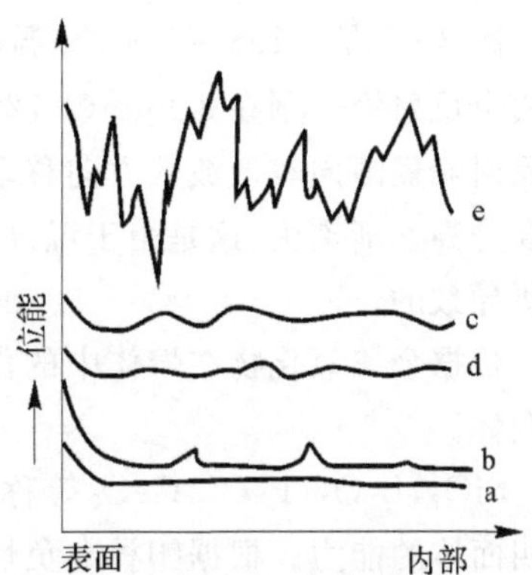

图 3-1　固体的能量曲线

a—理想晶体；　b—有缺陷的真实晶体；

c—淬冷的玻璃；　d—退火玻璃；

e—气相冷凝的无定形物质

现代玻璃包括传统玻璃和新型玻璃。传统玻璃经由熔体过冷获得，新型玻璃利用气相沉积、真空蒸发和溅射、离子注入、凝胶热处理、激光处理等非熔融法获得。这类用特殊方法获得的玻璃具有较大的过剩内能，很容易析晶，所以习惯将这类玻璃称为无定形体或非晶体，以区别传统玻璃。

经由熔体过冷而获得的硅酸盐玻璃、硼酸盐玻璃、磷酸盐玻璃、氟化物玻璃等无机玻璃是现代玻璃中的重要一类，也是重要的硅酸盐材料。在各种无机非金属材料中一般都含有一定数量的玻璃相。

3.1　熔体结构

无机玻璃通常由玻璃原料加热到熔融态然后再冷却而形成，故熔融态的性质和结构极大地影响玻璃的制备过程。同时，在其他晶态材料中，熔融相常存在于各晶相之间，对材料的形成与性能也有相当大的作用。硅酸盐玻璃是应用最广泛的一类玻璃，故熔融态的内容主要以硅酸盐玻璃为主。

图 3-2 是晶体、玻璃体、熔体和气体的 X 射线衍射结果。如图 3-2 所示，熔体既不像晶体一样有尖锐的衍射峰，也不像气体一样随 θ 角减少而散射强度变得很大。熔体的散射强度分布曲线与玻璃相近，它们都无显著的散射现象，但在对应于石英晶体的衍射峰位置，熔体和玻璃体均呈弥散状的散射强度最高值。这说明熔体和玻璃体的结构相近，它们的结构中存在近程有序的区域。

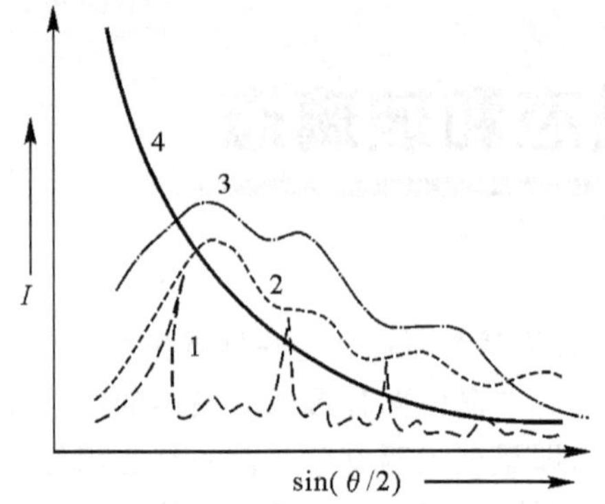

图 3-2 不同介质对 X 射线散射强度分布曲线
1—晶体； 2—玻璃体； 3—熔体； 4—气体

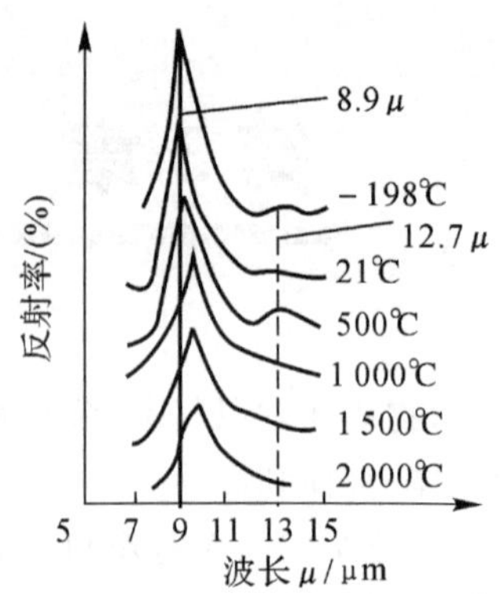

图 3-3 －198～2 000℃温度范围内 SiO_2 玻璃与熔体的红外反射光谱

图 3-3 是－198～2 000℃温度范围内 SiO_2 玻璃与熔体的红外反射光谱。在 21℃时观察到两个反射峰分别在 8.9μm(1 120 cm^{-1})与 12.7μm(788 cm^{-1})附近。当温度逐渐升高时，第一反射峰逐渐向较低波数方向移动，到 2 000℃时，这种移动可达 66 cm^{-1}，而第二反射峰则随温度升高逐渐消失，这是由于温度升高，质点热运动加剧，原子间距加大，Si－O 键的松弛与断裂所导致的。

根据金属氧化物在熔体中的作用不同，可将其分为三类：网络形成体，网络中间体和网络改变体。

SiO_2，B_2O_3，P_2O_5，GeO_2 等称为网络形成体。Si^{4+} 的电荷高、半径小，具有很强的形成硅氧四面体的能力。根据鲍林电负性计算，Si－O 间电负性差值 $\Delta x=1.7$，所以 Si－O 键既有离子键又有共价键成分，52％为共价键。Si^{4+} 位于 4 个 sp^3 杂化轨道构成的四面体中心。当硅与氧结合时，可与氧原子形成 sp^3，sp^2，sp 三种杂化轨道，从而形成 σ 键，同时氧原子已充满电子的 p 轨道可以作为施主与硅原子全空着的 d 轨道形成 $d_\pi-p_\pi$ 键，这时 π 键叠加在 σ 键上，使 Si－O 键的键强增强、距离缩短。Si－O 键这样的键合方式，使其具有高键能、方向性和低配位等特点。

Si－O 键的离子键性，根据配位多面体的几何分析，Si^{4+} 与 4 个 O^{2-} 配位；而其共价键性，又使 Si－O 键形成的键角和四面体的夹角相符，大约是 109°，使之带有方向性，故 Si^{4+} 有很强的形成$[SiO_4]$四面体的能力，当 O/Si(原子数比，以下同)的值较小时，要形成硅氧四面体，只能通过共用氧(桥氧)，即四面体的聚合，才能实现。$[SiO_4]^{4-}$ 单体聚合为"二聚体"$[Si_2O_7]^{6-}$、"三聚体"$[Si_3O^{10}]^{8-}$ 等的聚合反应如下：

$$[SiO_4]^{4-}+[SiO_4]^{4+}=[Si_2O_7]^{6-}+O^{2-}$$

$$[SiO_4]^{4-}+[Si_2O_7]^{6-}=[Si_3O_{10}]^{8-}+O^{2-}$$

$$[SiO_4]^{4-}+[Si_nO_{3n+1}]^{(2n+2)-}=[Si_{n+1}O_{3n+4}]^{(2n+4)-}+O^{2-}$$

核磁共振光谱等实验结果表明，硅酸盐熔体中存在许多聚合程度不等的硅氧负离子团，负离子团的种类、大小和复杂程度随熔体的组成和温度不同而变化。

碱金属氧化物 R_2O、碱土金属氧化物 RO 称为网络改变体。熔体中 R－O 键的键型以离子键为主，将 R_2O，RO 引入硅酸盐熔体，由于 R－O 键的键强比 Si－O 键弱得多，Si^{4+} 将把

R—O的氧离子拉在自己的周围，使熔体中与两个 Si^{4+} 相连的桥氧断裂，如图 3-4 所示，使 Si—O 键的键强、键长和键角都发生变化，熔体中负离子团的聚合程度也同时发生变化。

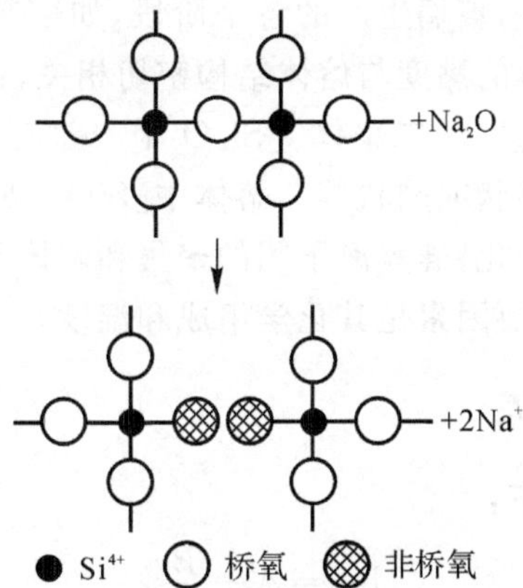

图 3-4　Na_2O 和 Si—O 网络反应示意图（只示出[SiO_4]的二维模型）

例如，在熔融石英中，O/Si 为 2∶1，[SiO_4]四面体连接成架状；如果在熔融石英中加入 Na_2O，O/Si 的值增大，随 Na_2O 加入量增加，O/Si 由原来的 2∶1 逐渐升高到 4∶1，此时[SiO_4]四面体连接方式可由架状、层状、链状、环状逐渐变化，最后桥氧全部断裂形成岛状。因此，R_2O，RO 的作用就是提供 O^{2-}；而剩下的 R^+，R^{2+} 则以一定的方式分布在网络之间。由此产生的聚合物不是一成不变的，它们可相互作用形成级次较高的聚合物，同时释放出部分 Na_2O，如：

$$[SiO_4]Na_4 + [Si_2O_7]Na_6 = [Si_3O_{10}]Na_8 + Na_2O$$

$$2[Si_3O_{10}]Na_8 = [SiO_3]_6Na_{12} + 2Na_2O$$

由此释放出的 N_2O 又能使硅氧聚合体解体，如此循环，体系会出现解体-缩聚平衡。熔体中就有各种不同聚合程度的负离子团同时并存。熔体温度不变时，聚合物的种类、数量与组成有关。当 O/Si 增加时，O^{2-} 增多，将促使低聚合负离子团增多。

$A1_2O_3$ 称为网络中间体。不同于 SiO_2，$A1_2O_3$ 不能独立形成硅酸盐类型的网络，但是 Al^{3+} 能与 Si^{4+} 置换，置换后的熔体结构中形成[$A1O_4$]四面体，与纯 SiO_2 熔体的结构相近。这种情况下，$A1_2O_3$ 作为网络形成体。另外，$A1_2O_3$ 可以像 R_2O 和 RO 一样，提供 O^{2-}，使硅氧聚合体解体，即作为网络改变体。

3.2　熔体性质

3.2.1　黏度

黏度是液体的一种性质，表示液体一部分对另一部分做相对移动的阻力。黏度的定义为：面积为 S 的两平行液体，在流动时，一层液体将受到另一层液体的牵制，即一层对另一层有作用力 F（称为内摩擦力），F 的大小与 S 及垂直流动方向的速度梯度 dv/dx 成正比，即 $F=\eta S(dv/dx)$，式中比例系数 η 就称为黏度或内摩擦力。因此，黏度是指单位接触面积，单位速度梯度下两层液体间的内摩擦力，黏度单位是泊（P① 或 g/cm·s②，黏度的倒数 $\varphi=1/\eta$ 称为流动度。

黏度是玻璃的重要性质之一，玻璃生产的各个阶段，如熔制、澄清、均化、成形、加工、退火等都与黏度密切相关。玻璃熔体的黏度与熔体结构密切相关。而在硅酸盐熔体中存在着大小不同的硅氧离子团“单体”$[SiO_4]^{4-}$、“二聚体”$[Si_2O_7]^{6-}$或“三聚体”$[Si_3O_{10}]^{8-}$等，这些负离子团可以呈直线链状、树枝状、环状或网状等。熔体中$[SiO_4]$四面体的聚集程度越高，黏度就越大。随着熔体组成和温度的变化，硅氧离子团的聚集和解体不断产生变化，熔体的黏度随之改变。因此，影响熔体黏度的主要因素是其化学组成和温度。

3.2.1.1 黏度与温度的关系

黏度 η 与温度 T 的关系如下：

$$\ln\eta=A+\frac{B}{T} \tag{3-1}$$

式中，A，B 是参数。$\ln\eta$ 与 $1/T$ 应该是线性关系，但实际的 $\ln\eta$ 与 $1/T$ 的关系曲线并非简单的线性关系，如图 3-5 所示，高温区域 ab 段和低温区域 cd 段都近似直线，而中温区域 bc 段则不呈线性。参数 B 不仅与熔体的组成有关，还与熔体中分子的缔合程度有关。高温时，熔体基本不发生缔合；低温时，缔合已趋向完成，故 B 为常数，ab 段和 cd 段都呈线性关系。但是在中间的某一温度范围，对黏度起重要作用的负离子团不断发生缔合，即在中间段温度范围，熔体结构发生变化，黏滞活化能也要改变，故 B 不是常数。

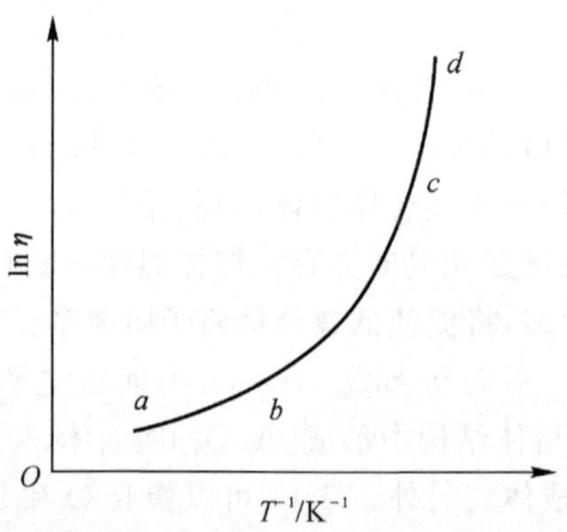

图 3-5 $\ln\eta$ 与 $1/T$ 的关系曲线示意图

温度对玻璃熔体黏度影响很大，在玻璃成形和退火工艺中，温度稍有变化就会造成黏度的较大变化，导致控制上的困难。为此提出了用特定黏度所对应的温度来反映玻璃熔体的性质差异。图 3-6 所示是硅酸盐玻璃的黏度-温度曲线，图中的应变点是指黏度为 4×10^{14} P 所对应的温度，黏性流动在该温度下实际上已不复存在，玻璃在该温度退火时不能除去应力。退火点是指黏度为 10^{13} P 所对应的温度，该温度是消除玻璃中应力的上限温度，在此温度应力可在 15 min 内除去。软化点是指用直径为 0.55～0.75 mm，长为 23 cm 纤维在特制炉中以

① 1 P=0.1 Pa·s。

② 1 g/cm·s=0.1 Pa·s。

5℃/min的速率加热，在自重下达到每分钟伸长 1 mm 时的温度。流动点是指黏度为 10^5 P 所对应的温度，是玻璃成形的温度。

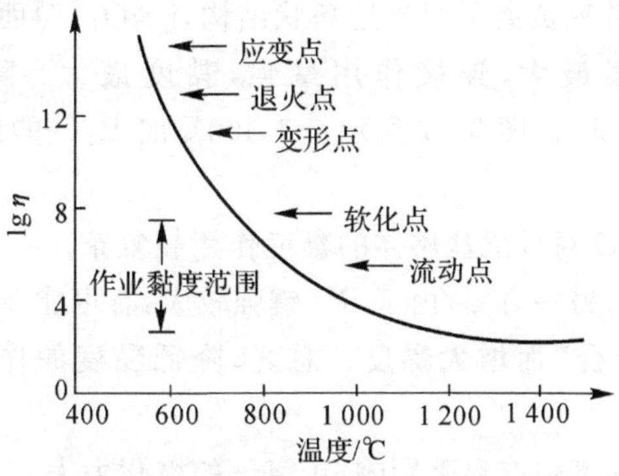

图 3-6　硅酸盐玻璃的黏度-温度曲线

3.2.1.2　黏度与组成的关系

组成通过改变熔体结构而影响黏度，组成不同，质点间作用力不等，黏度有差别。硅酸盐熔体的黏度主要取决于[SiO_4]四面体的连接程度，随 O/Si 值的上升而下降。故可从[SiO_4]四面体连接程度与组成的关系讨论黏度与组成的关系。

(1)引入网络形成体 SiO_2，ThO_2和 ZrO_2等氧化物时，由于这些正离子电价高、半径小，作用力大，熔体中总是倾向形成巨大而复杂的负离子团，使熔体黏度增加。

(2)碱金属氧化物 R_2O 总的作用是提供“自由氧”，使 O/Si 增加，熔体中原来的硅氧负离子团解聚为较简单的结构单元，黏度变小。但不同碱金属氧化物对黏度的影响程度的大小，还与熔体中的 O/Si 值有关。

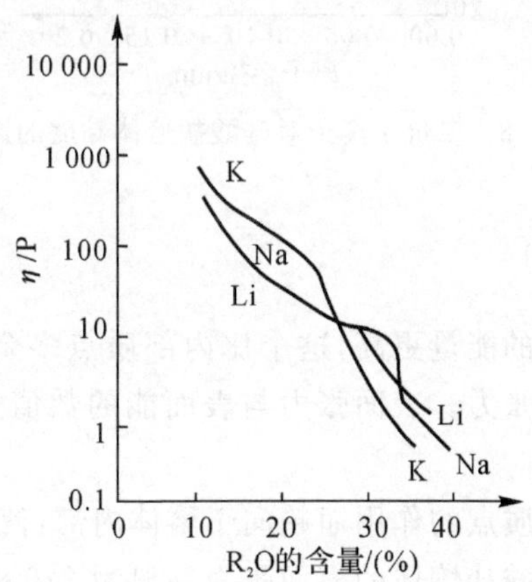

图 3-7　1 400℃时 R_2O 的组成对 R_2O-SiO_2系统熔体黏度的影响

当 O/Si 的值较低时，熔体中硅氧负离子团较大，对黏度起主要作用的是[SiO_4]四面体内 Si—O 间的作用键力。此时，R^+ 除提供“游离氧”打断硅氧网络外，在网络中还对[SiO_4]四面体的 Si—O 键有削弱作用：Si—O…R^+，O…R^+ 间的键能越大，这种削弱作用越强，Si—O 键越易断裂，由于 Li^+ 的离子电势 Z/r 值最大，故 Li^+ 降低黏度的作用最大。降低黏度的作用次序是 $Li^+ > Na^+ > K^+ > Rb^+ > Cs^+$。

当 O/Si 的值较高时，硅氧负离子团接近岛状结构，$[SiO_4]$ 四面体之间主要靠 R^+ 与 O^{2-} 的作用键力连接，故键强最大，连接作用最强，黏度最大。降低黏度的作用次序是 $Cs^+ > Rb^+ > K^+ > Na^+ > Li^+$。图 3-7 所示是 1 400℃时 R_2O 的组成对 R_2O-SiO_2 系统熔体黏度的影响。

(3)碱土金属氧化物 RO 对硅酸盐熔体的黏度作用较复杂。一方面，与碱金属一样，使负离子团解聚，引起黏度减小；另一方面，由于 R^{2+} 键强较大，有可能夺取硅氧负离子团中的氧来包围自己，使负离子团"缔合"而增大黏度。总之，降低黏度的作用次序是 $Ba^{2+} > Sr^{2+} > Ca^{2+} > Mg^{2+}$。

离子间的相互极化对黏度也有显著影响，正离子的极化力大，对 Si—O 间的氧离子极化，使离子变形，共价键成分增加，减弱 Si—O 间的作用键力，使黏度下降。故含 18 电子层的离子如 Zn^{2+}，Pb^{2+}，Cd^{2+} 等的玻璃熔体比 8 电子层的碱土金属离子具有更低的黏度。图 3-8 所示是二价正离子对硅酸盐熔体黏度的影响。

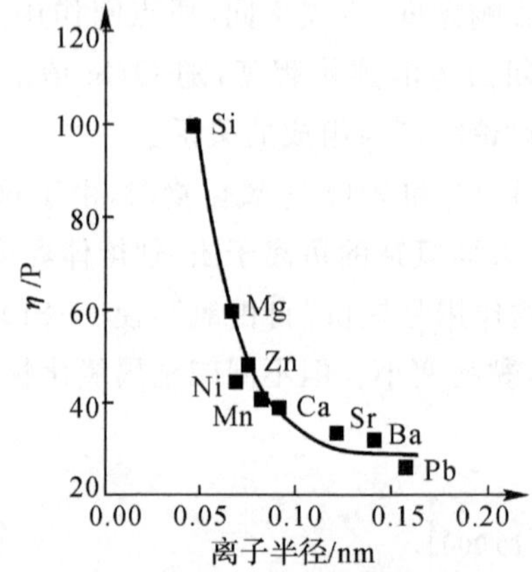

图 3-8　二价正离子对硅酸盐熔体黏度的影响

3.2.2　表面张力(表面能)

物质表面质点比内部质点的能量更高，这个比内部质点多余的能量称表面能。而作用于表面单位长度上的力即为表面张力。表面张力与表面能的数值是相同的，它们的单位分别是 N/m 和 J/m^2。

熔体表面的质点受到内部质点的作用而趋向于熔体内部，使表面有收缩的趋势，故熔体表面质点间亦存在表面张力。硅酸盐熔体的表面张力一般为 $220\times10^{-3}\sim380\times10^{-3}$ N/m，比水的表面张力大 3～4 倍。

3.2.2.1　表面张力与温度关系

一般玻璃熔体表面张力随温度升高而下降，两者几乎成直线关系。其原因是温度升高，质点运动加剧，质点间距离增大，相互作用力减弱，使内部质点能量与表面质点能量差距减少。

但某些系统，如 $PbO-SiO_2$，会出现反常现象，即表面张力随着温度升高而变大，具有正的表面张力系数，这可能与 Pb^{2+} 具有较大的极化率有关。一般含有表面活性物质的系统均有类似的现象。

3.2.2.2　表面张力与组成和结构关系

表面张力是排列在表面层的质点受力不均衡造成的，这个力场相差越大，表面张力也越大。因此，影响熔体质点间相互作用力的因素，都将直接影响表面张力的大小。硅酸盐熔体随组成变化，其复合负离子团的大小、形状和作用力矩 Z/r 的大小都会发生变化（Z 为负离子团所带电荷）。一般 O/Si 的值越小，复合负离子团越大，因其 Z/r 值变小，相互作用力变小。这些复合负离子团被排挤到熔体表面，使表面张力下降。

例如碱金属氧化物在熔体中析出自由氧使硅氧负离子团解聚而增加表面张力，故一般随着碱金属氧化物含量的增多，表面张力变大。对于 R_2O-SiO_2 系统，随着 R^+ 半径的增大这种作用依次减少，其顺序为 $\sigma_{Li+}>\sigma_{Na+}>\sigma_{K+}>\sigma_{Cs+}$。实际上到 K_2O 时已经起降低表面张力的作用了，如图 3-9 所示。

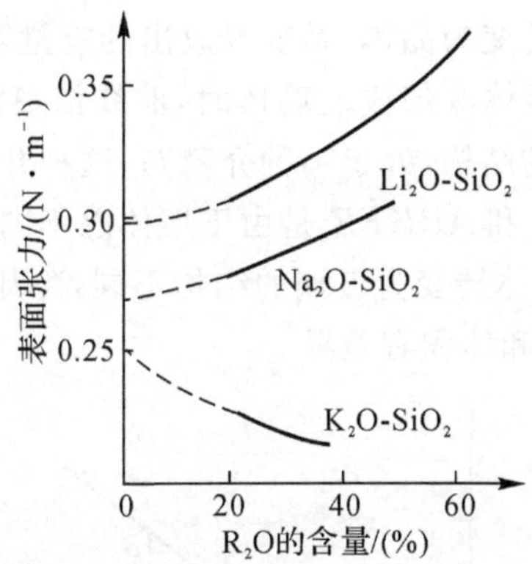

图 3-9　300℃时 R_2O-SiO_2 系统表面张力与组成的关系

熔体内原子、离子或分子的化学键性对表面张力也有很大影响。具有金属键的熔体，表面张力最大，共价键次之，离子键再次之，分子键最小。二元硅酸盐熔体表面张力处于离子键和共价键之间，表明熔体中存在这两种类型的化学键。

各种氧化物对表面张力的影响是不同的，SiO_2，Al_2O_3，CaO，MgO，Na_2O，Li_2O 等无表面活性，它们可以增加表面张力；B_2O_3，P_2O_5，K_2O，PbO 等具有表面活性，会富集在表面层而降低表面张力；Cr_2O_3，V_2O_5，MO_3，WO_3 等氧化物即使加入量较少也可剧烈降低表面张力。

从能量观点看，当一种组分加入到另一种组分中时，其分布总是要使系统的表面张力最小。因此，极少量低表面张力的物质加入到熔体中时，这些物质总会自动聚集在表面使熔体的表面张力下降。相反，表面张力大的物质加入到熔体中时，这些物质则分布在熔体内部，而把原来表面张力小的组分挤到表面上。这样常常会导致熔体表面的组成与内部组成之间存在差异。

3.3 玻璃的通性

一般无机玻璃的物理性质是具有较高的硬度、脆性大、对不同波长的光具有良好的透过性。同时，玻璃可以加工成不同形状，拉丝、镀膜、成球、制成薄板等，这些性质与玻璃的结构有关，所以本质上玻璃应该具有以下不同于晶体的特性。

3.3.1 各向同性

均质玻璃表现出力学、光学、热学等性能的各向同性，完全不同于非等轴晶系晶体具有的各向异性物理性质。这是因为晶体中原子的排列呈长程有序，而玻璃结构是长程无序，只在很小的范围内表现出短程有序，玻璃结构与液体十分相似，呈统计均匀结构。

3.3.2 介稳性

晶体是热力学的稳定相，而玻璃属于热力学上的介稳态。从热力学角度衡量，非晶态的玻璃有着向结晶态转变的趋势。如图 3-10 所示，熔体在平衡状态下缓慢冷却，系统沿 $ABCD$ 曲线变化，在熔点温度 T_m 熔体转变为晶体，系统释放出的能量等于晶体熔化时的潜热，图中内能(U)和体积(V)急剧下降；当熔体冷却成玻璃体时，曲线沿 $ABKG$ 或 $ABKFE$ 变化，系统可以较长时间在低温下保留高温的结构，处于一种介稳态，这种介稳态意味着系统含有过剩的内能(U)和体积(V)。曲线 $ABKG$ 和 $ABKFE$ 是由于熔体以不同的速度冷却，曲线 $ABKG$ 的冷却速度比 $ABKFE$ 更快，导致熔体转变为玻璃的结构不同，冷却速度慢使结构更紧密，释放的能量更多，最终形成的玻璃内能和体积有差异。

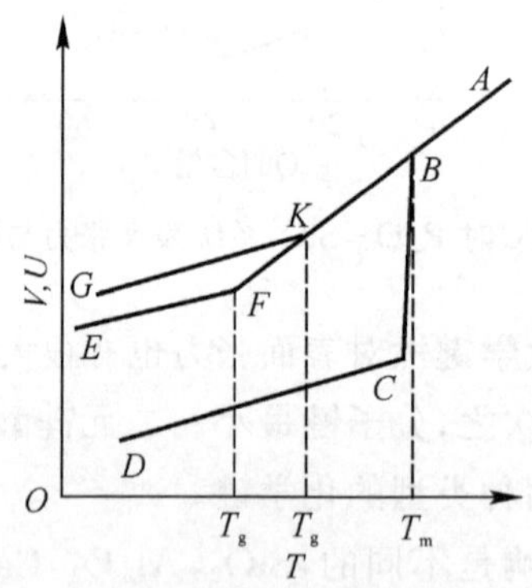

图 3-10 物质内能、体积随温度的变化

3.3.3 熔融态向玻璃态转化的可逆性和渐变性

玻璃没有熔点温度，熔体向玻璃的转化过程中，系统没有明显的结构突变，而是处于渐变过程。系统内能和体积从熔融态变为玻璃态的过程相应也是一种逐渐过渡的状态、一种渐变过程。图 3-10 中曲线 $ABKG$ 和 $ABKFE$ 中，由于冷却速度不同分别出现 K 和 F 两个转折点，K 和 F 点两侧均呈现曲线的斜率不同，K 和 F 点对应的温度都可称为玻璃转变温度 T_g。

T_g 的物理意义为：系统的行为，由 $T > T_g$ 时的主要遵从熔体变化规律，转变为 $T < T_g$ 时

的遵从固体变化规律。T_g 温度可以由高温和低温下两个曲线的交点确定。当系统的组成一定时，冷却速度不同，系统的结构、内能偏离平衡状态的程度不同，T_g 温度则不同。因此玻璃无固定熔点，只有熔体-玻璃体可逆转变的温度范围，通常也认为有一个 T_g 转变温度范围。熔体平衡冷却时的熔点温度 T_m 和熔体非平衡急冷的转变温度 T_g 之间，系统处于介稳的液态结构，系统在 T_g 以下的温度才真正处于非晶固态。以这一观点衡量，非晶态硫系半导体、非晶态金属合金都可称为玻璃。

玻璃转变温度 T_g 以系统的黏度表征，为 10^{13} dPa·s(分帕·秒)，这一特征值对于不同组成氧化物玻璃都是相同的。玻璃转变温度 T_g 也是区分传统玻璃和其他非晶态固体(如硅胶、树脂、非熔融法制得的新型玻璃)的重要特征参数。一些非传统玻璃往往不存在上述的可逆转变，它们不像传统玻璃那样，晶体析出温度高于玻璃转变温度 T_g，而是 $T_g > T_m$。例如许多用气相沉积等方法制备的 Si，Ge 等非晶态薄膜的 T_g 低于 T_g，即非晶态固体薄膜在加热到 T_g 之前就转变为结晶相，继续加热则晶相熔化。因此这类非晶态结构与熔融态之间不存在可逆转变。

3.3.4　熔融态向玻璃态转变过程中物理、化学性质随温度变化的连续

熔体冷却凝固成晶体的过程中，许多物理、化学性质在结晶温度将发生突变。但是熔体向玻璃的转变过程中，物理和化学性质的变化是连续的。图 3-11 所示是玻璃最重要的物理性质——黏度随温度的变化。熔体的黏度 η 为 $10^2 \sim 10^3$ dPa·s，在 T_g 温度对应的黏度值 η 为 10^{13} dPa·s，因此从熔融态向玻璃态转变时，黏度的变化表达了凝固过程在较宽的温度范围内完成。随着温度的逐渐下降，熔体的黏度不断增加，最后形成玻璃。从熔体向玻璃过渡的温度范围取决于玻璃的成分，一般可以出现在几十至几百度的温度范围内。

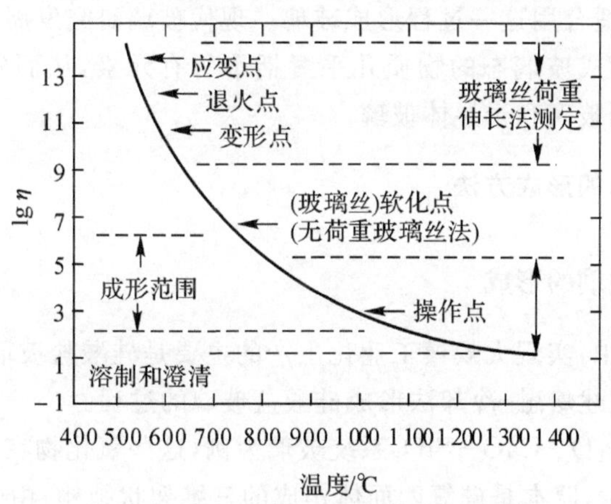

图 3-11　硅酸盐玻璃的黏度-温度曲线

玻璃物理性质随温度的变化所表现的连续一般可分为三种类型，如图 3-12 所示。第一类性质如玻璃的电导、比体积等按曲线 Ⅰ 变化；第二类性质如热容、膨胀系数、密度、折射率等按曲线 Ⅱ 变化；第三类性质如热导率和机械类性质如弹性常数等按曲线 Ⅲ 变化。

曲线 Ⅰ，Ⅱ，Ⅲ 均可划分成三段：低温部分 $T < T_g$，性质与温度几乎呈直线关系；高温部分 $T > T_f$，性质与温度也几乎呈直线关系；中温部分 $T_g < T < T_f$，性质与温度间或出现加速

变化（Ⅰ，Ⅱ）或出现极值。T_f 为软化温度，指玻璃在自重的作用下开始出现形变的温度，对应黏度为 $3\times10^6\sim1.5\times10^7$ dPa·s。低温阶段，玻璃的性质呈固体特性；高温阶段，玻璃的性质主要呈熔体的特性；因此都呈近似直线关系。而在 $T_g\sim T_f$ 之间，熔体向玻璃转变，结构随温度发生剧烈变化，性质也随之变化显著。

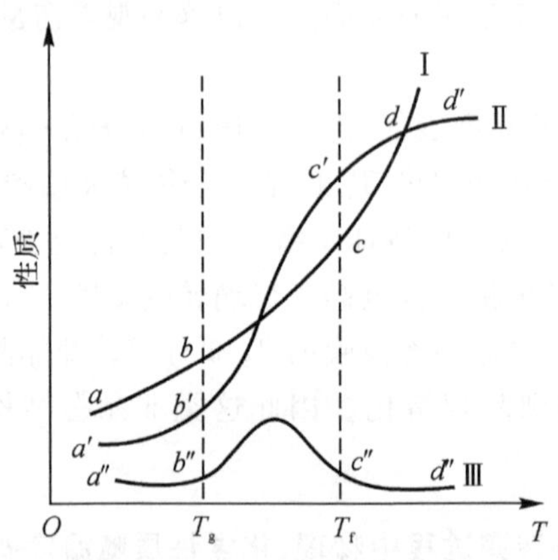

图 3-12　玻璃性质随温度的变化

3.4　玻璃的形成

玻璃的特殊结构取决于形成玻璃的物质、形成玻璃的条件以及形成玻璃的方法即工艺过程。传统的硅酸盐玻璃制造工艺采用熔融-冷却过程，这是至今大规模玻璃生产的主要工艺，但是只有某些组成系统适合用这一过程形成玻璃。现代玻璃研究发展了大量新的玻璃形成方法，与此同时能够参与形成玻璃态的物质几乎囊括了所有元素，从而发展了很多新的玻璃系统，以至于能够制备金属玻璃和半导体玻璃。

3.4.1　非晶态固体的形成方法

3.4.1.1　氧化物玻璃的形成

传统的氧化物玻璃中，实现大规模工业化生产的主要是硅酸盐玻璃，主要的形成方法是熔融-冷却法。以下简要叙述熔融-冷却法形成硅酸盐玻璃的过程。

以应用最广泛的 $Na_2O-CaO-SiO_2$系统玻璃为例，这些氧化物在高温下逐渐熔融的过程为：以石英为原料的 SiO_2，原本是硅氧四面体构成的三维架状结构，由于与加入的碱金属和碱土金属氧化物反应而发生结构变化。由于 R—O 离子键（R 指碱金属或碱土金属离子）比 Si—O 键弱得多，Si^{4+} 能夺取 R—O 上的氧离子，使连接两个硅氧四面体中的氧（称为桥氧）变为非桥氧，如图 3-13 所示。

在纯 SiO_2熔体中，O/Si 原子数比为 2∶1，$[SiO_4]$的所有氧都是桥氧。碱金属和碱土金属氧化物的加入，使 O/Si 的值增大，如果 O/Si 比例上升至 4∶1，则熔体中$[SiO_4]$全部成孤立状，所有的氧都变成非桥氧。O/Si 比处于这两个数值之间时，熔体中的$[SiO_4]$部分氧为桥氧，部分为非桥氧。这种$[SiO_4]$连接的断裂导致熔融石英的分化，如图 3-14 所示。

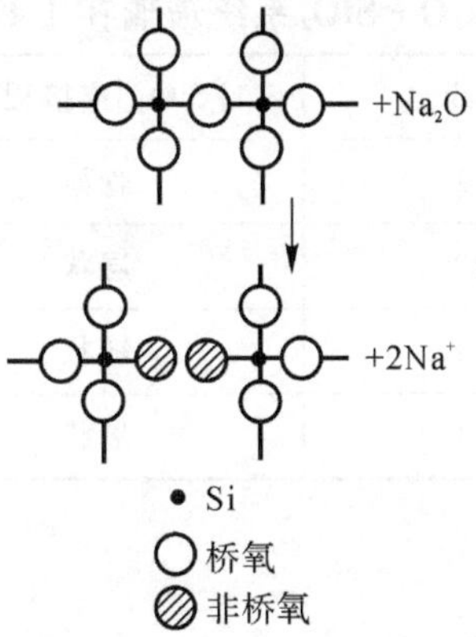

+Na_2O
+$2Na^+$
Si
桥氧
非桥氧

图3-13 碱金属氧化物的加入对熔体中氧化硅聚合状态的影响

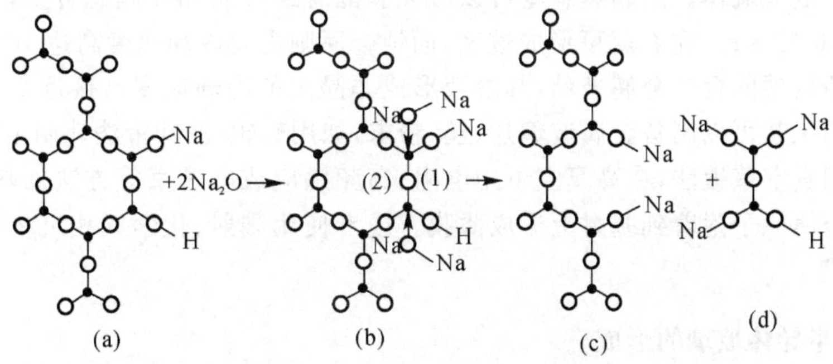

图3-14 加入 Na_2O 至 SiO_2 熔体后，熔体聚合程度的变化

当所有晶态固体原料熔化，熔体达到平衡态时，熔体中形成了$[SiO_4]$四面体聚合程度不等的各种聚合物共存状态。熔体的平均聚合程度由 O/Si 比决定，即由加入的碱金属和碱土金属氧化物数量决定。R 离子处于硅氧聚合体的间隙，与非桥氧之间有较弱的作用力。碱金属和碱土金属氧化物的加入可以显著降低熔融温度，使熔体的聚合程度下降，黏度亦有所下降。表3-1列出了不同组分和 O/Si 值的二元 Na_2O-SiO_2 玻璃在1 400℃的黏度值。与一般液体相比，硅酸盐熔体的黏度仍然较大。当这样的硅酸盐熔体降温冷却时，由于黏度的不断增大，质点难以重新排列成硅酸盐晶体，而更倾向于保持熔体的结构，最终凝固成玻璃。在熔点温度以下不析晶仍保持高温的熔体结构，这一过程也被称为过冷，因此以熔融-冷却法定义的玻璃也称为过冷体。当然如果熔体的冷却速度足够缓慢，即使熔体黏度很大，质点仍有可能重新排列成有序的晶体结构，所以即便是氧化物玻璃中最易形成玻璃的硅酸盐熔体，也必须将冷却速度控制在一定的范围内才可能获得玻璃。

氧化物玻璃除了传统的熔融-冷却法形成外，还有化学气相沉积、液相反应等方法。如制造光通信用石英玻璃纤维时，可以用气相沉积法形成玻璃态的 $SiO_2 \cdot GeO_2$。用液相法形成玻璃需要的温度较低，例如用无机化合物水解得到胶凝化物质，在较低温度热处理获得玻璃态。如将硅酸钠溶解于水，加入硫酸之类强酸，就可析出二氧化硅组分，除去硫酸钠，可得到二氧化硅微粒的凝胶；或者用有机金属醇盐，如正硅酸乙酯的水解聚合得到凝胶，然后热处理也可获得氧化硅玻璃。

表 3-1　Na_2O-SiO_2系统玻璃在 1 400℃的黏度

分子式	O/Si	$[SiO_4]$连接程度	黏度/dPa·s
SiO_2	2/1	骨架	10^{10}
$Na_2O \cdot 2SiO_2$	5/2	层状	280
$Na_2O \cdot SiO_2$	3/1	链状	1.6
$2Na_2O \cdot 2SiO_2$	4/1	岛状	<1

3.4.1.2　金属玻璃的形成

金属玻璃主要有贵金属、过渡金属和半金属合金形成的非晶态。就一般金属而言，合金比纯金属更容易形成玻璃体。用超速急冷可以形成非晶态纯金属和非晶态合金，一般合金熔液的冷却速度在 10^6℃·s^{-1}左右就可形成玻璃，而纯金属则需要冷却速度高达 10^{10}℃·s^{-1}才能形成玻璃。最新发展的合金金属玻璃，其溶液形成非晶态的冷却速度已接近 0.1℃·s^{-1}。目前已经有专门的工艺可以制备金属玻璃片、丝、粉末，如用轧辊-冷却带法轧制金属玻璃带。金属玻璃也可以用真空蒸镀法，在高真空下用电阻、高频感应或电子束等方法加热基体金属，使从表面蒸发的金属原子附着到基材上形成薄膜。或者使用溅射、化学气相沉积和电镀等方法形成金属玻璃膜。

3.4.1.3　半导体玻璃的形成

半导体玻璃主要包括两大类：一类是各种以共价键结合的非晶态半导体，如可以用作太阳能光电池的非晶态硅和光电复印机上用于硒鼓的非晶态硒；另一类重要的半导体玻璃是硫系化合物半导体，如 As-S 系、Ge-S 系元素组合制成的非晶态硫族化合物，硫系玻璃都是重要的红外光学材料。

应用最多的共价键半导体玻璃通常都形成非晶态薄膜。如上述非晶态硅膜和非晶态硒膜均采用不同的气相沉积方法形成，如真空蒸发沉积或等真空溅射等方法。非晶态硫族玻璃除了可以用上述气相沉积形成外，还可以在真空或保护气氛下用熔融-冷却法形成。

3.4.2　非晶态固体形成的热力学条件

熔体是物质在熔化温度以上的一种高能量状态，随着温度的下降，根据熔体释放能量的大小不同，可以有三种冷却过程：

1. 结晶化

熔体中的质点进行有序排列，释放出结晶潜热，系统在凝固过程中始终处于热力学平衡的能量最低状态。

2. 玻璃化

质点的重新排列不能达到有序化程度，固态结构仍具有熔体远程无序的结构特点，系统在凝固过程中，始终处于热力学介稳状态。

3. 分相

熔体在冷却过程中，不再保持结构的统计均匀性，质点的迁移使系统发生组分偏聚，从而形成互不混溶并且组成不同的两个玻璃相，分相使系统的能量有所下降，但仍处于热力学介稳态。

熔体在冷却过程中，根据系统的特点和热力学条件的变化，可以经历其中的一个过程，也可能有其中两三个过程不同程度地同时发生。

从热力学观点分析，玻璃态物质总是有降低内能，向晶态转化的趋势。在一定条件下，通过析晶或分相放出能量，使系统处于低能量、更加稳定的状态。一般认为，如果一个系统的玻璃态和结晶态的内能差值不大时，析晶驱动力较小，能量上属于介稳的玻璃态就能在低温长时间稳定存在。表 3－2 比较了几种硅酸盐晶体和相应组成玻璃的生成热，表中所列玻璃和晶体的内能差值都很小，但是它们的结晶能力确存在较大差别，因此仅凭热力学数据，难以判断形成玻璃的倾向。

表 3－2　几种硅酸盐晶体与玻璃体的生成热

化学式	状态	$-\Delta H/\mathrm{kJ\cdot mol^{-1}}$	化学式	状态	$-\Delta H/\mathrm{kJ\cdot mol^{-1}}$
Pb_2SiO_4	晶态	1 309	SiO_2	β-方石英	858
	玻璃态	1 294		玻璃态	848
SiO_2	β-石英	860	Na_2SiO_3	晶态	1 528
	β-鳞石英	854		玻璃态	1 507

3.4.3　玻璃形成的动力学条件

高温熔体在降温过程中，可以发生不同的过程：可能在低于熔点的某一温度发生结晶过程，也可能过冷形成玻璃。可以认为，玻璃的形成过程本质上是一个防止结晶发生的过程，而它在很大程度上取决于降温速度。

不同的物质从高温熔化状态降温冷却，其形成非晶态的过程差别非常大。有的物质，如金属，很容易形成晶体，必须急速降温才能获得非晶态；还有一些物质，例如石英和各种硅酸盐玻璃，熔体在降温过程中黏度逐渐增大，最后固化形成玻璃，并不很容易析出晶体。近代研究证实，如果冷却速度足够快，几乎各类材料都有可能形成非晶态。因此需要从动力学角度研究不同元素组成的熔体，究竟以多快速度冷却，才能避免析晶而最终形成玻璃。玻璃形成的动力学理论包括以下几个主要的研究结果。

3.4.3.1　塔曼的研究

塔曼(Tamman)认为，物质的结晶过程可以归纳为两个速率，晶核形成速率 I_V 和晶体生长速率 u。这两个速率都与降温过程的过冷度 ΔT 有关($\Delta T = T_m - T$，T_m 为熔点)。如果成核速率和生长速率的极大值所在的温度范围很靠近，如图 3－15 (a)所示，熔体易析晶，而不易形成玻璃；反之，熔体不易析晶，而易形成玻璃，如图 3－15 (b)所示。在图 3－15 所示的阴影部分以外温度区域，系统或只有成核速率，或只有晶体生长速率，因此不可能形成大量的结晶。在图 3－15 所示的阴影部分温度范围内，系统具有一定的晶核产生速率和晶体生长速率，容易析出晶体，被认为是最危险的析晶温度区域。阴影部分的温度范围越大，说明在较宽的温度范围内，系统都倾向于析出晶体，在这一温度范围必须有较快的降温速度才有可能形成玻璃，所以这一系统的成玻璃性较差。

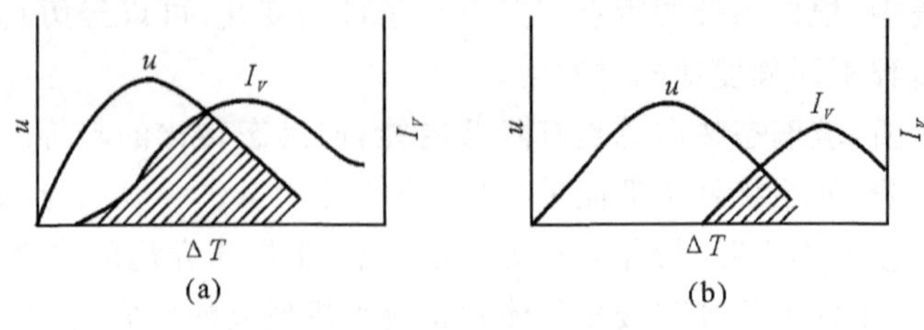

图 3-15　成核、生长速率

之所以系统的最大析晶倾向会出现在某一温度范围内，是因为在温度下降过程中，熔体的析晶过程本质上存在两个相互竞争的因素：一方面，温度低于熔点温度时，晶体与液体之间的自由能差值随温度下降而增大，结晶趋势随温度降低而增加；另一方面，熔体的黏度却随温度下降而不断增大，质点重排的难度增加，从而降低了结晶趋势。这两种因素的综合影响体现在图 3-15 所示阴影部分的析晶最危险温度区域。因此决定熔体是否最终形成玻璃的冷却速率实际与过冷度、熔体黏度、晶核形成速率、晶体生长速率均有关。

3.4.3.2　T_g/T_m参数

熔体从熔点温度冷却至玻璃转变温度 T_g 时，熔体系统凝固，非晶态结构才趋于稳定。因此为了防止在冷却过程中出现析晶现象，一般希望 T_m 和 T_g 温度比较接近。以 T_g/T_m 参数表征，T_g/T_m 参数越大，系统越容易形成玻璃。图 3-16 表示部分无机物的 T_g 和 T_m 的关系。图中，$T_g/T_m=2/3$ 时，形成玻璃态需要的冷却速率相当于 10^{-2}℃ · s^{-1}。图中易于形成玻璃的物质位于曲线的上方，而较难形成玻璃的物质位于曲线的下方。当 $T_g/T_m=0.5$ 时，形成玻璃的冷却速率约为 $10^3\sim10^5$℃ · s^{-1}。

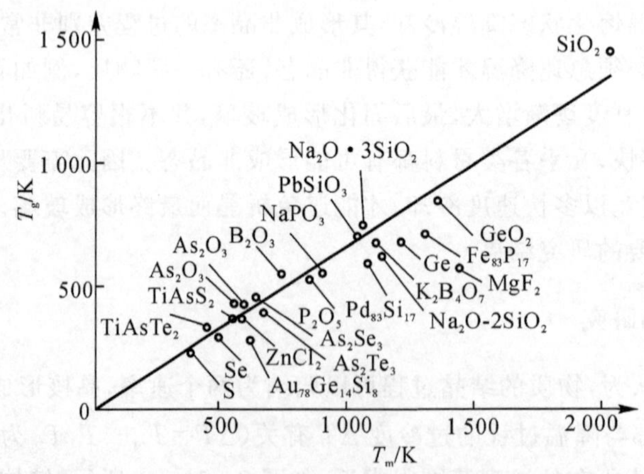

图 3-16　一些化合物的熔点温度 T_m 和转变温度 T_g 的关系

3.4.3.3　乌尔曼的研究

从实际应用的观点出发，乌尔曼(Uhlmann) 认为判断一种物质能否形成玻璃，就是确定熔体必须以多快的速度冷却，才能使其中的结晶量控制在某一可以检测的晶体最小体积以下。按照仪器可以检测到的晶体浓度，当玻璃中混乱分布的微小晶粒的体积分数（体积分数 V^{β}/V = 晶体体积 / 玻璃总体积）为 10^{-6} 时，所对应的冷却速度应视为玻璃形成的最低冷却速率或称临界冷却速率。根据相变动力学理论，通过下式可以估计防止析晶所必须达到的冷却速率：

$$\frac{V^{\beta}}{V}=\frac{\pi}{3}I_{V}u^{3}t^{4} \tag{3-2}$$

式中　V^{β}—— 析出晶体体积；

V—— 熔体体积；

I_V—— 晶核形成速率（单位时间单位体积内形成的晶核数）；

u—— 晶体生长速率（单位时间单位固液界面上的晶体扩展体积）；

t—— 时间。

如果只考虑没有任何外加影响因素的均匀成核状态，在晶体体积分数趋近 10^{-6} 时所必须达到的冷却速度，可以通过式（3－2）计算得到的 3T（Transformation-Temperature-Time）曲线估算。图 3－17 中 3T 曲线的推定过程如下：

(1) 首先设定熔体中的允许晶体体积分数为 10^{-6}；

(2) 计算一系列与图中各过冷度对应温度的晶核形成速率 I_V 和晶体生长速率 u（参考“相变动力学”）；

(3) 把计算得到的 I_V 和 u 代入式（3－2），求出晶体体积分数为 10^{-6} 时对应的时间 t；

(4) 以过冷度为纵坐标和晶体体积分数为 10^{-6} 所需时间 t 为横坐标作图，图中曲线的每一点代表该过冷度下系统析出体积分数为 10^{-6} 所需时间 t。

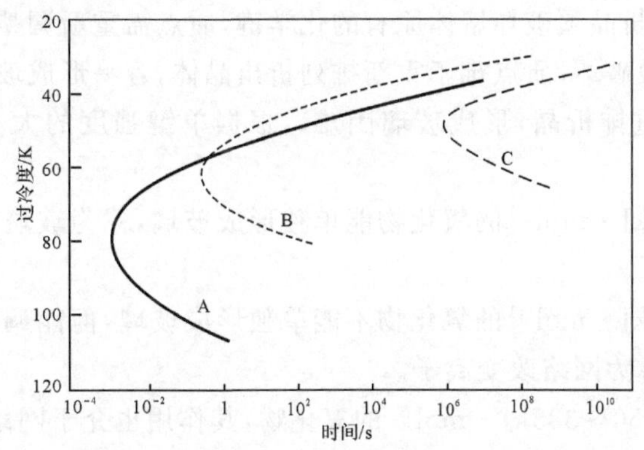

A－ T_m ＝ 356.6 K；B－ T_m ＝ 316.6 K；C－ T_m ＝ 276.6 K

图 3－17　析晶体积分数为 10^{-6} 时不同熔点物质的 3T 曲线

图 3－17 中所有曲线随过冷度的增加（温度降低）都有一个极值，为最短析晶时间。这是因为过冷度增加，结晶驱动力加大，晶核形成速率增加，而同时原子的迁移速度降低，晶体生长速率下降。两个因素的共同作用，使曲线出现一个最快结晶速率，在曲线上形成一个突出点。在曲线凸面以内的区域，熔体在对应过冷度的冷却速度下将形成晶体；而曲线凸面以外区域则是形成玻璃区域。曲线上各点的斜率即为各个温度对应的临界冷却速率。曲线上的顶点为整个冷却过程所需要的最大冷却速率，可粗略估计为

$$\left(\frac{dT}{dt}\right)_m \approx \frac{\Delta T_n}{\tau_n} \tag{3-3}$$

式中 ΔT_n—— 过冷度，$\Delta T_n = T_m - T_n$；

T_n——3T 曲线顶部之点的温度；

τ_n——3T 曲线顶部之点的时间。

对于不同的系统，达到同样的晶体体积分数，曲线的位置不同，最大冷却速率也不同。因此可以用 3T 曲线的最大冷却速率比较不同物质形成玻璃的能力，最大冷却速率越大，则形成玻璃越困难，熔体倾向于容易析晶。图 3-17 中三个系统 A，B 和 C，系统 C 达到 10^{-6} 晶体体积分数所需时间最长，对应的最大冷却速率最低，因此相对容易形成玻璃。

3.4.4 玻璃形成的结晶化学条件

就一定物质的熔体在冷却过程中能否形成玻璃而言，许多物质的性质并非是确定的，而要视熔体的冷却速率如何而定。现代玻璃形成工艺的发展，使形成玻璃物质的范围大大拓展，几乎涵盖了元素周期表上的大部分元素。对于一个熔体系统的冷却过程是否最终能形成玻璃，如果要设定衡量标准，则可以按是否能使系统的黏度增加来衡量。符合这一标准的化合物，即能使黏度大幅增加的则为易于形成玻璃，这样的化合物有以下特征。

3.4.4.1 键强

有些理论把氧化物的键强作为判断能否形成玻璃的标准，其中主要是孙光汉提出的单键强度。

MO_x 的单键强度＝化合物解离能/M 离子的配位数

键强理论认为熔体析晶须破坏熔体原有的化学键，质点需重新调整位置后，建立新键。如果化学键较强，则不易被破坏，质点难于重新排列析出晶体，容易形成玻璃；反之，化学键较弱，则容易断裂，质点易于重排析晶，形成玻璃困难。根据单键强度的大小，可以将氧化物分成三类：

(1)单键强度＞335kJ·mol^{-1}的氧化物能单独形成玻璃，称为玻璃网络形成体，其中的阳离子称为网络形成离子。

(2)单键强度＜250kJ·mol^{-1}的氧化物不能单独形成玻璃，但能调整玻璃性质，称为网络改变体，其中的阳离子称为网络改变离子。

(3)单键强度介于 250～335kJ·mol^{-1}的氧化物，其作用也介于网络形成体和网络改变体之间，称为网络中间体，其中的阳离子称为网络中间离子。

表 3-3 列出了各种氧化物的单键强度。应用键强判断氧化物能否形成玻璃基本能符合实际观察到的试验结果，但还是有一些例外不能予以解释。此外，氧离子配位数的确定不一定符合实际的配位状态(如 Zn，Cd，Pb 的配位数为 2)，因此利用单键强度衡量玻璃形成能力，有时不很精确。

3.4.4.2 键型

化学键的特性是决定物质结构的主要因素，也是影响非晶态结构能否形成的主要因素，一般而言，具有极性共价键和半金属共价键的元素才能形成玻璃。

表3-3 氧化物的单键能

元素	原子价	每个 MO_x 的分解能 E_d/kJ	配位数	M—O 单键能/kJ	类型
B	3	1 490	3	498	网络形成体
	3		4	373	
Si	4	1 775	4	444	
Ge	4	1 805	4	452	
P	5	1 850	4	465～369	
V	5	1 880	4	469～377	
As	5	1 461	4	364～293	
Sb	5	1 420	4	356～360	
Zr	4	2 030	6	339	
Zn	2	603	2	302	网络中间体
Pb	2	607	2	306	
Al	3	1 505	6	250	
Be	2	1 047	4	264	
Zr	4	2 031	8	255	
Cd	2	498	2	251	
Na	1	502	6	84	网络调整体
K	1	482	9	54	
Ca	2	1 076	8	134	
Mg	2	930	6	155	
Ba	2	1 089	8	136	
Zn	2	603	4	151	
Pb	2	607	4	151	
Li	1	603	4	151	
Sc	3	1 516	6	253	
La	3	1 696	7	242	
Y	3	1 670	8	209	
Sn	4	1 164	6	193	
Ga	3	1 122	6	188	
Rb	1	482	10	48	
Cs	1	477	12	40	

离子键的基本特点是正负离子间以静电库仑力结合，这种结合力没有方向性，而作用范围大，离子间距和相对几何位置容易改变，离子键化合物晶体正负离子的配位数较高(6,8)。离子键化合物(如 NaCl，CaF_2等)熔融时，以正、负离子形式单独存在，熔体在熔点附近的黏度很

低。因此熔体在冷却过程中,离子容易排列成为有规则的晶体。离子键化合物熔体的析晶活化能较低,离子键化合物的析晶倾向都很大。

金属键物质以准自由电子连接金属正离子实形成金属键,金属键无方向性和饱和性,金属晶体的最高配位数为12。金属键晶体在熔融时失去较弱的电子连接,导致金属原子很容易重新排列组合,因此难以形成玻璃。

共价键的特点在于有方向性和饱和性、键长和键角不易改变,此外共价键力的作用范围较小。但是纯粹的共价键化合物和单质,大部分为分子结构。共价分子内部原子的配位数较低,但分子之间以分子间力相连,分子间力无方向性,以至组成晶格的概率很大,所以共价键化合物一般也不易形成玻璃。

可以看出,如果是纯的离子键、金属键和共价键化合物,都不容易形成玻璃。

深入研究表明:当存在离子键向共价键过渡的混合键——极性共价键——时,主要有 sp 电子形成杂化轨道,构成 σ 和 π 键。这种混合键,既具有离子键无方向性而易改变键角的特点,可以形成无对称的变形趋势;又具有共价键一的方向性和饱和性,即不易改变键长和键角,倾向于形成低配位数(3,4)的结构。混合键中的离子键特征有利于形成玻璃的远程无序,共价键特征有利于形成玻璃的近程有序。因此极性共价键是易于形成玻璃的理想键型。

同样,当存在金属键向共价键的过渡键——金属共价键——时,在金属中加入的半径小电价高的半金属离子(Si^{4+},P^{5+},B^{3+}等)或加入场强大的过渡金属元素,它们对金属原子产生强烈的极化作用,从而形成 spd 或 spdf 杂化轨道,形成金属元素和半金属或过渡金属元素的原子团。这种原子团类似于[SiO_4]四面体,也可以形成金属玻璃的近程有序;而金属键的无方向性和无饱和性,则在原子团之间连接形成无对称的变形趋势,有利于玻璃的远程无序结构。除此以外,硫系化合物玻璃系统(如 Ge - As - X 系统,X=S,Se,Te)尽管被称为共价键半导体玻璃,其键型也具有金属共价混合键性质,当其中共价键的金属化程度过于强烈,即原子团的排列非常容易时,玻璃的生成能力降低。

综上所述,形成玻璃物质必须具有极性共价键或金属共价键,它们的特征是:一般正负离子的电负性差值 ΔX 约在 1.5~2.5 之间;其中的正离子有较强的极化力;单键强度大于 335 $kJ \cdot mol^{-1}$的化合物,在能量上有利于形成低配位数的原子团结构如[SiO_4],[BO_3]或[Se -Se - Se],[S - As - S],这些原子团连接成链状、层状和架状,熔融时黏度很大,冷却时分子团聚集成无规则网络,倾向于形成非晶态结构。

3.5 玻璃的结构

在玻璃形成的结晶化学条件描述中指出,玻璃作为非晶态在结构上的最大特点是近程有序、远程无序。在各种有关玻璃的模型中,传统硅酸盐玻璃的晶子结构模型和无规则网络结构模型最具代表性,这两种学说都是从早年对氧化物玻璃结构的研究而发展起来的,至今还用于对各种玻璃结构的解释。

3.5.1 无规则网络学说

玻璃的无规则网络学说在1932年由查哈里阿森(Zachariasen)提出。按照这一学说的描述,原子在玻璃和晶体中的作用都是形成连续的、三维空间的网络结构,它们的结构单元相同,都是四面体或三角体。例如每个硅原子周围有 4 个氧原子组成硅氧四面体[SiO_4],各四面体之间通过顶角连接成三维空间的网络。但是玻璃的网络不同于晶体的网络,晶体中原子构成的网络结构具有周期重复性,而前者是不规则的、非周期性的,因而内能大于晶体。

查哈里阿森还提出能够形成玻璃的氧化物 A_mO_n 应具有以下条件:

(1)氧离子最多同两个 A 离子相结合;

(2)围绕 A 离子的氧离子数目不应过多,一般为 3 或 4;

(3)网络中,这些氧多面体以顶角相连,不能以多面体的边和面相连接;

(4)每个多面体中,至少三个氧离子与相邻的多面体相连形成三维空间发展的无规则连续网络。

根据上述条件,B_2O_3,SiO_2,GeO_2,P_2O_5,V_2O_5,Ta_2O_5,As_2O_5,Sb_2O_5等能形成玻璃。由它们组成的多面体称为网络的结构单元,而碱金属氧化物 R_2O、碱土金属氧化物 RO 不能满足上述条件,只能作为网络改变体,处在网络之外,填充在网络的空隙中,如图 3-18 所示。

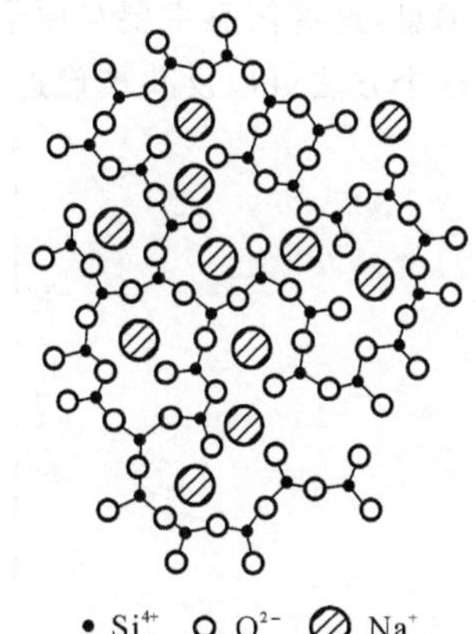

图 3-18　钠硅玻璃结构示意图

瓦伦(B. E. Warren)在玻璃的 X 射线衍射光谱领域的实验研究成果,有力地证明了查哈里阿森的理论。图 3-19 是方石英、石英玻璃和硅胶的 X 射线衍射图谱。石英玻璃与方石英的特征谱线重合,被认为石英玻璃可能含有微小尺度的方石英结构单元;硅胶的 X 衍射曲线具有明显的小角度散射,而玻璃不存在这种小角度散射。硅胶的小角度散射是由于大小约 1～10 nm 的不连续微粒间存在空隙,而玻璃缺乏这种小角度散射,说明玻璃内的质点是连续的。

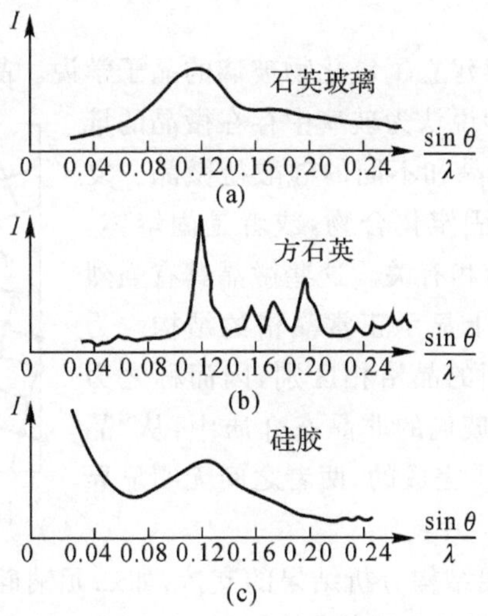

图 3-19　石英玻璃、方石英晶体和硅胶的 X 射线衍射图

(a)石英玻璃；(b)方石英晶体；(c)硅胶

瓦伦还将实验获得的玻璃 X 射线衍射强度曲线,在傅里叶积分公式的基础上换算成围绕某一原子的径向分布曲线。利用该物质的晶体结构数据,可以得到近距离内电子分布。图 3-20所示为 SiO_2 石英玻璃径向电子分布曲线。图中第一个极大值表示 Si－O 距离为

0.162 nm,接近于硅酸盐晶体的 0.160 nm。按第一极大值下面的面积计算的配位数为 4.3,接近于硅原子配位数 4。这一结论说明石英玻璃的结构基元为四面体的假设是正确的。利用傅里叶法,瓦伦还做了其他系统玻璃的结构,发现随着原子径向距离的增加,分布曲线中极大值逐渐模糊,因此推测玻璃结构的有序部分在 1.0～1.2 nm 的尺度。衍射法得到的是原子基团的信息,这些信息主要与原子的能态有关,而原子能态直接受到与它直接相邻原子的影响,因此这个方法可以反映玻璃近程有序的情况。

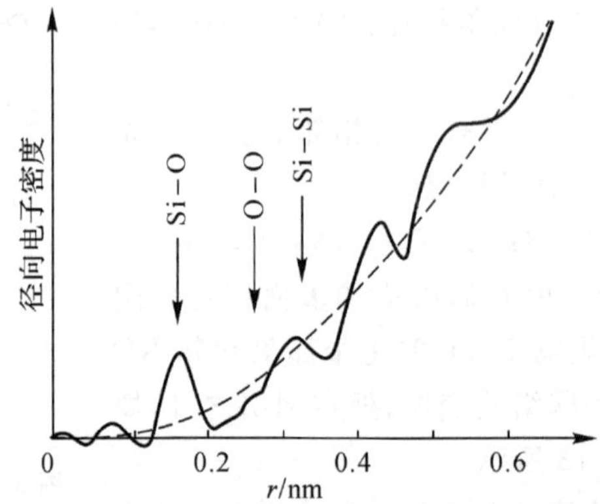

图 3-20　石英玻璃的径向电子分布曲线

无规则网络学说强调玻璃中离子、多面体排列的统计均匀性、连续性和无序性。这一结构特点能够反映和解释玻璃的各向同性、组成改变引起玻璃性质变化的连续性,长期以来是玻璃结构理论的主要学派。

3.5.2　晶子学说

A. A. 列别捷夫于 1921 年建立了氧化物玻璃的晶子学说。晶子学说从一开始就与网络学说是两个对立的极端。晶子学说认为玻璃中存在微晶的堆积,硅酸盐玻璃中存在 SiO_2 微晶和不同的硅酸盐微晶。复杂成分的玻璃中,微晶或者是固定化合物,或者是固熔体,总之应与相应玻璃系统的平衡相有关。这些微晶具有强烈变形的结构,仅仅在一定程度上显示正常晶格的结构。为了便于将这种微晶和完全规则的晶格相区别,因而称之为“晶子”。同时,“晶子”分散在玻璃的非晶态介质中,从“晶子”到非晶态部分的过渡是逐步完成的,两者之间无明显界限,如图 3-21 所示。

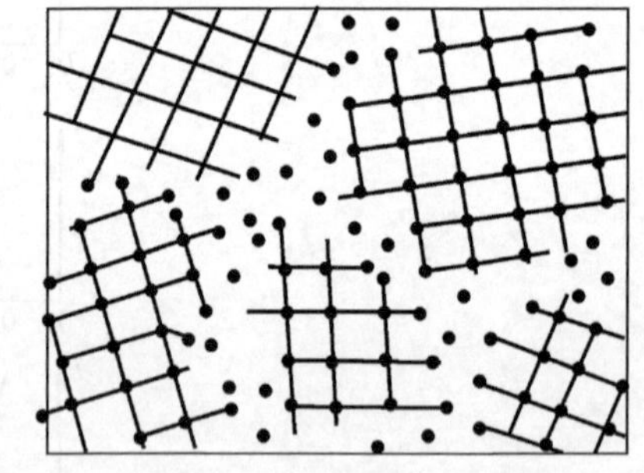

图 3-21　玻璃的“晶子”结构

晶子学说也得到了 X 射线结构分析结果的支持,如二元钠硅玻璃的散射强度峰随组成变化而出现不同的峰强,它们分别对应石英相和偏硅酸钠相。石英玻璃在加热过程中,折射率在相变温度出现的突变,也支持玻璃中微晶的存在。此外,玻璃和微小晶粒晶体的红外反射和吸收光谱有很大的相似,说明玻璃中有局部的不均匀区。

晶子学说着重揭示了玻璃结构中的微不均匀性,但是学说本身尚存在一些重要的缺陷,如玻璃中有序区的大小、晶格变形的程度、晶子的含量、晶子的化学组成等都未能加以确定。但是长期以来,晶子学说对玻璃结构的认识和玻璃结构理论的发展具有重要的贡献。

3.6　硅酸盐玻璃

硅酸盐玻璃中 SiO_2是主体氧化物，它的结构状态对硅酸盐玻璃的性质有决定性的影响。纯氧化硅的石英玻璃是由硅氧四面体[SiO_4]中 4 个氧以顶角相连而成的三维架状网络。石英玻璃中的 Si—O—Si 键角分布在 120°～180°的范围内，平均为 144°，玻璃中的 Si—O 和 O—O 距离与石英晶体几乎一致，如图 3-22 所示。石英玻璃中键角的变化，使硅氧四面体[SiO_4]排列成无规则网络结构，而不像石英晶体中的四面体有确定的对称性。

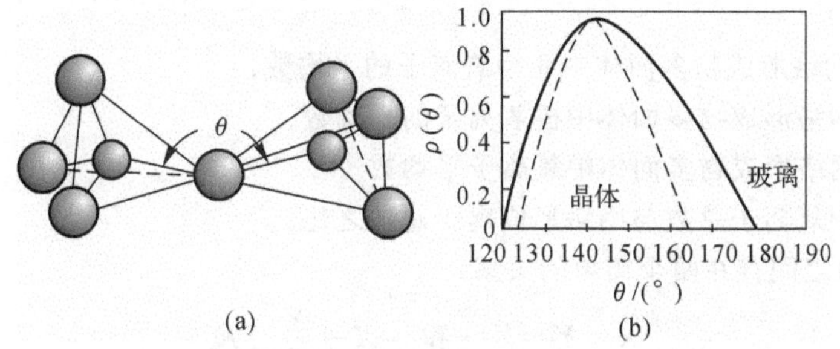

图 3-22　石英玻璃石英晶体中 Si-O-Si 键角

(a)硅氧四面体中 Si—O—Si 键角 θ，大球为氧，小球为硅；

(b)石英玻璃和方石英晶体中 Si—O—Si 键角 θ 分布曲线，$\rho(\theta)$为 θ 的出现概率

当碱金属氧化物 R_2O、碱土金属氧化物 RO 加入到纯 SiO_2的石英玻璃中，形成二元、三元甚至多元硅酸盐玻璃时，O/Si 的值增大，结构中的非桥氧量上升，石英玻璃的三维架状结构被破坏，玻璃的性质发生很大变化，如熔体的黏度下降、析晶倾向增大、玻璃化学稳定性下降、热膨胀系数上升等。表 3-4 列出了 O/Si 的值对硅酸盐网络结构的影响。

表 3-4　O/Si 比对硅酸盐网络结构的影响

O/Si	硅氧结构	四面体[SiO_4]状态	O/Si	硅氧结构	四面体[SiO_4]状态
2.0	网络(SiO_2)	O O—Si—O O	3.0	链或环	O O—Si—O O
2.0～2.5	网络	O　　O O—Si—O—Si—O O　　O	3.5	群状硅酸盐离子团	O　　O O—Si—O—Si—O O　　O
2.5	网络	O O—Si—O O	4.0	岛状硅酸盐	O O—Si—O O

续 表

O/Si	硅氧结构	四面体[SiO_4]状态	O/Si	硅氧结构	四面体[SiO_4]状态
2.5～3.0	网络和链或环	O—Si(—O)(—O)—O—Si(—O)(—O)—O			

为了比较硅酸盐玻璃网络的结构特征，在讨论玻璃结构时常常引入玻璃的 4 个基本网络参数：

X—— 每个网络形成物多面体中非桥氧离子的平均数；

Y—— 每个网络形成物多面体中桥氧离子的平均数；

Z—— 每个网络形成物多面体中氧离子平均数；

R—— 玻璃中氧离子总数与网络形成离子总数之比。

4 个结构参数之间存在两个简单的关系：

$$X+Y=Z \quad 和 \quad X+\frac{Y}{2}=R$$

或

$$X=2R-Z \quad 和 \quad Y=2Z-2R$$

每个网络形成物多面体中的氧离子一般是已知的，例如硅酸盐玻璃和磷酸盐玻璃的 $Z=4$，而硼酸盐玻璃的 $Z=3$。R 在硅酸盐玻璃中为通常所说的氧硅摩尔比，用它可以描述玻璃中的网络连接状况，R 一般可以通过组成计算，这样 X 和 Y 就很容易确定。例如：

(1) 石英玻璃

$$Z=4, R=n(\mathrm{O})/n(\mathrm{Si})=2$$

求得

$$\begin{cases} X=0 \\ Y=4 \end{cases}$$

(2) 化学组成为 10%(摩尔分数，下同)Na_2O，18%CaO，72%SiO_2 的玻璃

$$\begin{cases} Z=4 \\ R=(10+18+72\times 2)/72=2.39 \\ X=2R-Z=0.78 \\ Y=Z-X=3.22 \end{cases}$$

但是并不是所有玻璃都可以简单计算 4 个参数，有些玻璃中的离子不是典型的网络形成离子或网络改变离子，如 Al^{3+}，Pb^{2+} 等属于中间离子，这时需要通过分析才能确定 R 值。在硅酸盐系统中，如果组成中 $n(RO+R_2O)/n(Al_2O_3)\geqslant 1$，则 Al^{3+} 离子作为网络形成离子计算；如果 $n(RO+R_2O)/n(Al_2O_3)<1$，Al^{3+} 离子则被作为网络改变离子计算。由此看出，尽管硅酸盐玻璃中的 $n(O)/n(Si)$ 比由 2 增加到 4，相应的结构由三维网络变为孤岛状四面体，但是如果四面体中还包括与 Si^{4+} 离子半径相近的其他中间体离子，如 Al^{3+} 离子，网络参数 R 仍然不会因为氧化硅的减少而简单上升。

表 3-5 给出了典型氧化物玻璃的网络参数。一般钠钙硅玻璃的 R 值约为 2.4，各种釉和

搪瓷的 R 值在 2.25～2.75 之间。

网络参数中，Y 又被称为结构参数。玻璃的很多性质都取决于 Y 值的大小。$Y<2$ 的硅酸盐玻璃不能构成三维网络。随 Y 值减小，桥氧数减少，网络的断裂加重，网络的聚合程度下降，网络外的离子运动比较容易。因此 Y 值下降，出现玻璃热膨胀系数增大、电导率上升、对应的熔体黏度减小，并且容易析晶。表 3-6 中的一些玻璃尽管化学组成完全不同，当它们具有相同 Y 值时，却显示出相近的物理性质。

表 3-5　典型氧化物玻璃的网络参数 X，Y 和 R 值

组　成	R	X	Y
SiO_2	2	0	4
$Na_2O \cdot 2SiO_2$	2.5	1	3
$Na_2O \cdot 1/3Al_2O_3 \cdot 2SiO_2$	2.25	0.5	3.5
$Na_2O \cdot Al_2O_3 \cdot 2SiO_2$	2	0	4
$Na_2O \cdot SiO_2$	3	2	2
P_2O_5	2.5	1	3

表 3-6　Y 对玻璃性质的影响

组　成	Y	熔融温度/℃	膨胀系数 $\alpha/10^7$
$Na_2O \cdot 2SiO_2$	3	1 523	146
P_2O_5	3	1 573	140
$Na_2O \cdot SiO_2$	2	1 323	220
$Na_2O \cdot P_2O_5$	2	1 373	220

用网络参数衡量硅酸盐玻璃只能说明部分问题，不能解释玻璃结构和性质中的所有现象。以玻璃最主要的性质——黏度——为例，在简单碱金属硅酸盐熔体 R_2O-SiO_2 中，碱金属离子 R^+ 对黏度的影响与它本身的含量有关。碱金属离子含量小，氧硅摩尔比值较低时，对黏度起主要作用的是处于四面体之间 Si—O—R—O—Si 中的 R—O 键力。此时的 R_2O，随 R^+ 半径减小，R—O 键强增加，它在[SiO_4]四面体之间对 Si—O 键的削弱能力增加，导致硅酸盐系统的黏度下降幅度增大。因此同一温度下，系统按 Li_2O，Na_2O，K_2O 中碱金属离子半径增大的次序而黏度增加。而当氧硅摩尔比值高时，硅氧四面体的连接程度非常低，四面体在很大程度上依靠 R—O 键力连接，所以半径最小的 Li^+ 离子，静电作用力最大，系统黏度最高。黏度的变化按 Li_2O，Na_2O，K_2O 而递减。

R^{2+} 对氧硅摩尔比的影响与一价离子相似，可以按网络参数计算。各种二价阳离子在降低硅酸盐熔体黏度上的作用与离子半径有关。二价离子间的极化作用对黏度也有显著影响，极化使离子变形，共价键成分增加，减弱了 Si—O 键力。因此包含 18 电子层离子的熔体，如 Zn^{2+}，Cd^{2+}，Pb^{2+} 等，比含有 8 电子层的碱土金属离子的熔体具有更低的黏度（Ca^{2+} 除外）。一般 R^{2+} 对黏度降低的次序为 $Pb^{2+}>Ba^{2+}>Cd^{2+}>Zn^{2+}>Ca^{2+}>Mg^{2+}$。图 3-23 所示为 $74SiO_2-10CaO-16Na_2O$ 系统熔体内，不同二价阳离子替代 SiO_2 后对黏度的影响。

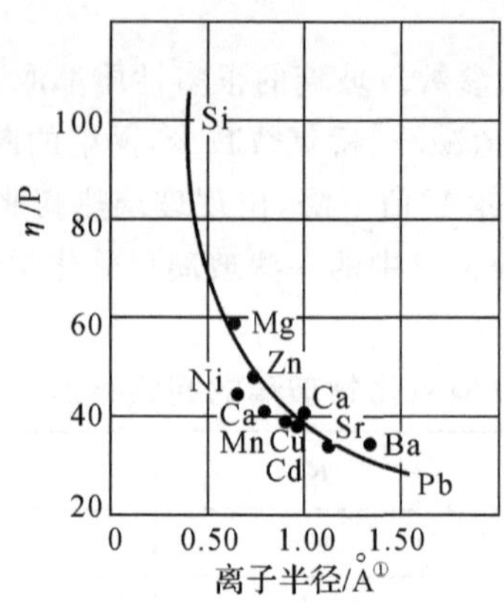

图 3-23　二价阳离子对硅酸盐熔体黏度的影响

对硅酸盐玻璃的结构研究表明，硅酸盐玻璃和硅酸盐晶体的结构有以下的基本区别：

(1)晶体中，Si—O 骨架按一定对称性作周期重复排列，严格有序；玻璃中，则无序排列。晶体是一种结构贯穿到底，玻璃在一定组成范围内往往是几种结构的混合。

(2)晶体中 R^+ 或 R^{2+} 阳离子占据晶格点阵的位置；玻璃中，网络外离子 R^+，R^{2+} 统计分布在网络的间隙。根据 Na_2O-SiO_2 系统玻璃的径向分布曲线，可得出 Na^+ 平均被 5～7 个 O 包围，即配位数也是不固定的。

(3)晶体中，只有半径相近的阳离子才能发生互相置换；玻璃中，只要遵守静电价规则，不论离子半径如何，网络变性离子均能互相置换。这是因为网络结构容易变形，可以适应不同大小的离子互换。在玻璃中析出晶体时也有这样复杂的置换。

(4)晶体组成一般是固定的，符合化学计量比；玻璃的组成以非化学计量任意比例混合，可以在较宽泛的范围内变化。

玻璃的化学组成、结构比晶体有更大的可变动性和宽容度，所以玻璃的性能可以作很多调整，使玻璃品种丰富，用途十分广泛。

3.7　玻璃中的分相现象

长期以来，人们都认为玻璃是均匀的单相物质，随着结构分析技术的发展，积累了愈来愈多的关于玻璃内部不均匀性的资料。例如分相现象首先在硼硅酸盐玻璃中发现。用 75%(质量分数，下同)SiO_2，20%B_2O_3 和 5%Na_2O 熔融并形成玻璃，然后在 500～600℃范围内进行热处理，结果使玻璃分成两个组成上截然不同的相，一相约含 95%SiO_2，而另一相富含 Na_2O 和 B_2O_3。这种玻璃经酸处理除去 Na_2O 和 B_2O_3 后，可以制得包含截面直径在 4～15 nm 连通微孔的 SiO_2 玻璃。目前已发现在几十纳米范围内存在不均匀性的亚微观结构是很多玻璃系统的特征，并已在硅酸盐、硼酸盐、硫族化合物和熔盐玻璃中观察到这种结构。因此，分相是玻璃形成过程中的普遍现象，它对玻璃结构和性质有重大影响。

①1Å$=10^{-10}$m。

3.7.1　玻璃的分相(液相不混溶现象)

一个均匀的玻璃相在一定的温度和组成范围内分成两个互不溶解或部分溶解的玻璃相(或液相)并相互共存的现象称为玻璃的分相(或液相不混溶现象)。

在硅酸盐或硼酸盐熔体中,发现在相图的液相线以上或以下有两类液相的不混溶区。

如在 $MgO-SiO_2$ 系统中,液相线以上出现的相分离现象如图 3-24 所示。在 T_1 温度时,任何组成都是均匀熔体。当温度为 T_2 时,原始组成 c_0 分为组成 c_α 和 c_β 两个熔融相。这类分相区在热力学上是稳定的。

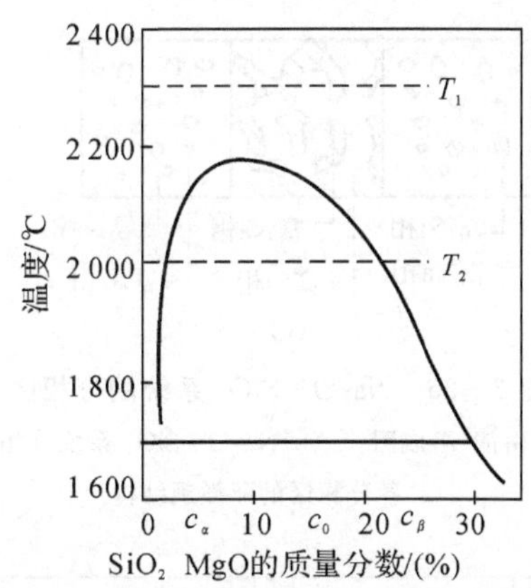

图 3-24　$MgO-SiO_2$ 系统相图中,富 SiO_2 部分的不混溶区

常见的另一类液-液不混溶区是出现在液相线以下,如 Na_2O,Li_2O,K_2O 分别与 SiO_2 组成的二元系统。图 3-25(b)所示是 Na_2O-SiO_2 二元系统液相线以下的分相区。在 T_K 温度以上(图中约 850℃),任何组成都是单一均匀的玻璃相(液相),在 T_K 温度以下该区又分为以下两部分:

(1)亚稳定区(成核-生长区),即图中有剖面线的区域。如系统组成点落在该区域的 c_1 点,当温度为 T_1 时不混溶的第二相(富 SiO_2 相)通过成核-生长方式而从母液(富 Na_2O 相)中析出。颗粒状的富 SiO_2 相在母液中是不连续的,颗粒尺寸为 3～15 nm,其亚微观结构如图 3-25(c)两侧的图所示。若组成点落在该区 c_3 点,当温度为 T_1 时,同样通过成核-生长方式从富 SiO_2 的母液中析出富 Na_2O 的第二相。

(2)不稳区(Spinodale)。当组成点落在图 3-25(b)的(2)区的 c_2 点时,T_1 时熔体迅速分为两个不混溶的液相。相的分离不是通过成核-生长方式,而是通过浓度的波形起伏方式。相界面开始时是弥散的,但逐渐出现明显的界面轮廓,在此时间内相的成分在不断变化,直至达到平衡值为止。析出的第二相(富 Na_2O 相)在母液中互相贯通、连续,并与母液交织而成为两种成分不同的玻璃。其亚微观结构如图 3-25 (c)所示。

两种不混溶区的浓度剖面如图 3-26 所示。图 3-26(a)表示亚稳区内第二相成核-生长的浓度变化。若分相时母液平均浓度为 c_0,第二相浓度为 c'_a,成核-生长时,由于核的形成,使局部区域由平均浓度 c_0 降至 c_a,同时出现一个浓度为 c'_a 的"核胚",此后的质点迁移就是一种由高浓度 c_0 向低浓度 c_a 的正扩散,这种扩散的结果导致核胚粗化直到最后第二相的长大。

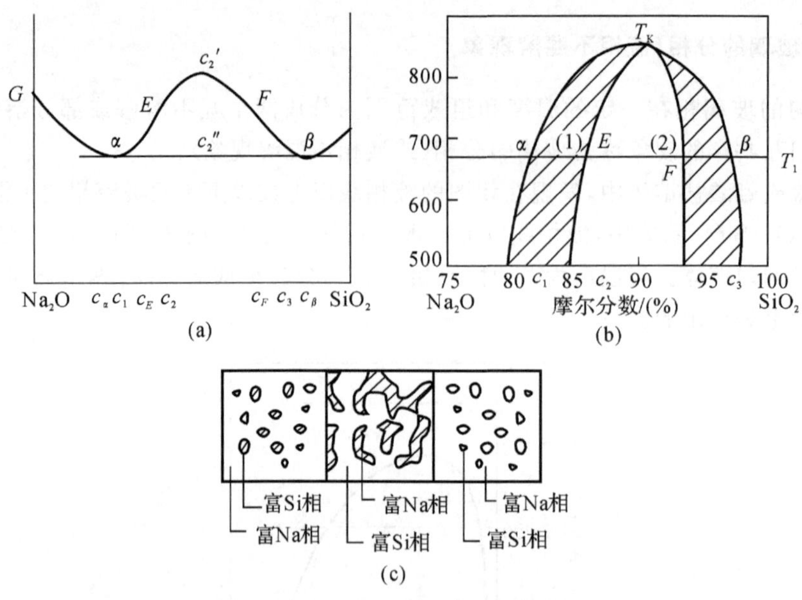

图 3-25 Na_2O-SiO_2 系统的分相区

(a)自由能-组成图； (b)Na_2O-SiO_2 系统分相区；

(c)各分相区的亚微观结构

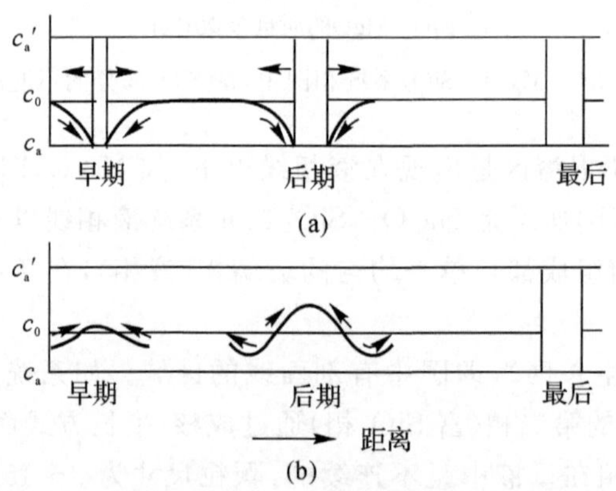

图 3-26 浓度剖面示意图

(a)成核-生长； (b)不稳分解

这种分相的特点是相变起始时两相的浓度变化程度大，而涉及的空间尺寸范围小，第二相成分自始至终不随时间而变化。分相析出的第二相始终有显著的界面，但它是玻璃而不是晶体。图 3-26(b)表示不稳分解时第二相的浓度变化。相变开始时新相与母相相比浓度变化程度很小，但空间尺寸范围很大，它是发生于平均浓度为 c_0 的母相中瞬间的浓度波形起伏。相变早期第二相组成形成类似于波的变化，而构成第二相的组成质点则形成一种从浓度低处 c_0 向浓度高处 c'_a 的负扩散(爬坡扩散)，第二相浓度随时间而持续变化直至达平衡成分。

从相平衡角度考虑，相图上平衡状态下析出的固态都是晶体，而在不混溶区中析出的是富 Na_2O 或 SiO_2 的非晶态固体，严格地说不应该用相图表示，因为析出产物不是处于平衡状态。所以为了示意液相线以下的不混溶区，一般在相图中用虚线画出分相区。

液相线以下不混溶区的确切位置可以从一系列热力学活度数据根据自由能-组成的关系

式推算出来。图 3-25(a) 即为 Na_2O-SiO_2 二元系统在温度 T_1 时的自由能(G)-组成(c) 曲线，曲线由两条正曲率曲线和一条负曲率曲线组成。$G-c$ 曲线上存在一条公切线 $\alpha\beta$。根据吉布斯(Gibbs) 自由能-组成曲线建立相图的两条基本原理：① 在温度、压力和组成不变的条件下，具有最小吉布斯自由能的状态是最稳定的；② 当两相平衡时，两相的自由能-组成曲线上具有公切线，切线上的切点分别表示两平衡相的成分。现分析图 3-25(a) 的 $G-c$ 曲线。

(1) 当组成落在 75%(摩尔分数)SiO_2 与 c_α 之间，由于$(\partial^2 G/\partial c^2)_{T,P}>0$，存在的富 Na_2O 单相均匀熔体在热力学上具有最低的自由能。同理，当组成在 c_β 与 100%(摩尔分数)SiO_2 之间时，富 SiO_2 单相均匀熔体是稳定的。

(2) 当组成落在 c_α 与 c_E 之间，虽然$(\partial^2 G/\partial c^2)_{T,P}>0$，但由于有 $\alpha\beta$ 公切线存在，这时分解成 c_α 与 c_β 两相比均匀单相有更低的自由能。因此分相比单相更稳定。如果组成点在 c_1，则富 SiO_2 相自母液富 Na_2O 相中析出。两相的组成分别在 c_α 与 c_β 上读得，两相的相对数量由 c_1 在公切线 $\alpha\beta$ 上的位置，根据杠杆规则读得。

(3) 当组成落在 E 点和 F 点，这是两条正曲率曲线与负曲率曲线相交的点，亦称为拐点，即$(\partial^2 G/\partial c^2)_{T,P}=0$，此点为亚稳和不稳分相区的转折点。

(4) 当组成落在 c_E 与 c_F 之间，由于$(\partial^2 G/\partial c^2)_{T,P}<0$，因此是热力学不稳定区。当组成落在 c_2 时，不仅是由于 $G'_{c2}\gg G''_{c2}$，能量上差异很大，而且微小组成变化均能引起系统自由能减小，分相动力学障碍小，分相很容易进行。

由以上分析可知，一个均一相对于组成微小起伏的稳定性或亚稳性的必要条件之一是相应的化学位随组分的变化应该是正值，至少为零。$(\partial^2 G/\partial c^2)_{T,P}\geqslant 0$ 可以作为一种判据来判断由于过冷所形成的液相(熔体) 对分相是亚稳的还是不稳的。当$(\partial^2 G/\partial c^2)_{T,P}>0$ 时，系统对微小的组成起伏是亚稳的，分相如同析晶中的成核-生长，需要克服一定的成核位垒才能形成稳定的核，而后新相再得到扩大。如果系统不足以提供此位垒，则系统不分相呈亚稳态。当$(\partial^2 G/\partial c^2)_{T,P}<0$ 时，系统对微小的组成起伏是不稳定的，组成起伏由小逐渐增大，初期新相界面弥散，因而不需要克服成核位垒，分相是必然发生的。

如果将 T_K 温度以下，每个温度的自由能-组成曲线的各个切点轨迹相连即得出亚稳分相区的范围。若把各个曲线的拐点轨迹相连，即得不稳分相区的范围。表 3-7 比较了亚稳和不稳分相的特点。

表 3-7　液相的亚稳和不稳分解比较

项　目	亚　　稳	不　　稳
热力学	$(\partial^2 G/\partial c^2)_{T,P}>0$	$(\partial^2 G/\partial c^2)_{T,P}<0$
成分	第二相组成不随时间变化	第二相组成随时间而连续向两个极端组成变化，直至达到平衡组成
形貌	第二相分离成孤立的球形颗粒	第二相分离成有高度连续性的非球形颗粒
有序	颗粒尺寸和位置在母液中是无序的	第二相分布在尺寸上和间距上均有规则
界面	在分相开始界面有突变	分相开始界面是弥散的，然后逐渐明显
能量	分相需要克服位垒	分相不存在位垒
扩散	正扩散	负扩散
时间	分相所需时间长、动力学障碍大	分相所需时间极短、动力学障碍小

分相原来是冶金学家所熟悉和研究的相变现象，吉布斯曾在一个世纪前就详细讨论过其热力学理论。20世纪20年代初分相理论开始引用到硅酸盐系统中来，当时主要研究液相线以上的稳定分相，因为这种液-液稳定分相使玻璃分层或乳浊，这是人们用肉眼或光学显微镜即可以观察到的现象，例如 MgO，CaO，SrO，ZnO，NiO 的富 SiO_2二元系统熔融时都可以分为两种液相。特纳(Turner)等在1926年首先指出硼硅酸盐玻璃中存在着微分相现象。1952年鲍拉依-库西茨(Poray - Koshits)应用X射线小角度散射技术测得了玻璃中的微分相尺寸，而电子显微镜的应用使玻璃分相研究得到迅速发展。近年来大量研究表明许多硅酸盐、硼酸盐、硫系化合物及氟化物等玻璃中都存在分相现象，从而进一步揭示了玻璃结构和化学组成的微不均匀性特征。

玻璃分相及其形貌几乎对玻璃的所有性质都会发生或大或小的影响。例如凡是与迁移性能有关的性质，如黏度、电导、化学稳定性等都与玻璃分相及其亚微观结构有很大关系。如图3-25(c)中所示 Na_2O-SiO_2系统玻璃中，富硅相为高黏度、高电阻和高化学稳定相，当其呈相互分离的液滴状时，则整个玻璃呈现出比较低的黏度、电阻率和化学稳定性；而当富硅相连续时其电阻与黏度均可提高几个数量级，其电阻近似于高 SiO_2端组成玻璃的数值。经研究发现玻璃态的分相过程总是发生在核化和晶化之前，分相产生的界面为晶相的成核提供了有利的成核位置。总之，玻璃分相是一个广泛而十分有意义的研究课题，它对充实玻璃结构理论和改进生产工艺制造新型功能玻璃等方面都具有密切关系。

3.7.2 分相的结晶化学观点

对于玻璃分相，在结晶化学方面可以从能量、静电键和离子电势等原因进行比较合理的解释。

玻璃熔体中离子间相互作用程度与静电键 E 的大小有关。

$$E=\frac{Z_1 Z_2 e^2}{r_{1,2}}$$

式中 Z_1,Z_2—— 离子1和2的电价；

e—— 电荷；

$r_{1,2}$—— 两个离子的间距。

例如玻璃熔体中 Si—O 间键能较强，而 Na—O 间键能相对较弱；如果除 Si—O 键外还有另一个阳离子与氧的键能也相当高时，就容易导致不混溶。这表明分相结构取决于这两者间键力的竞争。具体说，如果外加阳离子在熔体中与氧形成强键，以致氧很难被硅夺去，在熔体中表现为相对独立的离子聚集体，这样就出现了两个液相共存，一种是含少量 Si 的富 R—O 相，另一种是含少量 R 的富 Si—O 相，造成熔体的不混溶。

对于氧化物系统，键能公式可以简化为离子电势 Z/r，其中 r 是阳离子半径。表8-2列出不同阳离子的 Z/r 值以及它们和 SiO_2一起熔融时的液相曲线类型。S形液相线表示该温度以下有亚稳不混溶区存在。从表中还可以看出随 Z/r 值的增大不混溶趋势也加大，如 Sr^{2+}，Ca^{2+}，Mg^{2+}的 Z/r 值较大，故可导致熔体分相；而 K^+，Cs^+，Rd^+的 Z/r 值小，故不易引起熔体分相。其中 Li^+因半径小使得 Z/r 值较大，因而使含锂的硅酸盐熔体产生分相呈乳光现象。

其他正离子与 Si^{4+}离子的离子势差别(场强差)愈小，愈趋于分相。沃伦和匹卡斯指出，当

离子的离子势 $Z/r>1.40$ 时，例如 Mg，Ca，Sr，系统的液相区中会出现一个圆顶形的不混溶区域；而若 Z/r 在 1.40 和 1.00 之间，例如 Ba，Li，Na，液相线呈 S 形，这是系统中发生亚稳分相的特征；$Z/r<1.00$ 时，例如 K，Rb，Cs，系统不会发生分相。

思　考　题

1. 网络变性体(如 Na_2O)加入石英玻璃中使 O/Si 的值(原子个数比)增加，实验观察到当 O/Si=2.5～3 时，即达到形成玻璃的极限。为什么 2<O/Si<2.5 的碱-硅石混合物可以形成玻璃，而 O/Si=3 的碱-硅石混合物结晶而不形成玻璃？

2. 试述熔体黏度对玻璃形成的影响。分析在硅酸盐熔体中加入一价碱金属氧化物和二价金属氧化物后，熔体黏度的变化。为什么？

3. 简述硅酸盐晶体结构分类的原则，及其各类硅酸盐晶体结构的特点。

4. 从结构上比较硅酸盐晶体和硅酸盐玻璃的区别。

第 4 章　相平衡与相图

相平衡就是研究多相体系的平衡状态如何随温度、压力和组分浓度等变数的变化而改变的规律。根据多相平衡的实验结果而绘制成的几何图形称为相图，也叫平衡状态图。根据相图可以知道某一组成的系统在一定的条件下，达到平衡时，系统中存在的相数和每个相的组成及其相对数量。此外，相平衡考察的是系统中各组分间及所发生的各种物理的、化学的或者物理化学的变化，而不考虑体系中单独的相或化学物质的特性。

4.1　相与相平衡

4.1.1　基本概念

4.1.1.1　系统

被选择的研究对象称为系统。系统以外的一切物质都称为环境。例如，在硅碳棒炉中制备压电陶瓷 PZT，选择 PZT 为研究的对象，即 PZT 为系统，炉壁、热板和炉内气氛都为环境。如果研究 PZT 和气氛的关系，则 PZT 和气氛就统称为系统，其他为环境。

系统是人们根据实际需要而确定的，通常忽略气相影响，而只考虑液相和固相的系统，称之为凝聚系统。大多数的硅酸盐物质，由于其挥发性很小，压力这一平衡因素对系统的影响较小，可以忽略不计，硅酸盐系统是最典型的凝聚系统。

4.1.1.2　相

在系统内部物理和化学性质相同而且完全均匀的部分称为相。相与相之间必然有分界面存在，而且在相的界面处物质的性能要发生突变，如果界面的性质不发生突变则是同一种相，例如同种晶体中的晶界。

相数与物质的量无关，也与物质是否连续无关。如水中分散着的冰，所有的冰块的总和为一固相。相可以是单质，也可以是由几种物质组成的熔体(溶液)或化合物。

气体物质一般只能形成一个相，因为在平衡条件下，不同的气体可以任何比例均匀地混合在一起，所以无论是一种气体还是混合气体，它们都是一个单一的均匀相。

液体物质则要视其互熔程度而定。通常均匀液态或熔体可以视为一个相，如未饱和的糖水或熔融状态的玻璃液整个系统只是一个液相。但是当两种液相不能以任何比例相互熔解或在高温下熔体发生液相分层时，便可能形成两相或两相以上的液相，如果溶液发生过饱和现象，从液相中析出晶体时还会出现固态物质，它们的性质各不相同，彼此有相界面存在。

对于固态物质的混合物，通常有几种固态物质就有几个相。例如铁粉和炭粉混合在一起，尽管各自的颗粒可以极细且混合均匀，但还是两个相，可是若不同的固态以任何比例互相溶解形成一个均匀的固熔体，或应用分子自组装技术合成的纳米复合材料，则只能视为一相。

相同的物质可以有几个相，例如水可以有固相、气相和液相，碳可以有金刚石和石墨这两个不同的固相。

4.1.1.3　组分与独立组分

组分（或称组元）是指构成材料的最简单、最基本、在系统中可以独立存在的化学物质。组分的数目叫组分数。按照组分数目的不同，可将系统分为一元系统、二元系统、三元系统等，三个以上组分构成的系统称为多元系统。在金属材料中组分一般是元素，而在无机材料中组分通常是元素的氧化物或碳化物、氮化物、硼化物等，例如 SiO_2，Al_2O_3，CaO，SiC，Si_3N_4，B_4C 等。

独立的组分是指决定相平衡系统中多相组成所需要的最少数目的化学纯物质，其数目称为独立组分数，常以字母 C 表示。

需要指出的是，组分和独立组分只有在特定的条件下，才具有相同的定义，例如系统中不发生任何化学反应。系统中如果存在化学反应，或在同一相内存在一定浓度关系时，则两者不相同。

例如 $CaCO_3$ 的热分解，存在反应 $CaCO_3 = CaO + CO_2\uparrow$ 三种物质在一定的温度压力下建立平衡关系，有一个独立的化学反应平衡常数，所以其中只有两个物质的组成可以任意变化，而第三个物质的组成由化学反应式来决定，不能任意改变，它们的独立组分数只能为 2。可以在这三种物质中任选两种为独立组元，构成二元系统。

又如，NH_4Cl 分解为 NH_3 与 HCl，当系统达到平衡时，由于 NH_3 与 HCl 在同一相中存在浓度关系：$n(HCl)=n(NH_3)$，所以独立组分数为 2。必须注意，只有在同一相中才能考虑这种浓度关系。

4.1.1.4　自由度与相律

自由度是指在相平衡系统中，可以独立变化的因素。如温度、压力、电场和磁场等。说其独立可变，是因为这些因素在一定的范围内任意改变都不会引起旧相的消失或新相的产生，即不改变原系统中共存相的数目和种类。

自由度数是指在平衡系统中那些独立可变因素的最大数目，以符号 f 表示。按照自由度数目可以对系统进行分类。$f=0$ 的系统称为无变量系统；$f=1$ 的系统称为单变量系统；$f=2$ 的系统称为双变量系统，依此类推。

相律是由吉布斯（W. Gibbs）以热力学定律为基础于 1876 年提出的多相系统的普遍规律，其数学表达式为

$$f=C-P+n \tag{4-1}$$

式中　P—— 相数；

n—— 能够影响平衡状态的外界因素的数目（如温度、压力、电场等）。

一般情况下只考虑温度和压力对系统平衡状态的影响，所以式（4－1）可以改写为

$$f=C-P+2 \tag{4-2}$$

如前所述，没有气相存在的系统称为凝聚系统，有时虽然有气相存在，但是可以忽略而只考虑液相和固相参与平衡的系统，也将其称为凝聚系统。例如金属材料和无机非金属材料等，

由于在通常范围内压力对系统相平衡的影响是很小的，可以忽略不计，所以它们都可以视为凝聚系统，其相律表达式为

$$f=C-P+1 \tag{4-3}$$

由相律可知，系统中的独立组分数 C 越多，则自由度数 f 就越大；相数 P 越多，自由度数 f 就越小；自由度数为零时，相数最大，所以应用相律可以很方便地确定平衡体系中自由度数、独立组分数与相数三者之间的关系，而且相律是一种基本的自然规律，不论系统的化学性质如何，也不论研究的是什么系统，相律都是适用的，它对分析和研究相图有十分重要的作用。

4.1.2 相平衡

相平衡是指各相的化学热力学平衡，简称热力学平衡或相平衡。相平衡是有条件的。对于不含气相的材料系统，相的热力学平衡可由它的吉布斯自由能 G 来决定。由 $G=H-TS$ 可知，当 $\mathrm{d}G=0$ 时，整个系统将处于热力学平衡，若 $\mathrm{d}G<0$，则系统将自发地过渡到 $\mathrm{d}G=0$，使系统达到平衡状态。

对于有组元1的物质的量为 n_1、组元2的物质的量为 n_2…… 的多元系统来说，不仅温度和压力的变化要引起 G 的变化，而且组元含量的变动也会引起系统性质的变化，因此多元系统的吉布斯自由能 G 是温度 T、压力 P 以及各组元物质的量以 n_1，n_2…… 的函数，即 $G=f(T, P, n_1, n_2, \cdots)$，对其进行微分，可得

$$\mathrm{d}G=-S\mathrm{d}T+V\mathrm{d}P+\sum \mu_i \mathrm{d}n_i \tag{4-4}$$

式中 S—— 系统的总熵；

V—— 系统的总体积；

$\sum \mu_i \mathrm{d}n_i$—— 因组元含量的改变而引起的系统自由能的变化；

μ_i—— 组元 i 的偏摩尔自由能，也是它的化学势，代表系统内物质传递的驱动力。

如果每一个组元在所有各相中的化学势 μ 都相等，那么在系统内就没有物质的迁移，整个系统处于平衡状态。所以，系统中相平衡的条件就是一个组元在所有各相中的化学势相等。若系统只有 α 和 β 两相，那么使少量的 $\mathrm{d}n_2$ 的组元2从 α 相转移到 β 相中，引起系统自由能的变化为 $\mathrm{d}G=dG_\alpha+\mathrm{d}G_\beta$。

由于组元2在 α 相中的化学势 $\mu_2{}^\alpha$ 是1 mol组元2在 α 相中的自由能，因此 α 相自由能的变化是 $\mathrm{d}G_\alpha=\mu_2{}^\alpha \mathrm{d}n_2{}^\alpha$，同理 $\mathrm{d}G_\beta=\mu_2{}^\beta \mathrm{d}n_2{}^\beta$，而 $-\mathrm{d}n_2{}^\alpha=\mathrm{d}n_2{}^\beta$，所以 $\mathrm{d}G=(\mu_2{}^\beta-\mu_2{}^\alpha)\mathrm{d}n_2{}^\beta$。

可见，组元2从 α 相自动转入到 β 相的条件是 $\mu_2{}^\beta-\mu_2{}^\alpha<0$，当 $\mu_2{}^\beta=\mu_2{}^\alpha$ 时，两相达到热力学平衡，显然这是相平衡的必要条件。进一步地推导可以知道，每一个组元在各相中的化学势相等是多相系统处于热力学平衡、相平衡的必要条件。

4.2 单元系统相图

4.2.1 单元系统相图的特征

4.2.1.1 有晶型转变的单元系统相图

在单元系统中仅含有一种物质，即其独立组分数 $C=1$。根据相律 $f=C-P+2$，单元系统

中平衡共存的最多相数 $P=3$，三相平衡共存时，系统为无变量状态。由于系统的相数不可能少于一个，所以也可以知道单元系统的最大自由度是 2。因为在单元系统中只有一种纯物质，组成是不变的，通常就将温度和压力视为单元系统相图中的两个独立变量。如果确定了这两个独立变量，那么系统的状态也就随之被确定。因此，只要用温度和压力的二维平面图就可以具体描绘单元系统的相平衡与温度、压力的关系。

图 4-1 是具有多晶转变的某种纯物质的压力-温度相图，图中通常用实线表示稳定的相平衡，而虚线则表示介稳的相平衡。

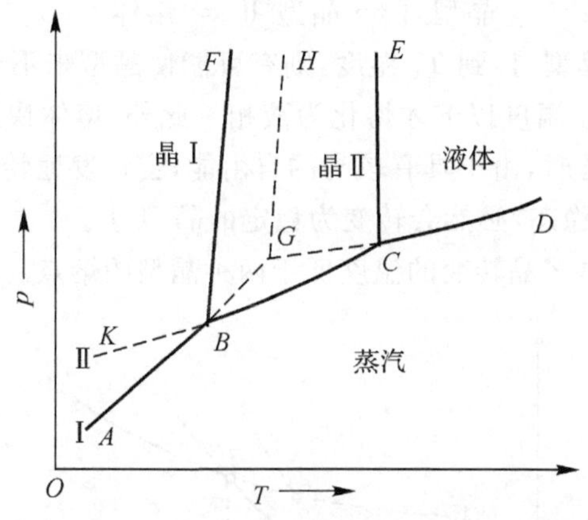

图 4-1　单元系统的压力-温度相图

整个相图共有四个稳定相区：低温稳定的晶型 Ⅰ 和高温稳定的晶型 Ⅱ 以及液相和气相。各相区内，$P=1$，$f=2$，表明温度与压力都能独立改变而不致造成新相或旧相的消失。相图中还有若干条单变量的平衡曲线：CD 是液体的蒸发曲线，AB 和 BC 分别是晶型 Ⅰ 和晶型 Ⅱ 的升华曲线；CE 是晶型 Ⅱ 的熔融曲线；BF 是晶型 Ⅰ 和晶型 Ⅱ 之间的晶型转变曲线。在这些线上，$P=2$，$f=1$，系统内只有一个自由度，确定压力或温度变量，则另一个可变量温度或压力就不能随意改变了。

图中还有两个三相平衡点：B 点是晶型 Ⅰ、晶型 Ⅱ 和气相的三相共存点，C 点是晶型 Ⅱ 和液相、气相三相平衡共存点。三相平衡点的 $P=3$，$f=0$，所以单元系统中的三相点是无变量点，即要保持三相的共存，必须严格保持温度、压力的不变，否则就会有相消失。

图中的 $ECGH$ 是过冷液体的介稳状态区。BCG 是过冷蒸气的介稳状态区；$FBGH$ 是过热晶型 Ⅰ 的介稳状态区；KBF 是过冷晶型 Ⅱ 的介稳状态区。这些介稳区域是由相应的一些介稳单变量平衡曲线所构成的：KB 是过冷的晶型 Ⅱ 的升华曲线；BG 和 GH 分别是过热的晶型 Ⅰ 的升华曲线和熔融曲线；CG 是过冷液体和蒸气之间的介稳平衡曲线；G 点由 BG，GH 和 CG 三条曲线相交而成，表示过热晶型 Ⅰ 和过冷液体和蒸气之间的介稳无变量平衡。

需要指出的是，上文只是定性地描述了升华曲线、熔融曲线、蒸发曲线和晶型转变曲线的特性。关于两相平衡时的曲线形状和斜率可以用克劳修斯-克莱普朗(Clausius - Clapeyron)方程确定。

4.2.1.2　晶型转变类型

在单元系统的相图中，通常将多晶转变分成可逆(双向)转变和不可逆(单向)转变两种类型。

图4-2是具有可逆多晶转变物质的单元系统相图。图中点1对应的温度是晶型Ⅰ与晶型Ⅱ转变温度点，点2是过热晶型Ⅰ的蒸气压曲线与过冷液体的蒸发曲线的交点。因此，点2对应的温度 T_2 就是不稳定晶型Ⅰ的熔点。点3对应的温度为晶型Ⅱ的熔点，如果忽视压力对熔点和转变点的影响，将晶型Ⅰ加热到 T_1 时，即可转变成晶型Ⅱ；同样，从高温平衡冷却到 T_1 温度时，晶型Ⅱ将转变到晶型Ⅰ，二者间具有可逆转变的特性。如果晶型Ⅰ转变为晶型Ⅱ后，再继续升温到 T_3 以上，则所有晶相都将消失而成为熔体。相互关系可表示为

$$\text{晶型 I} \Leftrightarrow \text{晶型 II} \Leftrightarrow \text{熔体}$$

如果从低温快速加热晶型Ⅰ到 T_1 温度，则有可能使晶型来不及转变而继续随温度的上升而处于介稳状态，直到 T_3 温度以上才熔化为液相。此外，熔体快速冷却也会导致过冷液体的存在。物质处于介稳状态时，由于具有较高的自由能，会自发地转变为低温的稳定状态。在 T_1 温度以下，晶型Ⅱ是介稳态，必然会转变为稳定的晶型Ⅰ。

这种类型的相图特点是多晶转变的温度低于两种晶型的熔点。

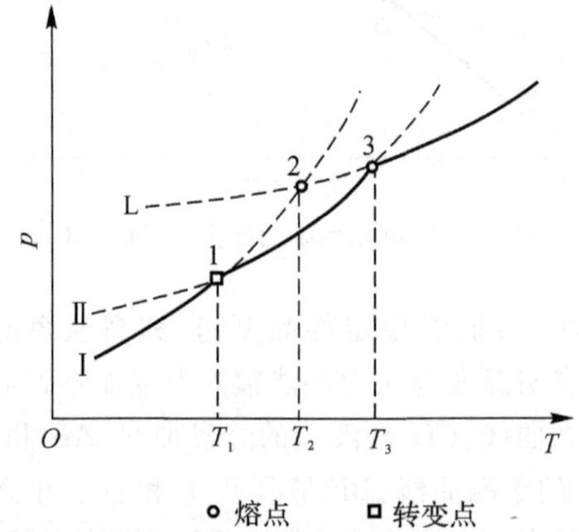

图4-2　具有可逆的多晶转变物质的单元系统相图

图4-3是具有不可逆多晶转变物质的单元系统相图。图中点1、点2和点3对应的温度分别是晶型Ⅰ、晶型Ⅱ的熔点以及二者间的晶型转变温度。晶体不可能过热而超过其熔点，因此事实上点3是得不到的。

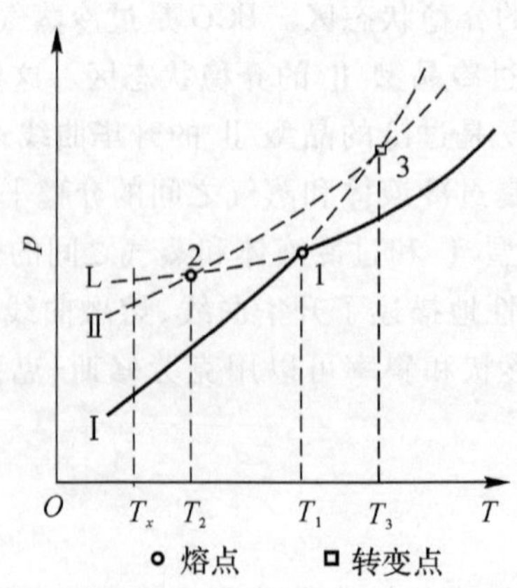

图4-3　具有不可逆多晶转变物质的单元系统相图

晶型 Ⅱ 无论在高温或低温阶段都处于介稳状态，随时都有转变为晶型 Ⅰ 的倾向，要获得晶型 Ⅱ，就必须将晶型 Ⅰ 熔融，然后再使它过冷才可得到，而直接加热晶型 Ⅰ 是得不到的。相互关系可表示为

$$\text{晶型 I} \Leftrightarrow \text{熔体} \Leftrightarrow \text{晶型 II}$$

这种类型的相图特点是多晶转变温度高于两种晶型的熔点。

4.2.2 SiO_2 相图

SiO_2 是自然界中分布极为广泛的物质，存在的形态也很多。各种形态的 SiO_2 在工业上的应用极为广泛，如透明的水晶可以制造紫外光谱仪棱镜、补色器等；玛瑙是耐磨材料，也是贵重的装饰品；石英砂是玻璃、陶瓷、耐火材料工业的基本原料，在玻璃和硅质耐火材料的生产中用量很大。SiO_2 系统的相平衡，是最基本的无机非金属材料相图之一。

SiO_2 具有复杂的多晶形态。实验表明，在常压和有矿化剂存在的条件下，SiO_2 能以七种晶相、一种液相和一种气相的形态存在。在高压实验中还发现有新的 SiO_2 变体。图 4-4 是芬奈(Fenner)在长时间加热细粉碎石英并且加有矿化剂的条件下得到的 SiO_2 相图。由于 SiO_2 各晶型的饱和蒸气压都极小，因此图中的纵坐标不代表实际数值。

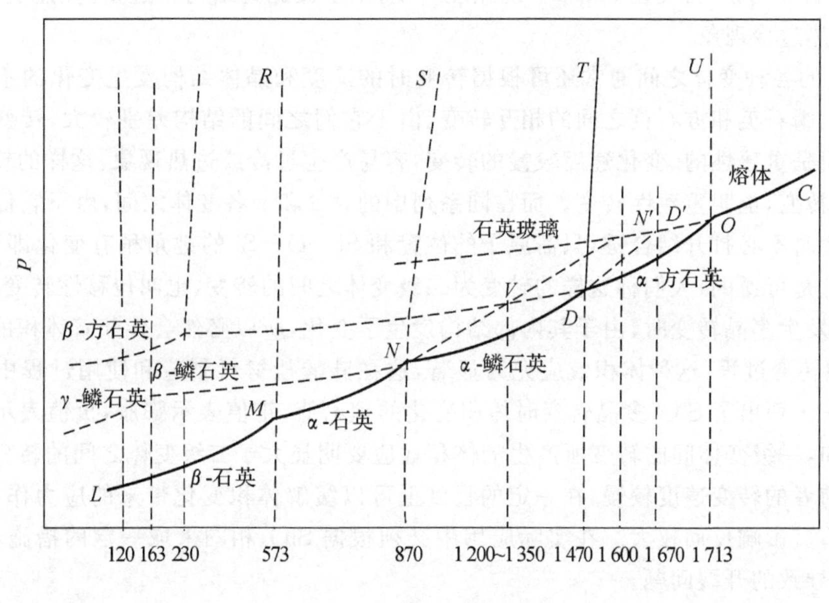

图 4-4　SiO_2 系统相图

相图中的实线部分将相图分成六个单相区，分别表示 β-石英、α-石英、α-鳞石英、α-方石英、SiO_2 高温熔体以及 SiO_2 蒸气六个热力学稳定态存在的相区。每两个相区之间的界线代表了系统中的二相平衡状态。如 *LM* 代表了 β-石英与 SiO_2 蒸气间的二相平衡，实际上是 β-石英的饱和蒸气压曲线。*OC* 代表了 SiO_2 熔体与 SiO_2 蒸气间的二相平衡，实际上是 SiO_2 高温熔体的饱和蒸气压曲线。*MR*，*NS*，*DT* 是晶型转变线，反映了相应的两种变体之间的平衡共存。如 *MR* 表示 β-石英与 α-石英间互相转变的温度随压力的变化。*OU* 是 α-方石英的熔点曲线，

表示 α-方石英与 SiO_2 熔体间的二相平衡。三个相区的会聚点是三相点。图中有四个三相点。如 M 点是代表 β-石英、α-石英与 SiO_2 蒸气三相平衡共存的三相点，O 点则是 α-方石英、SiO_2 熔体与 SiO_2 蒸气的三相点。

如果加热或冷却不是非常缓慢的平衡加热或冷却，就有可能产生介稳状态，在相图中以虚线表示。如 α-石英加热到 870℃时应转变为 α-鳞石英，但如果加热速度不是足够慢，则可能成为 α-石英的过热晶体，这种处于介稳态的 α-石英可能一直保持到 1 600℃（N'点）直接熔融为过冷的 SiO_2熔体。因此 NN'实际是过热 α-石英的饱和蒸气压曲线，反映了过热 α-石英与 SiO_2蒸气二相间的介稳平衡状态。DD'是过热 α-鳞石英的饱和蒸气压曲线，这种过热的 α-鳞石英可以保持到 1 670℃（D'）直接熔融为 SiO_2过冷熔体。在不平衡冷却中，高温 SiO_2熔体可能不在 1 713℃结晶出 α-方石英，而成为过冷熔体。虚线 ON'在 CO 的延长线上，是过冷 SiO_2熔体的饱和蒸气压曲线，反映了过冷 SiO_2熔体与 SiO_2蒸气二相间的介稳平衡。α-方石英冷却到 1 470℃时应转变为 α-鳞石英，实际上却往往过冷到 230℃转变成与 α-方石英结构相近的 β-方石英。α-鳞石英则往往不在 870℃转变成 α-石英，而是过冷到 163℃转变成 β-鳞石英，β-鳞石英在 120℃下又转变成 γ-鳞石英。β-方石英、β-鳞石英与 γ-鳞石英虽然都是低温下的热力学不稳定态，但由于它们转变为热力学稳定态的速度极慢，实际上可以长期保持自己的形态。α-石英与 β-石英在 573℃下的相互转变，由于彼此间结构相近，转变速度很快，一般不会出现过热过冷现象。

在 SiO_2的各种变体之间通常还可根据转变时的速度和晶体结构发生变化的不同进行分类。如石英、鳞石英和方石英之间的相互转变，由于它们之间的结构差别较大，转变时必须打开键合，因而是重建性的、变化速度较慢的转变，容易产生过冷或过热现象，这样的转变称为一级变体间的转变，也叫重建性转变。而在同系列中的 α，β 和 γ 各变体之间，由于它们的结构差别不大，转变时不必打开结合键，只需原子的位置和 Si－O－Si 的键角稍有变化即可，转变速度迅速，而且是可逆的，人们称这样的转变为二级变体之间的转变，也叫位移性转变。

物质在发生多晶转变时，由于其内部结构发生了变化，所以必然会伴随着体积的变化。对于 SiO_2晶型转变过程，这种体积效应尤为显著，这在硅酸盐材料制造和使用过程中需要特别注意。表 4－1 列出了 SiO_2多晶转变时体积变化的理论值，正值表示膨胀，负值表示收缩。由表 4－1 可知，一级变体间的转变所产生的体积效应要明显大于二级变体之间的转变所产生的效应，由于前者的转变速度较慢，在一定的程度上可以缓解体积变化带来的应力作用；而后者的转变较快，其影响反而较大。在实际应用中必须根据 SiO_2相图采取一定的措施，以防止因体积效应所导致的开裂问题。

表 4－1　SiO_2多晶转变时的体积变化

转　变		温度/℃	转变时体积效应/(%)
一级变体间的转变	α-石英 ⇒ α-鳞石英	1 000	＋16.0
	α-石英 ⇒ α-方石英	1 000	＋15.4
	α-石英 ⇒ 石英玻璃	1 000	＋15.5
	石英玻璃 ⇒ α-方石英	1 000	－0.90

续表

转　变		温度/℃	转变时体积效应/(%)
二级变体间的转变	β-石英 ⇒ α-石英	573	+0.82
	γ-鳞石英⇒ β-鳞石英	117	+0.20
	β-鳞石英 ⇒ α-鳞石英	163	+0.20
	β-方石英 ⇒ α-方石英	150	+2.80

4.3　二元系统相图

二元系统有两个组元,根据相律:$f=4-P$。由于所讨论的系统至少应有一个相,所以系统的最大自由度 $f=3$,其独立变量分别为温度(T)、压力(P)和浓度(c),两个组元中只能有一个组元的浓度作为独立变量,因为当一个组元的浓度确定时另一个组元的浓度也就随之被固定。

对于 3 个变量的系统,只有用三维空间的立体图形才能表示出它们之间的关系。通常情况下可以保持一个变量不变,使用平面图形来表示二元系统的相平衡关系。例如,对凝聚系统,压力影响通常可以忽略,所以可以用温度和任一组分的浓度为坐标的温度-组成图来表示。对于二元凝聚系统,$f=2-P+1=3-P$。

可见,二元凝聚系统平衡共存的相数最多为 3 相,最大的自由度为 2。这两个自由度是指温度和浓度(组成)两个因素。在 T-c 图中通常以纵坐标表示温度,横坐标表示二组元的相对含量,组成含量通常用质量分数表示。若改用摩尔分数表示时,其图形会有明显的差异,应予以注意。

4.3.1　二元系统相图的基本类型

4.3.1.1　具有一个低共熔点的二元系统相图

图 4-5 是具有一个低共熔点的二元系统相图,也是最简单的二元系统相图之一。这类相图的特点是:两个组分在液态时能以任何比例互熔,形成单相溶液,但是在固态则完全不互熔,两个组分可以各自从液相中分别结晶,组分间无化学作用,不生成新的化合物。

如图 4-5 所示,a 点和 b 点分别相当于组分 A 和 B 的熔点或凝固点。相图上的 aE 线和 bE 线为熔点曲线,是表示液相与固相之间平衡的曲线,通常称之为液相线。在液相线上,只存在熔融的液相。纯物质 A 的熔点 a 最高,随着引入物质 B 质量分数的增加,混合物的熔点沿着 aE 线下降。纯物质 B 的熔点低于纯物质 A,随着引入物质 A 质量分数的增加,混合物的熔点沿着 bE 线下降。两条液相线相交于 E 点,形成整个系统中的最低熔点,称为低共熔点。显然,E 点是二元无变量点,在该点,A,B 固相与液相三相平衡共存,自由度为 0,具有固定不变的温度和组成。具有 E 点组成的混合物称为低共熔物质,它们是具有某种特殊结构的混合物,而非化合物。通过 E 点的水平线称为低共熔线,也称固相线,在固相线以下只有固相物质存在。

液相线与固相线将整个相图分成 4 个相区。其中第 Ⅰ 区位于液相线以上，为液相单相区；第 Ⅱ，Ⅲ 区分别为固相 A、固相 B 与液相平衡共存的两相区，第 Ⅳ 区是固相 A 和固相 B 平衡共存的两相区。根据相律，Ⅰ 区内的自由度为 2，表明如果在该相区内随意改变温度、组成都不会破坏相平衡，而在其余的各相区内自由度为 1，如果选定某一温度，则液相或固相的组成也就确定了。

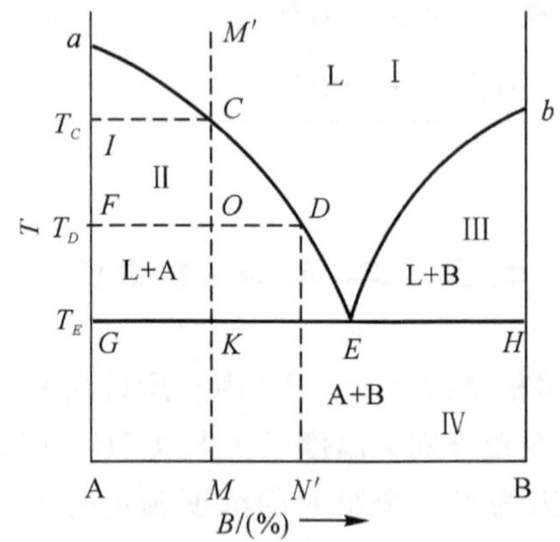

图 4-5　具有一个低共熔点的二元系统相图

现以组成为 M 的配料为例，将其加热到高温完全熔融后平衡冷却，分析其析晶过程（冷却过程）。

在图 4-5 上过 M 点作垂直线 MM'，称之为等组成线。由于系统的组成已定，所以混合物 M 的冷却进程只能沿着等组成线自上而下地逐步移动，等组成线上的 M'，C，O，K，M 点落在哪个相区内，那么系统就具有该相区的平衡各相。M' 处于液相区域，表明系统中只有单相的高温熔体（液相）存在。当此高温熔体冷却到 T_C 温度时，A 组分开始在液相中发生饱和现象，随即从液相中首先析出 A 晶相。系统也从单相平衡转变为二相平衡状态，且由于 A 的析出，液相的组成也将发生变化，根据相律 $f=1$，为了保证二相平衡状态，在温度和液相组成二者之间只有一个是独立变量。即随着温度的下降，液相组成必定沿着 aE 线由 C 向 E 点变化，向着液相中组分 B 的质量分数增加的方向变化，而不能任意改变；物质的状态是从 M' 移向 C，K 等点。当温度冷却到 T_E 时，液相组成到达 E 点，此时液相对晶相 A 和晶相 B 同时饱和，于是将从液相中按 E 点组成中 A 和 B 的比例同时析出 A 和 B 晶相，此时 $P=3$，$f=0$，系统为无变量系统，系统的温度维持在 T_E 不变，液相组成始终在 E 点不变。随着低共熔过程的不断进行，液相量在逐步减少；固相中则除了 A 晶相以外，还增加了 B 晶相，而且此时系统的温度不能变化，但是固相点位置必须离开表示纯 A 的 G 点，沿等温线 GK 向 K 点移动。当最后一滴液体消失时，固相组成到达 K 点，固相中有 A 和 B 两个晶相，系统再次变为单变量，温度继续降低，当固相组成到达 M 点时，即原始组成，析晶过程结束。整个析晶过程的相变化可以用冷却曲线表示如图4-6 所示。

上述结晶过程中固液相点的变化，即结晶路程可以描述为

液相点

$$M' \xrightarrow[f=2]{\mathrm{L}} C \xrightarrow[f=1]{\mathrm{L} \to \mathrm{A}} E(f=0\ \mathrm{L}_E \to \mathrm{A}+\mathrm{B})$$

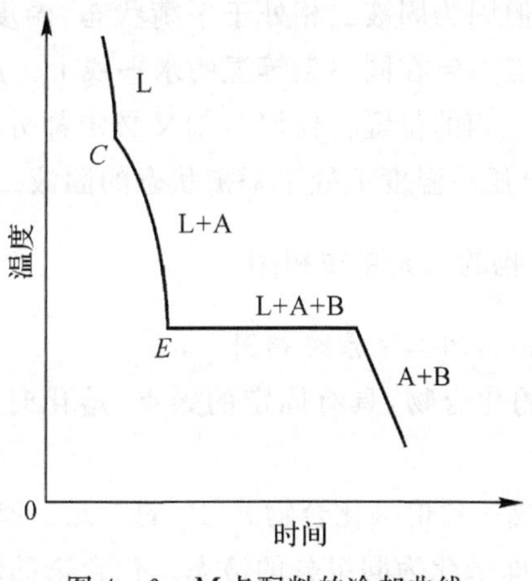

图4-6　M点配料的冷却曲线

固相点

$$I \xrightarrow{A} G \xrightarrow{A+B} K$$

若是加热过程,则和上述过程相反。当系统温度升高到T_E时才出现液相,组成为E。因$P=3,f=0$,系统为无变量,所以系统的温度维持在T_E不变,A和B两晶相的量不断减少,组成为E的液相量不断增加。当B晶相全部消失、系统成为单变量时,温度才能继续上升,此时A晶相的量继续减少,液相组成沿着aE线向a点变化。当温度到达T_C时,A晶相消失,全部变为熔体。

对于给定组成的系统,通过分析熔体的结晶过程,从相图上可以确定系统析晶开始和结束的温度,也可以确定系统开始出现液相和完全熔融的温度。此外利用相图,在指定的状态下,可以确定系统达到平衡时含有哪些相,以及各相的组成。而各相的相对数量则可由杠杆规则计算。例如在T_D时,系统中混合物分为固相A和液相L_D两个相,根据杠杆规则,有

$$\frac{\text{液相量}}{\text{固相量(A)}}=\frac{FO}{OD}$$

或

$$\text{液相量}=\frac{FO}{OD+FO}\times 100\%$$

$$\text{固相量}=\frac{OD}{OD+FO}\times 100\%$$

杠杆规则不但适用于一相分为两相的情况,同样也适用于两相合为一相的情况,甚至在任何多相系统中,都可以利用杠杆原则,根据已知条件计算平衡共存的多相的相对数量及百分含量。

需要指出的是,运用杠杆规则时,应该分清系统组成点、液相点和固相点的概念,系统的组成点(简称系统点)取决于系统的总组成,由原始配料组成决定。在加热或冷却过程中,尽管系统的A组分和B组分在固相与液相之间是不断转变的,但仍处在系统内,系统的总组成不会改变,对于M配料点而言,系统组成点一定在MM'线上变化,所以在杠杆规则中视系统组成点为杠杆的支点,而系统中的液相组成点和固相组成点分别被视为杠杆的两端。尽管它们的

位置是随着温度不断变化的，但因为固液二相处于平衡状态，温度必定相同，所以任何时刻系统组成点、液相点和固相点三点一定在同一条等温的水平线上。此外，由于固液二相均是从高温单相熔体分解而成的，固液二相的位置在任何时刻又必定都分布在系统组成点的两侧。因此运用杠杆规则就可以计算出任一温度下处于平衡状态的固液二相的数量。

4.3.1.2 具有一个化合物的二元系统相图

1. 具有一个一致熔融化合物的二元系统相图

一致熔融化合物是稳定的化合物，具有固定的熔点，熔化时产生的液相与化合物组成相同，具有一致熔融的特点。

图 4-7 是组分 A 和 B 生成一致熔融化合物 A_mB_n 的二元系统相图。M 点是该化合物的熔点，因此加热到 $T(A_mB_n)$ 时，即融化为同组分的液态。化合物的熔点 M 还是液相线上的温度最高点，因此，A_mB_n-M 线将相图分成两个简单的分二元系统相图，E_1 是 A-A_mB_n 分二元系统的低共熔点，E_2 是 A_mB_n-B 分二元系统的低共熔点。任何配料的结晶路程和结晶产物都与原始配料点所在的那个分二元系统有关。

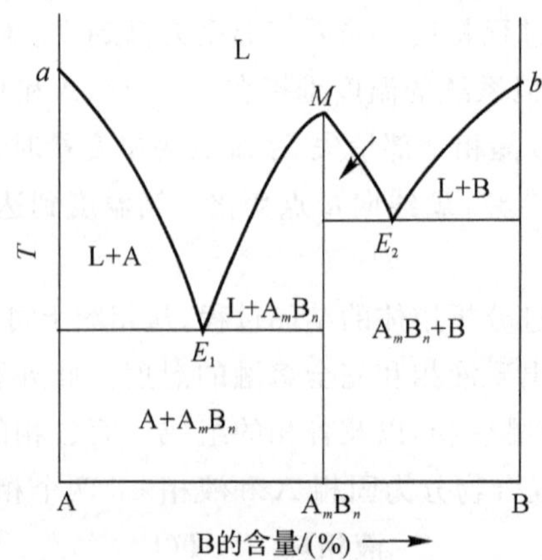

图 4-7 生成一个一致熔融化合物的二元系统相图

2. 具有一个不一致熔融化合物的二元系统相图

如图 4-8 所示，系统中 A 和 B 形成不稳定的化合物，加热该化合物时，不到熔点就会分解成为液相和一种晶相，且两者的组成与原化合物的组成皆不同，故称为不一致熔融，即

$$A_mB_n(S) \longrightarrow B(S) + L$$

加热化合物 $C(A_mB_n)$ 到分解温度 T_P 时生成 P 点组成的液相和晶相 B；在分解过程中，系统处于三相平衡的无变量状态，$f=0$，P 点是二元无变量点，称为转熔点或回吸点。

根据杆杠规则，冷却时，低共熔点 E 从液相中同时析出晶相 A 和 C，即发生 $L_E \longrightarrow A+C$ 的相变；而在 P 点则发生 $L_P + B \longrightarrow C$，即原先析出的晶相被回吸溶入液相，同时又析出新的晶相 C。这种过程称为转熔过程，此时的温度叫做转熔温度，它也是化合物的分解温度，PE 线称为转熔线。如果用冷却曲线表示该过程，那么 T_P 处将出现水平线。

转熔点 P 和低共熔点 E 的性质是不同的，转熔点 P 位于与 P 点液相平衡的两个晶相 C 和 B 的组成点 D，F 的同侧，而低共熔点 E 的位置却在两个析出晶相 A 和 C 的中间；低共熔点 E 一定是结晶结束点，而转熔点 P 能否成为结晶结束点，要视系统的组成而定；不一致熔融化合物 C 的组成位置线不能将整个相图划分为两个分二元系统。

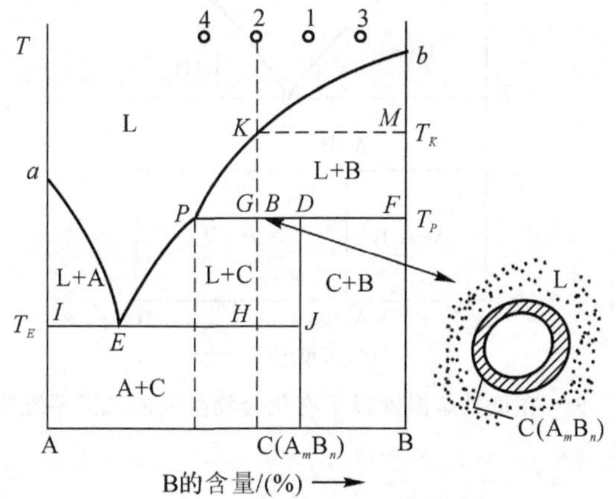

图 4-8　生成一个不一致熔融化合物的二元系统相图

以熔体 2 为例分析结晶过程。当熔体温度下降到 T_K 时，开始从液相中析出晶相 B，随后液相组成点沿着液相线 KP 向 P 点变化，继续从液相中不断析出晶相 B，固相点则从 M 点向 F 点变化。当系统温度降到转熔温度 T_P 时，发生 $L_P + B \longrightarrow C$ 的转熔过程，即原先析出的晶相 B 被重溶为液相 L_P，生成化合物 C。转熔过程中三相共存，$f=0$，系统温度维持在 T_P 不变，液相组成点在 P 点也不动，晶相 C 的量不断增加，晶相 B 的量不断减少，固相组成点由 F 向 D 点变化。当固相点到达 D 点时，意味着晶相 B 已耗尽，转熔过程结束。此时的系统中成为液相 L_P 和化合物 C，固相量(C)∶液相量$=PG:GD$，系统恢复为二相平衡状态。温度继续下降，液相点将离开 P 点沿着 PE 向 E 点变化，从液相中不断析出化合物 C，固相则从 D 点向 J 点变化。当温度下降到低共熔温度 T_E 时，液相组成也到达了 E 点，固相组成点到达了 J 点，固相量(C)∶液相量$=EH:HJ$。从 E 点液相中将同时析出晶相 A 和 C。当液相消失时，固相点必然从 J 点到达 H 点，与系统点重合。析晶过程在 E 点结束，产物是晶相 A 与 C，固相量(C)∶固相量(A)$=IH:HJ$。

熔体 2 的结晶过程可以描述为

液相点

$$2 \xrightarrow[f=2]{L} K \xrightarrow[f=1]{L\to B} P(L_P + B \longrightarrow C) \xrightarrow[f=1]{L\to C} E(f=0, L_E \longrightarrow A + C)$$

固相点

$$M \longrightarrow I \xrightarrow{A} G \xrightarrow{A+B} K(L_E \longrightarrow A + C)$$

3. 在低共熔温度以下有化合物生成或分解的二元系统相图

如图 4-9 所示，相图上没有与化合物 A_mB_n 平衡的液相线存在。A_mB_n 不可能直接从液相中析出，只能通过晶相 A 和 B 之间的固相反应才能生成。

如图 4-10 所示，化合物 A_mB_n 只能存在于温度范围 $T_1 \sim T_2$ 内，超出这个范围，就要分解为晶相 A 和 B。

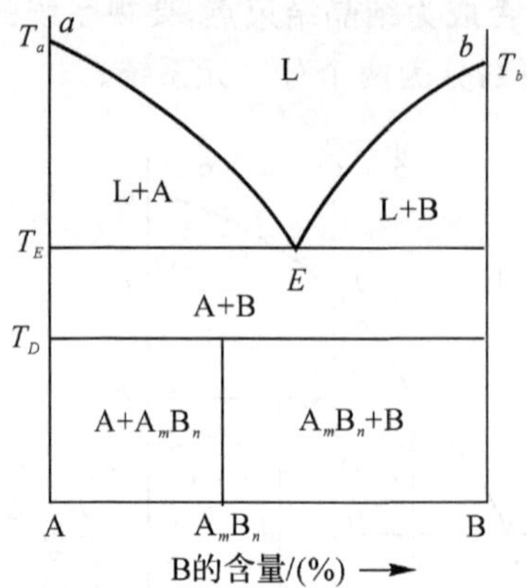

图 4-9　在低共熔温度以下有化合物生成的二元系统相图

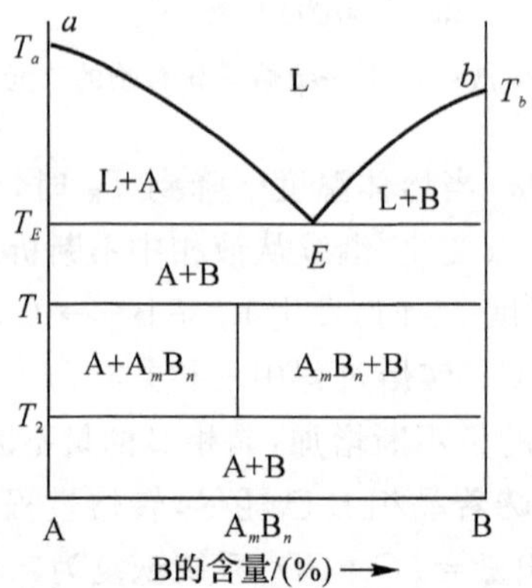

图 4-10　在低共熔温度以下有化合物生成或分解的二元系统相图

4.3.1.3　具有多晶转变的二元系统相图

二元系统中组分或化合物发生多晶转变时，在相图上就会出现一些补充线，将同一物质的各个晶型的稳定范围区分开来。

根据晶型转变温度(T_P)相对于低共熔温度(T_E)的大小，可分为两种类型。

1. $T_P < T_E$

多晶转变发生在低共熔温度以下，即多晶转变在固相中发生，如图 4-11 所示。图中 P 点为组分 A 的多晶转变点，过转变点 P 的水平线称为多晶转变等温线。在 $A_\alpha + B$ 相区，晶相 A 以 α 相形态存在，而在 $A_\beta + B$ 相区则以 β 相形态存在。

2. $T_P > T_E$

多晶转变发生在低共熔温度以上，如图 4-12 所示，表明晶体 A 的 α，β 相之间的晶型转变是在有 P 组成液相的条件下发生的。

上述两种类型中，P 点都是多晶转变点，系统在 P 点三相平衡共存，$f=0$，所以多晶转变点也是无变量点。

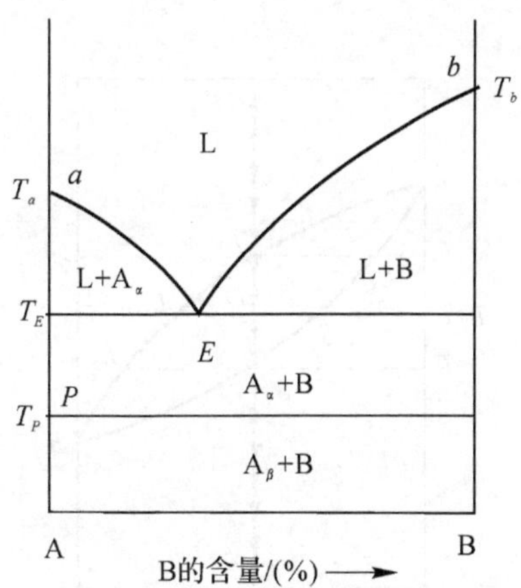

图 4-11　在低共熔温度以下有多晶转变的二元系统相图

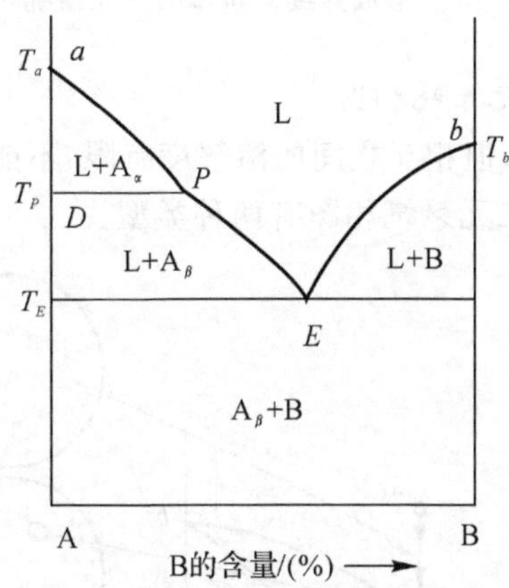

图 4-12　在低共熔温度以上有多晶转变的二元系统相图

4.3.1.4　形成固熔体的二元系统相图

可以形成固熔体的二元系统相图有两种不同的形式：连续固熔体（完全互熔或无限互熔固熔体）和不连续固熔体（部分互熔或有限互熔固熔体）。

1. 形成连续固熔体的二元系统相图

图 4-13 是形成连续固熔体的二元系统相图。液相线 aL_2b 以上的相区是高温熔体的单相区，固相线 aS_2b 以下的相区是固熔体单相区，处于液相线与固相线之间的相区是液相与固相平衡的固液二相区。固液二相区内的结线 L_1S_1，L_2S_2，L_3S_3 分别表示不同温度下互相平衡的固液二相区的组成。该相图的特点是没有二元无变量点，系统内只存在液相和固相两个相，不可能出现三相平衡状态。

M' 高温熔体冷却到 T_1 温度时开始析出组成为 S_1 的固熔体，随后液相组成沿液相线向 L_3 变化，固相组成则沿固相线向 S_3 变化。冷却到 T_2 温度，液相点到达 L_2，固相点到达 S_2，系统点则在 O 点；根据杠杆规则，液相量：固相量 $= OS_2 : OL_2$。冷却到 T_3 温度，固相点 S_3 与系统点重合，液相在 L_3 消失，结晶过程结束。原始配料中的 A，B 组分从高温熔体全部转入低温的单相固熔体。

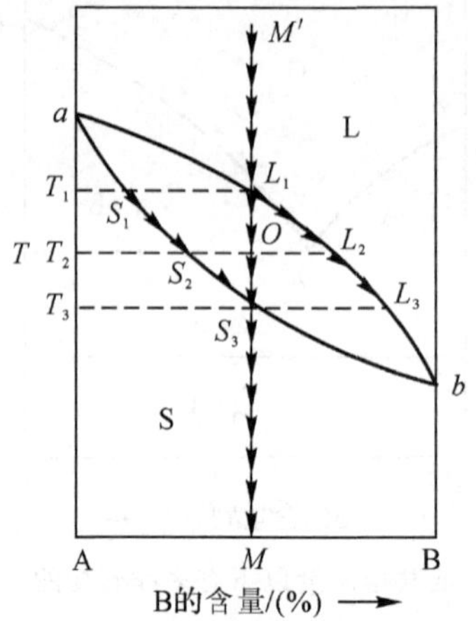

图 4-13　形成连续固熔体的二元系统相图

2. 形成不连续固熔体的二元系统相图

组分 A,B 可以形成固熔体,但相互之间的溶解度有限,不能以任意比例互熔,只能形成不连续固熔体。不连续固熔体的二元系统相图有两种类型。

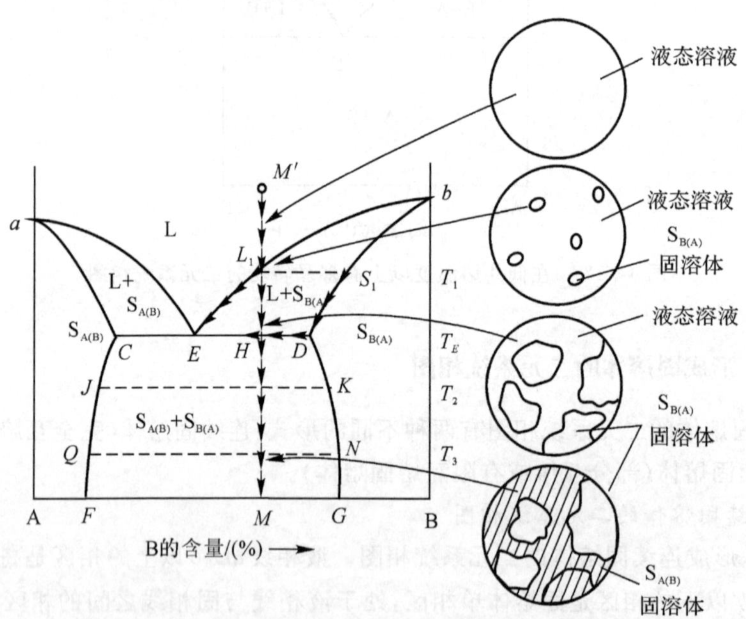

图 4-14　形成低共熔型不连续固熔体的二元系统相图

其一是如图 4-14 所示的形成低共熔型不连续固熔体的二元相图。该相图中有两种固熔体,以 $S_{A(B)}$ 和 $S_{B(A)}$ 表示。$S_{A(B)}$ 是组分 B 在组分 A 中的固熔体,$S_{B(A)}$ 是组分 A 在组分 B 中的固熔体。aE 是与 $S_{A(B)}$ 固熔体平衡的液相线,bE 是与 $S_{B(A)}$ 固熔体平衡的液相线。从液相线上的液相中析出的固熔体组成可以通过等温结线在相应的固相线 aC 和 bD 上得到,如结线 L_1S_1 表示从 L_1 液相中析出的 $S_{B(A)}$ 固熔体组成是 S_1。E 点是低共熔点,从 E 点液相中将同时析出

组成为 C 的 $S_{A(B)}$ 和组成为 D 的 $S_{B(A)}$ 固熔体。C 点表示了组分 B 在组分 A 中的最大固溶度，D 点则表示了组分 A 在组分 B 中的最大固溶度。CF 是固熔体 $S_{A(B)}$ 的溶解度曲线，DG 则是固熔体 $S_{B(A)}$ 的溶解度曲线。组分 A 和组分 B 在固态互熔的溶解度是随温度的下降而下降的，相图上六个相区的平衡各相已在图上标注。

M' 高温熔体冷却到 T_1 温度，从 L_1 液相中析出组成为 S_1 的 $S_{B(A)}$ 固熔体，随后液相点沿液相线向 E 点变化，固相点从 S_1 沿固相线向 D 点变化。到达低共熔温度 T_E，从 E 点液相中同时析出组成为 C 的 $S_{A(B)}$ 和组成为 D 的 $S_{B(A)}$，系统进入三相平衡状态，$f=0$，系统温度保持不变，平衡各相组成也保持不变，但液相量不断减少，$S_{A(B)}$ 和 $S_{B(A)}$ 的量不断增加，固相总组成点从 D 点向 H 点移动，当固相点与系统点 H 重合时，液相也在 E 点消失。结晶产物为 $S_{A(B)}$ 和 $S_{B(A)}$ 两种固熔体。温度继续下降时，$S_{A(B)}$ 的组成沿 CF 线变化，而 $S_{B(A)}$ 的组成则沿 DG 线变化。到达 T_3 温度，具有 Q 组成的 $S_{A(B)}$ 与具有 N 组成的 $S_{B(A)}$ 二相平衡共存。M' 熔体的结晶过程可以描述为

液相点

$$M' \xrightarrow[f=2]{L} L_1 \xrightarrow[f=1]{L \to S_{B(A)}} E(L_E \longrightarrow S_{A(B)} + S_{B(A)})$$

固相点

$$S_1 \xrightarrow{A_{B(A)}} D \longrightarrow S_{B(A)} + S_{A(B)} H$$

其二是如图 4-15 所示的形成转熔型不连续固熔体的二元系统相图。在 $S_{A(B)}$ 和 $S_{B(A)}$ 之间没有低共熔点，但是却有转熔点 P。当温度降低到 T_P 时，液相组成变化到 P 点，发生转熔过程 $L_P + D(S_{B(A)}) \longrightarrow C(S_{A(B)})$。组成在 $P \sim D$ 范围内的熔体，冷却到 T_P 时都将发生转熔过程。转熔结束后的结晶过程与图 4-14 的情况相同。

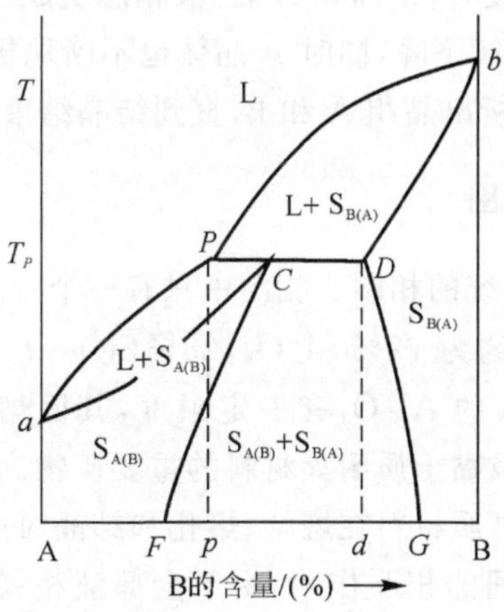

图 4-15　具有转熔型不连续固熔体的二元系统相图

4.3.1.5　具有液相分层的二元相图

在某些实际系统中，两个组分在液态并不完全互熔，而是有限互熔，液相分为两层，一层可视为组分 B 在组分 A 中的饱和溶液 L_1，另一层可视为组分 A 在组分 B 中的饱和溶液 L_2。

图 4-16 中的 CKD 帽形区就是液相分层区。等温线 $L'_1L'_2$，$L''_1L''_2$，$L'''_1L'''_2$ 表示不同温度

下互相平衡的两个液相的组成。温度升高，二层液相的溶解度都增大，因而其组成越来越接近，到达帽形区最高点 K，二层液相的组成已完全一致，分层现象消失，故 K 点是临界点，K 点处的温度叫临界温度。在 CKD 帽形区以外的其他液相区域是单相区，不发生分液现象。曲线 aC，DE 都是与晶相 A 平衡的液相线，bE 是与晶相 B 平衡的液相线。除低共熔点 E 外，系统还有另一个无变量点 D，D 点的相变为 $L_C \longrightarrow L_D + A$，即冷却时从 C 组成液相中析出晶体 A，而 L_C 液相转变为 A 含量较低的 L_D 液相，此时三相共存，$f=0$，系统温度保持不变。

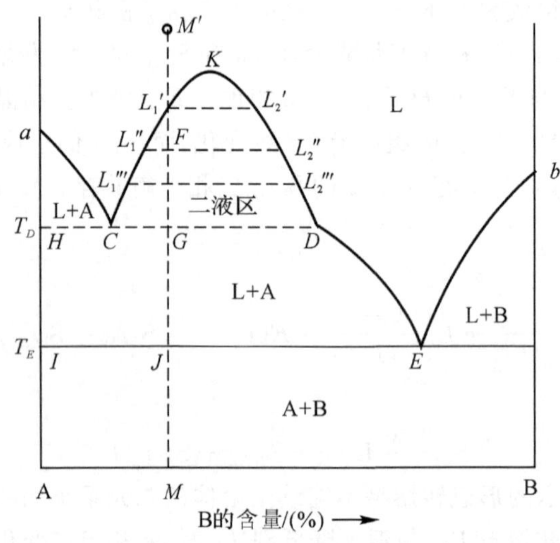

图 4-16　具有液相分层的二元系统相图

M' 高温熔体冷却到 T_D 温度，析出晶相 A 后，液相总组成点从 G 点移动到 D 点，L_C 消失，系统成为单变量，温度又开始继续下降，同时 A 晶体也不断地析出，液相组成沿 DE 线向 E 点变化。当温度降到 T_E 时，同时析出晶相 A 和 B，直到结晶结束。

4.3.2　Al_2O_3-SiO_2 系统相图

图 4-17 是 Al_2O_3-SiO_2 系统的相图。相图中只有一个一致熔融化合物 $3Al_2O_3 \cdot 2SiO_2$（莫来石 A_3S_2），其质量组成大约为 72% Al_2O_3，28% SiO_2，在 A_3S_2 晶格中还可以溶入一些 Al_2O_3 形成 A_3S_2 固熔体，但溶入的 Al_2O_3 有一定限度，其固熔体组成的摩尔分数在 60%～63%之间。莫来石是普通陶瓷及黏土质耐火材料的重要矿物。

利用相图可以解释各种铝硅质材料在煅烧、熔化和结晶时产生的一系列物理化学过程；了解玻璃溶液与铝质耐火材料之间的相互作用；由于全部液相线温度都较高，对于许多耐火材料、陶瓷材料的制造也具有重要的指导意义。

通常，根据 Al_2O_3 含量的不同，铝硅质耐火材料可以分为：刚玉砖，含 89%～97%的 Al_2O_3；莫来石砖，含 70%～72%的 Al_2O_3；高铝砖，含 40%～70%的 Al_2O_3；黏土砖，含 30%～40%的 Al_2O_3；硅砖，含 15%～20%的 Al_2O_3。

生产硅砖时要严格防止原料中混入 Al_2O_3，否则会使硅砖的耐火度大大下降。如图 6-20 所示，SiO_2 熔点为 1 723℃，低共熔温度是 1 595℃，低共熔点 E_1 的位置按质量比含有 5.5%的 Al_2O_3。在低共熔点 E_1 靠近 SiO_2 一侧的液相线很陡。在 SiO_2 加中加入 Al_2O_3，SiO_2 的熔点将急剧下降。例如，在 SiO_2 中按质量比加入 1% 的 Al_2O_3 时，根据杠杆规则计算，可知在低共熔温度会产生大约 18.2% 的液相，因此会使硅砖的耐火度大大降低。对于硅砖生产而言，其他的氧化物杂质都没有 Al_2O_3 的危害严重。

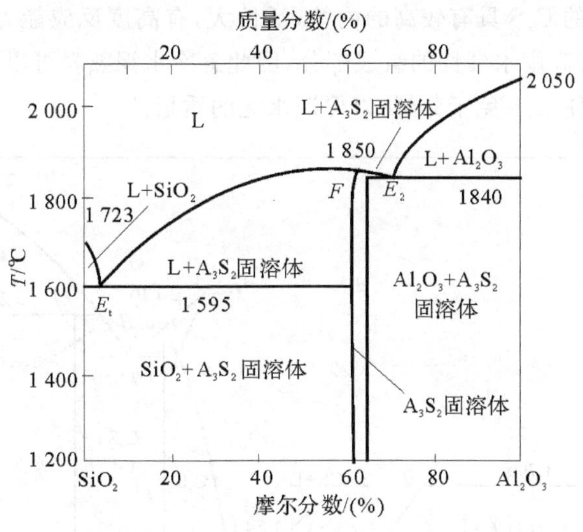

图 4-17　Al_2O_3-SiO_2 系统的相图

根据图 4-17 可知，黏土砖的矿物质成分主要是石英和莫来石，如果在生产黏土砖时增加原料中 Al_2O_3 的含量，即配料点向右移动，就可以提高黏土砖的质量，因为 Al_2O_3 的加入可以提高软化温度，同时使莫来石含量增加。但是材料的耐火度与高温下的液相量有关，而液相量随温度的变化取决于液相线的形状。莫来石的液相线 E_1F 在 1 595～1 700℃ 的温度范围内比较陡峭，而在 1 700～1 850℃ 的温度范围内比较平坦。根据杠杆规则说明，处于 E_1F 组成范围内的配料加热到 1 700℃ 前系统中的液相量随温度升高增加并不多，但在 1 700℃ 以后，液相量将随温度升高而迅速增加。这就使黏土砖软化而不能安全使用。

而高铝砖的质量优于黏土砖，也是因为莫来石的作用。莫来石在 1 810℃ 才熔融分解，具有耐高温、耐浸蚀、高强度等良好性能。刚玉砖、莫来石砖中，液相的凝固结束于 1 840℃ 的 E_2 点，刚玉和莫来石为稳定相而且数量较多，具有很高的耐火度。

4.3.3　CaO-SiO_2 系统相图

图 4-18 为 CaO-SiO_2 系统的相图。相图中的有些化合物是硅酸盐水泥的重要矿物，在石灰质耐火材料中以及氧化钙含量相对高的玻璃、搪瓷中也有系统的某些化合物。在系统中有四个化合物，其中 C_3S_2(3CaO・2SiO_2 硅钙石)和 C_3S(3CaO・SiO_2 硅酸三钙)是不一致熔融化合物，CS(CaO・SiO_2 硅灰石)和 C_2S(2CaO・SiO_2 硅酸二钙)是一致熔融化合物。CaO-SiO_2 系统的相图可以划分为 SiO_2-CS，CS-C_2S 和 CS-CaO 三个分二元系统。

在分二元系统 C_2S-CaO 中存在的化合物 C_2S 和 C_3S 是硅酸盐水泥中最重要的成分。C_2S 和 C_3S 在 2 050℃ 形成低共熔物，低共熔点为 H。熔点为 2 130℃ 的 C_2S 是一致熔融化合物，具有复杂的晶型转化，但由于相图是在平衡状态下作出的，一般只表示稳定晶态的转变情况，因此在相图中没有表示介稳态的 β-C_2S，只表示了 α-C_2S，α'-C_2S 和 γ-C_2S 的区域。

仅存在于1 250～2 150℃之间的C_3S是不一致熔融化合物，在2 150℃分解为CaO和液相，在1 250℃分解为α'-C_2S和CaO，这时的分解只有在靠近1 250℃温度范围内才可以很快地进行。C_3S在较低的温度的分解几乎可以忽略不计，所以能在很长的时间内以介稳态存在于常温下，这种介稳态的C_3S具有较高的内能，活性大，有高度反应能力。硅酸盐水泥中C_3S是最重要的保证水泥有高度水硬性的组成部分，因此急冷水泥熟料可以以缩短C_3S在1 250℃附近的停留时间，尽量使C_3S免于分解，以保证水泥的质量。

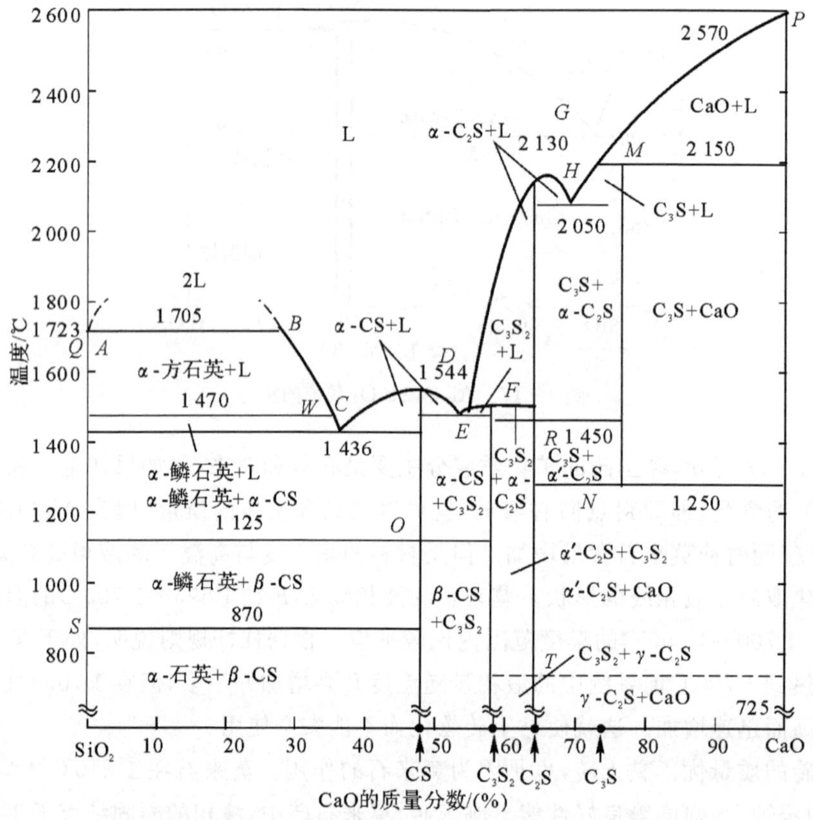

图4-18　CaO-SiO_2系统的相图

4.4　三元系统相图

三元凝聚系统的相律表达式为

$$f=C-P+1=4-P$$

当$f=0$时，$P=4$，说明三元凝聚系统最多为四相平衡共存；当$P=1$时，$f=3$，说明三元凝聚系统最大自由度为3，这三个自由度指温度和三个组分中的任意两个组分。三元凝聚系统的相图应该由3个独立变量构成的立体图来描述。但是立体图的使用相当不方便，在实际中使用其平面投影图。

4.4.1　基本原理

4.4.1.1　三元系统组成表示法

三元系统的组成可以用一个每条边被均分成一百等分的等边三角形表示，该三角形称为组成三角形，也称为浓度三角形，如图 4-19 所示。组成的百分含量可以用质量分数，也可用摩尔分数来表示。三角形的顶点分别表示三个纯组分 A，B 和 C 的组成，三条边分别表示三个二元系统 A-B，B-C 和 C-A 的组成，三角形内部任意一点都表示一个含有 A，B，C 三个组分的三元系统，不同点所包含的组分 A，B，C 的比例不相同。

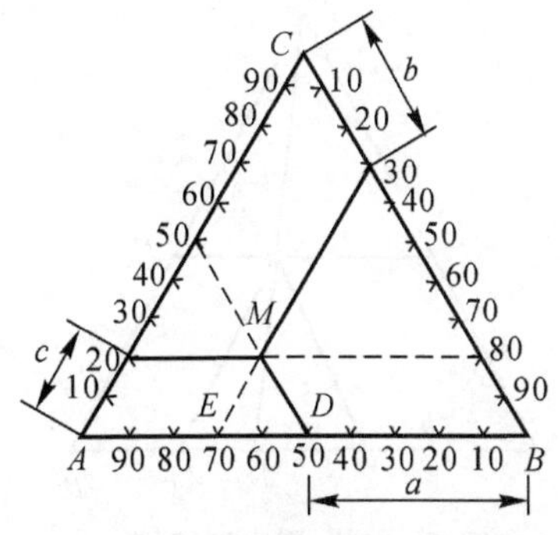

图 4-19　三元系统组成表示法

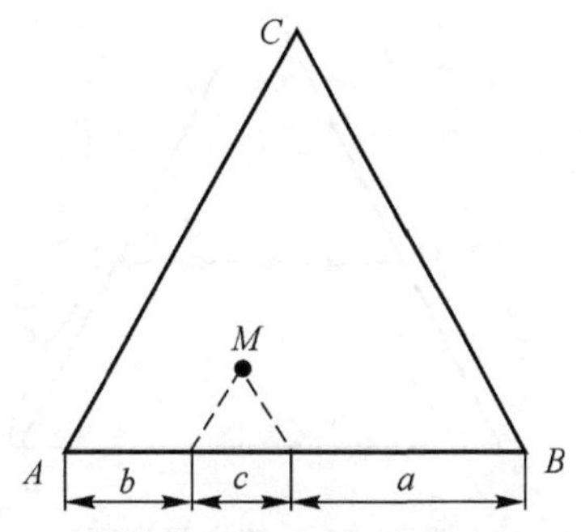

图 4-20　三元系统组成确定示意图

如图 4-19 所示，过等边三角形内 M 点，作直线平行于三角形各边，在每条边上所截的线段分别为 a，b 和 c，线段 a，b 和 c 分别表示 M 的组分 A，B 和 C 的百分含量，分别为 50%，30%，20%。过 M 点作平行于三角形任意两条边的直线，根据它们在第三条边上所截取的线段也可以表示 M 点的组成，如图 4-20 所示。

如果要确定给定组成的系统（例如 50% 的 A，30% 的 B 和 20% 的 C）在三角形内的位置，则可以在三角形的任意一边（例如 AB 边）分别找出 A，B 的含量点 D，E（由 B 点起截取线段 $BD=50\%$ 的 A，由 A 点起截取 $AE=30\%$ 的 B），然后过 D，E 两点作平行于其他两边 BC 和 AC 的直线，其交点 M 即为所求的组成点。

三元组成点愈靠近某一角顶，该角顶所代表的组分含量就必定愈高。

4.4.1.2　浓度三角形的性质

1. 等含量规则

平行于浓度三角形某一边的直线上的各点，其第三组分的含量不变。即若 $MN \parallel AB$，则在 MN 线上任意一点的 C 含量相等，变化的只是 A，B 的含量，如图 4-21 所示。

2. 定比例规则

浓度三角形任意顶点与其对边任意点的连线，线上各点中另外两个组分含量的比例不变。如图 4-22 所示，D 是 AB 边上的任意一点，连接 CD，可证明 CD 线上所有点的 A，B 含量之比值相等。图中 O 点是 CD 线上任意点，过 O 点作 $MN \parallel AB$，$OE \parallel AC$，$OF \parallel BC$。如果 a 表示 A 含量，b 表示 B 含量，则

$$BF = a, AE = b, a/b = BF/AE$$

而

$$BF = ON, AE = MO$$

故

$$a/b = ON/MO$$

由于

$$CO/CD = ON/BD = MO/AD, ON/MO = BD/AD$$

所以

$$a/b = ON/MO = BD/AD = \text{定值}$$

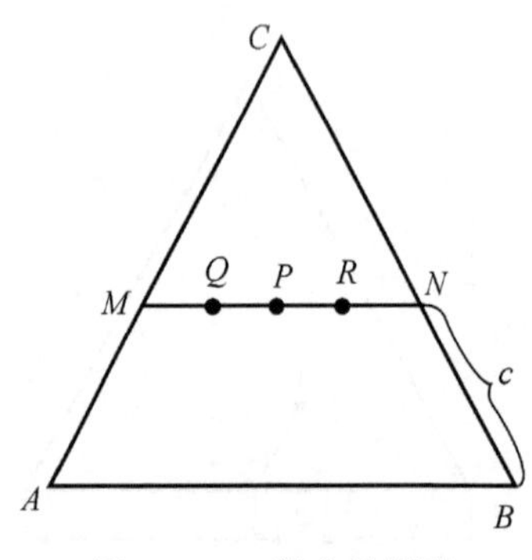

图 4-21　等含量规则

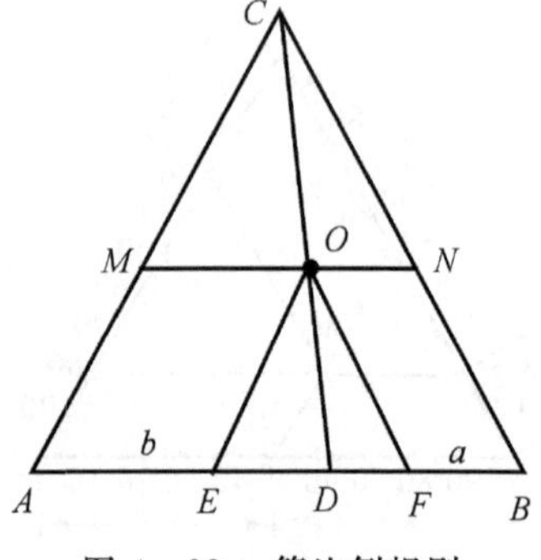

图 4-22　等比例规则

3. 背向规则(定比例规则推论)

如图 4-23 所示,从三个组分的混合物 M 中不断取走组分 C,M 的组成点将沿 CM 延长线朝着远离 C 的方向移动。取走的 C 越多,移动距离越远。

4. 杠杆规则

三元系统的杠杆规则包括两层含义:

(1) 三元系统内,两个相(或混合物)合成一个新相(或新混合物)时,新相的组成点必在原来二相组成点的连线上;

(2) 新相组成点与原来二相组成点的距离和二相的量成反比。

如图 4-24 所示,质量为 m 的 M 组成的相与质量为 n 的 N 组成的相合成一个质量为$(m+n)$的新相,根据杠杆规则,新相的组成点必在 MN 连线上,并且 $MP/PN = n/m$。

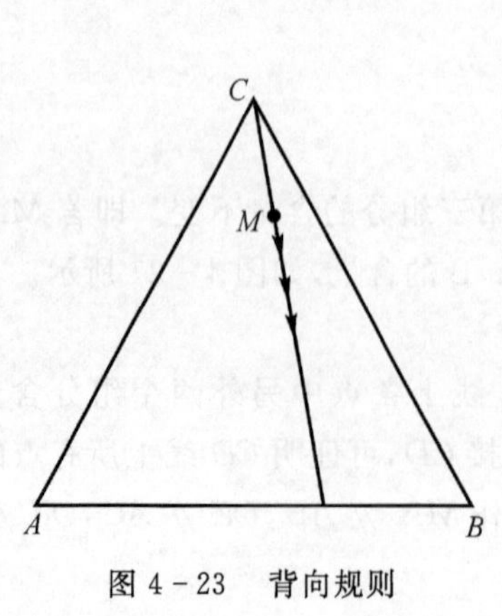

图 4-23　背向规则

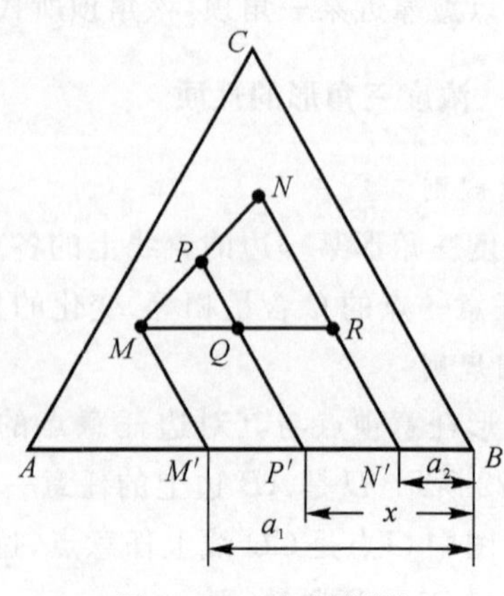

图 4-24　杠杆规则

5. 重心规则

三元系统的最大平衡相数是 4，如图 4-25 所示，平衡的四相组成分别为 M，N，P，Q，其相对位置可能存在三种情况。

(1) 如图 4-25(a) 所示，P 点位于 $\triangle MNQ$ 内部。根据杠杆规则，M 与 N 可以合成 S 相，而 S 相与 Q 相可以合成 P 相，即 M＋N＝S，S＋Q＝P，因而 M＋N＋Q＝P，表明 P 相可以通过 M，N，Q 三相合成；或者 P 相可以分解为 M，N，Q 三相。P 点位于三个组成点构成的 $\triangle MNQ$ 的内部，在该三角形的重心位置上，称为重心位置。

(2) 如图 4-25(b) 所示，P 点位于 $\triangle MNQ$ 的 MN 边外侧，而且在 QM 边和 QN 边的延长线范围内。根据杠杆规则，$P+Q=t$，$M+N=t$，因而 $P+Q=M+N$，即 P 和 Q 两相可以合成 M 相和 N 相；或者，如果要想得到混合物 P，需要从混合物 M＋N 中取出一定量的混合物 Q。P 点的位置称为交叉位置。

(3) 如图 4-25(c) 所示，P 点位于 $\triangle MNQ$ 的顶点 M 的外侧，而且在 QM 边和 MN 边的延长线范围内。运用二次杠杆规则可得 $P+Q+N=M$；即 P，Q，N 三相以一定的比例可以合成 M 相；或者，如果要想得到混合物 P，需要从混合物 M 中取出一定量的混合物 Q＋N。P 点的位置称为共轭位置。

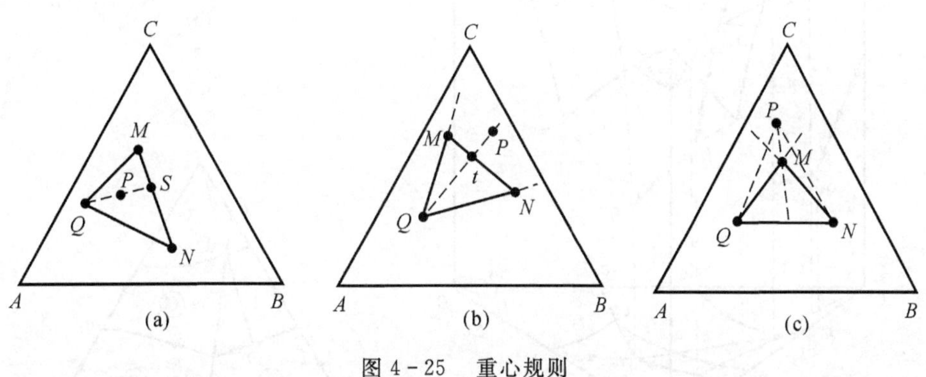

图 4-25　重心规则

4.4.2　三元系统相图的特征

浓度三角形表示三元系统中各组成的关系，垂直于浓度三角形平面设置表示温度的纵轴，构成以浓度三角形为底的三面棱柱体，称为三元系统相图的立体状态图。图 4-26 (a) 是具有一个三元低共熔点的三元系统相图的立体状态图。

立体状态图中的三条棱边 AA'，BB'，CC' 表示三个纯组分 A，B，C 的状态；最高点 A'，B'，C' 分别是其熔点；三个侧面表示最简单的二元系统 A-B，B-C，C-A；E_1，E_2，E_3 是相应的低共熔点。

连接不同组成的三元混合物恰好完全熔融的温度，可以得到三个向下弯曲如花瓣状的曲面，分别是 $A'E_1E'E_3$，$B'E_1E'E_2$ 和 $C'E_2E'E_3$，称为液相面或结晶面。液相面之上全部为熔融的液相，液相面之下有结晶的固相存在。在液相面上，固相与液相两相平衡共存，自由度为 2。熔体冷却时，按照熔体成分所在的区域，在液相面上首先析出纯组分 A(或 B、或 C) 的晶相。

三个液相面中任意两个液相面的交界线 E_1E'，E_2E'，E_3E'，称为界线或称为共熔线，在界线上两种晶相与液相三相平衡共存，自由度为 1。冷却时两种晶相同时析出。

三条界线的交汇点 E'，也是三个液相面的交点，该点是具有三元低共熔组成的液体，同时对三个组分饱和；冷却到该点温度时，同时析出 A，B，C 三种晶相。在 E' 点，三种晶相与液相四相平衡共存，自由度为 0，因而 E' 点是三元无变量点，也是系统存在液相的最低温度。通过三元低共熔点作平行于底面的三角形就是结晶结束面，也称为固相面，固相面以下全部为固相。

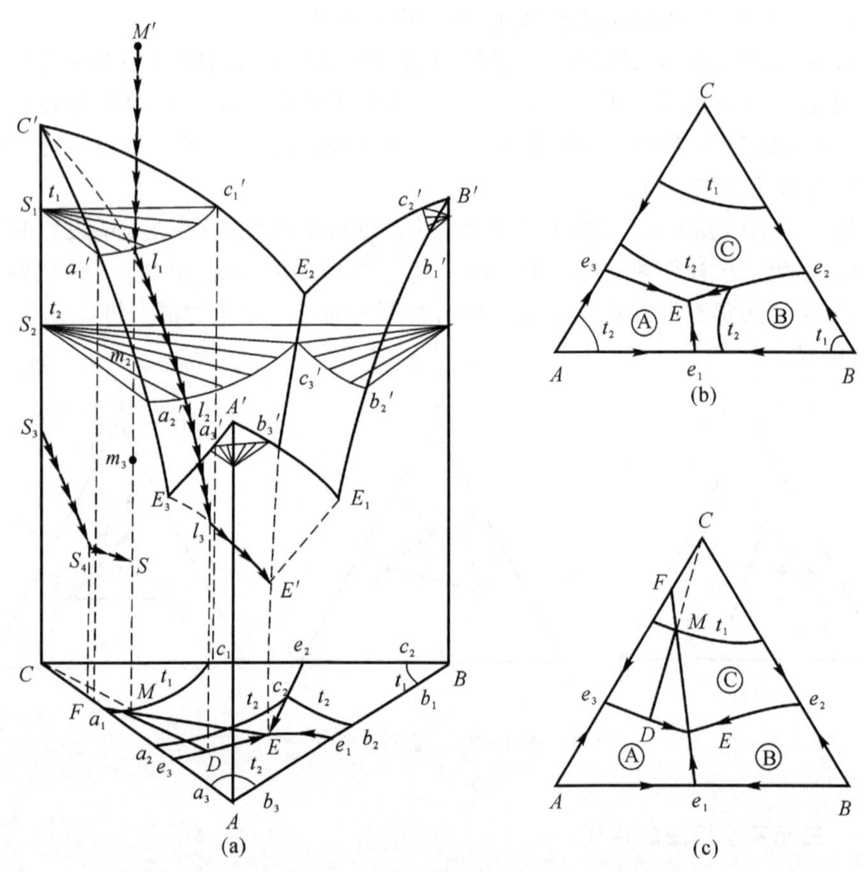

图 4-26　具有一个低共熔点的简单三元系统相图

(a) 立体状态图；(b) 平面投影图；(c) 结晶路线

应用立体状态图可以方便地看出三元系统相图的空间关系，但绘制和使用时却相当麻烦，所以实际应用的是以平面投影图来表示的三元系统相图。

平面投影图就是把立体状态图上的所有点、线、面垂直投影在浓度三角形底面上。温度和组成的变化可以在同一平面浓度三角形中表示出来。图 4-26(b) 就是立体状态图的平面投影图。在平面投影图上，立体状态图上的空间曲面(液相面) 投影为初晶区Ⓐ，Ⓑ，Ⓒ，空间界线投影为平面界线 e_1E，e_2E，e_3E；e_1，e_2，e_3 分别是三个二元低共熔点 E_1，E_2，E_3 的平面投影；E 是三元低共熔点 E' 的投影。

平面投影图上温度的表示方法一般有三种：

(1) 一些特定点，如纯物质或化合物的组成点、二元或三元无变量点等，其温度可以直接标在图上，也可以列表附在相图旁。

(2) 在界线上画上箭头表示温度下降的方向。浓度三角形边上的箭头表示二元系统中液相线上温度下降的方向。

(3) 三角形内部以等温线表示。所谓等温线是指等温面和立体相图中液相面相截的截线在浓度三角形上的投影。一般每隔 100℃ 有一条等温线，等温线分布疏密不同，表示液相面坡度不同，所以等温线越密则说明液相面越陡。

4.4.3　三元系统相图的基本类型

4.4.3.1　具有一个低共熔点的三元系统相图

这个系统的特点是各组分各自在液态时完全互熔，而在固态时完全不互熔，不形成固熔体，也不形成化合物，只具有一个三元低共熔点，如图 4 - 26(b) 和图 4 - 26(c) 所示。

现以 M 点组成的熔体为例，讨论其结晶过程。

M 点位于组分 C 的初晶区，温度很高时，物质 M 全部为熔融的液相，系统状态点与液相组成点是一致的。随着温度的降低，系统状态点将沿着等组成线 MM' 自上而下地移动，当冷却使系统状态点移到组分 C 的液相面 $C'E_2E'E_3C'$ 上的 L_1 点时，对应温度为 t_1，液相开始对 C 饱和，析出 C 晶相；因为只有 C 析出，在液相中 A 和 B 量的比例才固定不变，所以在平面投影图上液相组成将沿着 CM 射线，向着远离 C 的方向由 M 点移动到 D 点，同时不断析出 C 晶相，相应地液相面上的液相状态点从 L_1 移动到 L_3，尽管根据相律此时系统中的 $P=2, f=2$，但是受液相中 A 和 B 量的比例不变限制，系统表现出单变量的性质。由于只有 C 晶相析出，相应的固相状态点随着温度的降低由 CC' 棱上的 S_1 变化到 S_3，在平面投影图上固相组成点在 C 点，虽然固相组成点还在 C 点，但系统中的固相量还是随温度的下降而不断增加的。当冷却过程中系统状态点到达 m_3 时，液相点到达 E_3E' 上的 L_3 点，即平面投影图中界线 e_3E 上的 D 点，液相对 A 也开始饱和，A 晶相开始随着 C 晶相一起析出，此时三相共存。根据相律，系统中的 $P=3, f=1$，所以系统温度可继续再下降，液相状态点沿着 E_3E' 向 E' 点变化，在平面投影图上液相组成沿着 DE 向 E 点变化。相应的固相状态点从 S_3 向 S_4 变化，由于固相中只有 C 和 A 晶相，在平面投影图上固相组成点只能在其对应的 C-A 二元系统，即浓度三角形的 CA 边，由 C 向 F 移动，当液相组成点刚变化到 E 点时，对应的固相点则变化到 F 点。

当温度下降到 t_E 时，结晶过程到达三元低共熔点 E，液相对晶体 C，A 和 B 都发生饱和，发生相变 $L_E \longrightarrow A+B+C$，体系中开始出现固相 C。根据相律，$P=4, f=0$，系统为无变量平衡，温度保持不变，在此析晶过程中，液相组成在平面投影图中的 E 点不变，但随着相变的进行，液相量逐渐减少，直到全部消失，结晶结束；由于三种晶相同时析出，固相组成点肯定要从三角形的边上移到三角形内部，所以随着固相 A，B，C 的量不断增加，固相组成从 F 点向 M 点变化，到达原始组成点 M 后，结晶结束，结晶产物为晶相 A，B 和 C。结晶结束后，$P=3, f=1$，系统的温度可以继续下降直到室温为止。

M 点组成熔体的结晶过程冷却曲线如图 4 - 27 所示，图中的 M，D，E 与平面投影图中的相应点对应。此外，在分析结晶过程时，为避免冗繁的文字叙述，通常是采用在平面投影图上标注适当的固、液相点的位置变化来予以说明。M 点组成熔体的结晶过程可以表示为

液相点

$$M \xrightarrow[f=2]{L \to C} D \xrightarrow[f=1]{L \to C+A} E(L_E \longrightarrow C+A+B)$$

固相点

$$C \xrightarrow{C+A} F \xrightarrow{C+A+B} M$$

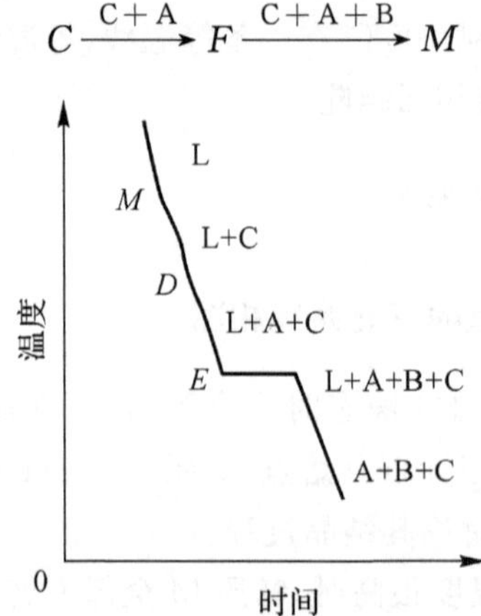

图 4-27　*M* 点组成熔体的冷却曲线

根据上述结晶过程，可以得出以下结论：

(1) 从原始组成点所在的位置可以判断最初析晶产物。根据三角形的性质，可以决定在初晶区内析晶后液相组成变化的方向。

(2) 结晶过程中，总组成点即原始组成点在平面投影图上的位置是不动的。根据杠杆规则，整个结晶过程中液相组成点、原始组成点和固相组成点三点必定在一条直线上，此杠杆随着液相组成的变化，以原始组成点为支点而旋转。相应的固相组成点，若固相中只有一种晶相，则在三角形顶点上；有两种晶相，则在三角形边上；有三种晶相时，则在三角形内。

(3) 根据重心规则，在这种系统里，不论原始组成点落在 $\triangle ABC$ 内的哪个位置，其最终产物必定都是三个组分 A，B 和 C 的晶相，但量的比例不同。结晶结束点必定在三个组分初晶区相交的无变量点上。

根据杠杆规则，在三元系统的平面投影图上，可以确定结晶过程中每一阶段各物质之间的相对含量。例如，当液相组成点刚到 D 点时，系统的组成为液相 D 和晶相 C，根据杠杆规则，二者的相对含量

$$\frac{\text{液相量}}{\text{固相量(C)}} = \frac{CM}{MD}$$

即

$$\text{液相量} = \frac{CM}{CD} \times 100\%$$

$$\text{固相量(C)} = \frac{MD}{CD} \times 100\%$$

当液相组成刚到 E 点时，系统组成为液相 E 和晶相 C 和 A，有

$$\frac{\text{液相量}}{\text{固相量(A+C)}} = \frac{FM}{ME}$$

即

$$液相量=\frac{FM}{FE}\times 100\%$$

$$固相量(A+C)=\frac{ME}{FE}\times 100\%$$

因为

$$\frac{固相量(A)}{固相量(C)}=\frac{CF}{AF}$$

所以

$$固相量(A)=\frac{ME}{FE}\times\frac{CF}{AC}\times 100\%$$

$$固相量(C)=\frac{ME}{FE}\times\frac{AF}{AC}\times 100\%$$

液相完全消失时的固相 A,B,C 的相对含量,可以通过原始组成点 M 作 $\triangle ABC$ 任意两边的平行线,在第三条边上即可求得它们的相对含量。

4.4.3.2　具有一个一致熔融二元化合物的三元系统相图

在三元系统中,两个组分生成的二元化合物,其组成点必定位于浓度三角形的边上,若组成点同时位于其自身的初晶区内,则生成的就是一致熔融化合物。如图 4-28 所示,S 是 A,B 两组分生成的一致熔融化合物。图下方的虚线是与 AB 对应的具有一个一致熔融二元化合物 S 的二元系统相图,其熔点为 S',e_1,e_2 分别是 $A-A_mB_n$,A_mB_n-B 的二元低共熔点。组成点 S 相当于化合物的液相曲线温度的最高点,所以 AB 边上温度下降的方向如箭头所示。

一致熔融化合物有它自己的初晶区,因此具有一致熔融二元化合物的三元系统相图中有 4 个初晶区、5 条界线和 2 个三元无变量点,以及 1 条穿越三角形内部的 CS 连线。

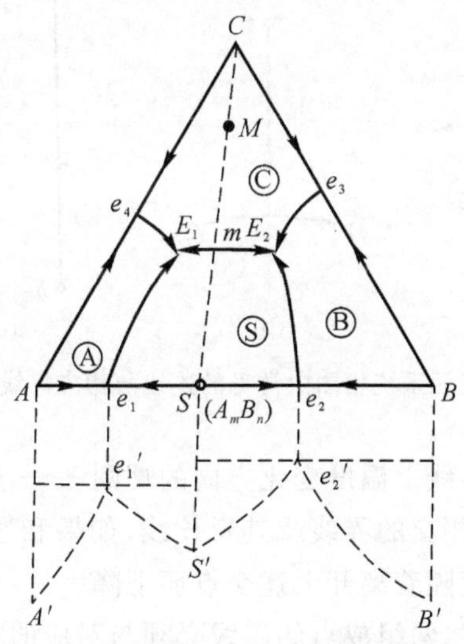

图 4-28　具有一致熔融二元化合物的三元系统相图

对于较复杂的三元系统相图,通常使用副三角形化的方法简化相图。副三角形化的原则是划分出具有可操作性的副三角形,即划出的副三角形应有与其相对应的三元无变量点;将与无变量点周围三个初晶区相对应的晶相组成点连接起来,即可获得与该无变量点对应的副三角形。需要指出的是，与副三角形相对应的无变量点可以在该三角形内，也可以在该三角形外，后者出现在有不一致熔融化合物的系统中。三元系统相图副三角形化后，就可以利用三角形规则确定结晶产物和结晶终点的位置。

三角形规则指出：原始熔体组成点所在三角形的三个顶点表示的物质即为其结晶产物，与这三个物质相对应的初晶区所包围的三元无变量点是其结晶终点。

将图 4－28 副三角形化，该相图实际上是由独立的三元系统 A－A_mB_n－C 和 B－A_mB_n－C 合并而成的，二者以 *CS* 连线分隔，两个独立的三元系统与图 4－26(b) 的类型相同。

连线 *CS* 与界线 E_1E_2 交于 *m* 点，*m* 点可视为 C－S 二元系统的低共熔点，是 *CS* 连线的温度最低点。如图 4－28 所示，*CS* 连线上组成为 M 的熔体，开始析出组分 C 的晶相，液相组成点由 *M* 向 *m* 移动；到 *m* 点时，液相对化合物 S 也开始饱和，C 和 S 的二元低共熔物结晶析出，结晶过程进行到液相完全消失为止。凡是组成点落在 *CS* 连线上的熔体的结晶路程都只在 *CS* 线上，而且结晶终点都在 *m* 点。

如果在组成为 *m* 的熔体中加入组分 A 或 B，在结晶过程中，温度由 *m* 向 E_1 或 E_2 方向降低，所以 *m* 点又是界线 E_1E_2 的温度最高点。通常，连线与相应界线的交点是连线上的温度最低点，界线上的温度最高点，该交点被称为鞍形点或范雷恩点。

图 4－29 是三元系统相图中常见的连线与相应界线相交的情况。*C* 和 *S* 表示两个相的组成点，*CS* 为组成点的连线，Ⓒ和Ⓢ是 C 和 S 的初晶区，1－2 表示相区界线，箭头表示温度下降的方向。如果连线与界线相交或连线的延长线与界线相交，如图 4－29(a) 和图 4－29(b) 所示，界线上的交点为温度最高点，界线上的温度，由此交点向两侧下降。如果界线的延长线与连线相交，如图 4－29(c) 所示，温度由 1 向 2 下降。一致熔融化合物相图中会出现图 4－29(a) 的情况，不一致熔融化合物相图中会出现图 4.29(b) 或图 4.29(c) 的情况。

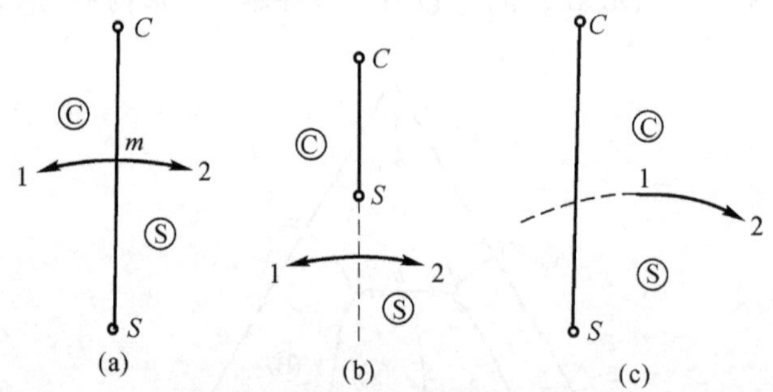

图 4－29　三元系统相图中常见的连线与相应界线相交的情况

综上所述，可以得出判断界线上温度变化方向的规则 —— 连线规则：

三元系统两个晶相初晶区相交的界线或其延长线，如果和这两个晶相的组成点的连线或其延长线相交，则界线上的温度随着离开上述交点而下降。

必须注意，应用连线规则时，两组成点的连线必须与对应的相区界线一起讨论。

4.4.3.3　具有一个一致熔融三元化合物的三元系统相图

图 4－30 是具有一个一致熔融三元化合物 S($A_mB_nC_q$) 的三元系统相图，三元化合物的组成点落在自己的初晶区Ⓢ内，*S* 点是三元化合物 $A_mB_nC_q$ 的液相面最高点。从 *S* 点向顶点 *A*，

B,C 引出的连线 AS,BS,CS,将相图划分为三个副三角形,对应的无变量点分别是 E_1,E_2 和 E_3,对应的鞍形点分别是 m_1,m_2 和 m_3。每个副三角形都相当于一个最简单的三元系统。根据连线规则,可以标明各界线上温度的变化方向。

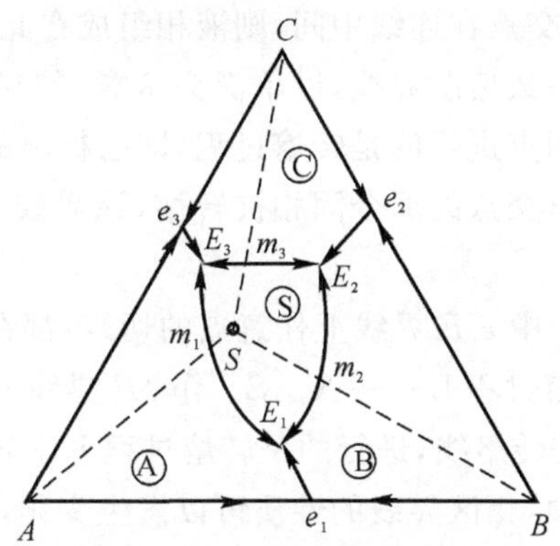

图 4-30 具有一致熔融三元化合物的三元系统相图

4.4.3.4 具有一个不一致熔融二元化合物的三元系统相图

图 4-31 是具有一个不一致熔融二元化合物 $S(A_mB_n)$ 的三元系统相图,二元化合物的组成点 S 落在其初晶区外。

CS 连线不与对应的相区界线 PE 相交,而是与界线 e_2P 相交,因此 CS 与 e_2P 的交点不是鞍形点,鞍形点是 EP 的延长线与 CS 的交点,所以温度由 P 向 E 下降。CS 连线也不是真正意义上的二元系统。由于ⒶⓈⒸ三相区的交点 E 位于 $\triangle ASC$ 内,而ⒷⓈⒸ三相区的交点 P 位于 $\triangle BSC$ 外,因此 P 点与 E 点的性质不同。通常 E 点称为低共熔点,P 点则称为转熔点。与转熔点相关的界线 Pp 的性质也不同于低共熔线,称为转熔线。

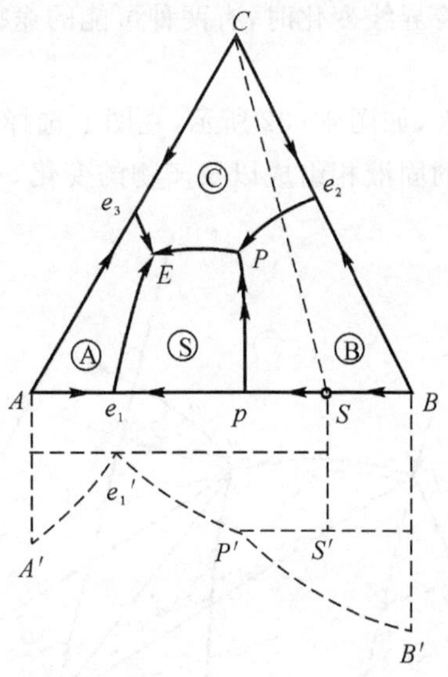

图 4-31 具有不一致熔融二元化合物的三元系统相图

利用切线规则和重心规则可以判明界线和无变量点的性质。

1. 切线规则

切线规则可以判断三元系统相图的界线性质。通过两种固相的界线上任意点作一切线，如果切线与两种固相的连线的交点在连线中间，则液相组成在此切点同时析出这两种固相，进行的是低共熔过程，该界线为一致熔融界线，以单箭头示意；如果切线是与两种固相的连线的延长线相交，则液相组成在此切点进行的是转熔过程，即已析出的一个固相将被转熔成液相而重新析出另一新固相，并且远离交点的那个固相被转熔，该界线是不一致熔融界线，称为转熔线，用双箭头示意。

根据切线规则，作图 4-31 中 e_1E 界线上任意点的切线，都在 AS 连线之间相交，所以 e_1E 界线是共熔线，进行的是低共熔过程 $\mathrm{L} \longrightarrow \mathrm{A}+\mathrm{S}$。作 pP 界线上任意点的切线，都与 BS 连线的延长线相交，所以 pP 界线是转熔线，进行的是转熔过程 $\mathrm{L}+\mathrm{B} \longrightarrow \mathrm{A}+\mathrm{S}$。

特别注意，实际三元相图中，相区界线的性质可以发生变化，例如一段为低共熔曲线，另一段则为转熔曲线。

2. 重心规则

重心规则可以判断三元系统相图的无变量点性质。处于相应三角形内的无变量点是低共熔点，而处于相应三角形外的无变量点是转熔点。无变量点处在相应三角形的交叉位置时，该无变量点为单转熔点，而处在相应三角形的共轭位置时，则为双转熔点。

图 4-31 中，E 点处于相应 $\triangle ASC$ 之内，是三元低共熔点，进行的是低共熔过程 $\mathrm{L} \longrightarrow \mathrm{A}+\mathrm{S}+\mathrm{C}$；$P$ 点处于相应 $\triangle BSC$ 之外，且处于交叉位置，在 P 点平衡的四相间进行的过程是 $\mathrm{L}+\mathrm{B} \longrightarrow \mathrm{C}+\mathrm{S}$，即冷却时 C 和 S 结晶析出，原先析出的 B 被重新熔于液相中（回吸）。P 点是三元转熔点，由于是一种晶相被转熔，所以也称为单转熔点。

交汇于 E 点或 P 点的三条界线上温度变化的方向也是不同的。在 E 点，三条界线的箭头都指向 E 点；而在 P 点，两条界线的箭头指向 P 点，一条界线的箭头离开 P。说明在加热时，系统的液相组成点离开 P 点而沿着界线变化时，有两种可能的途径（因为有两条界线的温度是上升的），所以 P 点也叫双升点。

将图 4-31 中富 B 部分放大，如图 4-32 所示，在图上选择四个配料点 1，2，3，4，分别讨论其冷却析晶或加热融化过程中的固液相组成以及产物的变化。

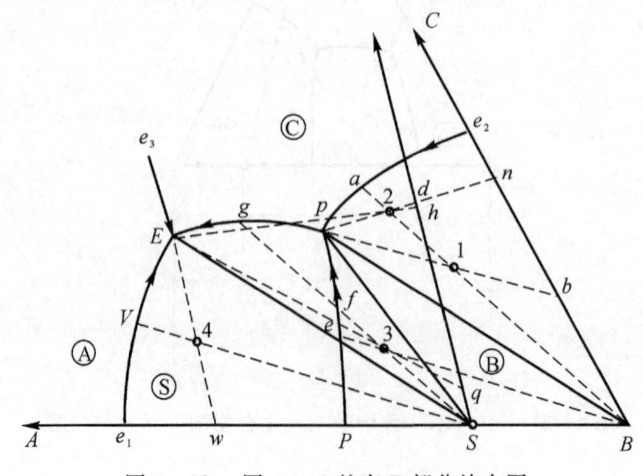

图 4-32　图 6-35 的富 B 部分放大图

配料 1 的高温熔体冷却到通过 1 点的等温线所表示的温度时，开始析出 B 晶相，液相组成沿 $B1$ 连线的延长线方向变化，从液相中不断析出 B 晶相。当系统冷却到 a 点温度时，液相点到达共熔界线 e_2P 的 a 点，从液相中开始同时析出 B 和 C 晶相。液相点沿着 e_2P 界线向温度下降的方向 P 点变化，从液相中不断析出 B 和 C 晶相。固相组成则相应离开 B 顶点沿 BC 边向 C 点方向运动，当系统温度刚冷却到 T_P，转熔过程尚未开始时，固相点到达 $P1$ 延长线与 BC 的交点 b。随后，系统中将立即开始转熔过程：$L_P + B \longrightarrow C + S$，系统从三相平衡进入四相平衡的无变量状态，$f=0$，系统温度不变，液相组成也不变，但是液相量和 B 晶相不断减少，C 和 S 晶相不断增加。在转熔过程中，液相点在 P 点不动，而固相中又增加了 S 晶相，固相组成必离开 BC 二元边沿着 $b1$ 线向 $\triangle SBC$ 内的 1 点运动，而当固相组成到达 1 点时，回到了原始配料组成，根据杠杆规则，液相必定在 P 点消失，转熔过程结束，结晶产物为 S，B，C 晶相。配料 1 位于 $\triangle SBC$ 内，结晶产物与结晶终点符合三角形规则。

配料 1 高温熔体的析晶路程可以表示为

液相点

$$1 \xrightarrow[f=2]{L \to B} a \xrightarrow[f=1]{L \to B+C} P(L_P + B \longrightarrow S + C)$$

固相点

$$B \xrightarrow{B+C} b \xrightarrow{B+C+S} l$$

配料 2 的组成也处在初晶区⑧，但是位于 $\triangle ASC$ 内，按照三角形规则，该配料高温熔体的结晶产物为 A，S，C 晶相，结晶终点为 E 点。配料 2 的高温熔体冷却到 2 点温度，开始析出 B 晶相，液相点随温度下降沿 $B2$ 延长线变化到 a 点，开始同时析出 B 和 C 晶相。当液相点沿 e_2P 界线刚到 P 点时，固相点到达 $P2$ 延长线与 BC 边的交点 n。其后在 T_P 温度下发生 $L_P + B \longrightarrow C + S$ 的转熔过程，液相点在 P 点不动，固相点则从 n 点沿 nP 线向三角形内部推进。当固相点到达 $\triangle SBC$ 的 SC 边的 d 点时，根据组成的表示方法可以判断，B 晶相已经全部耗尽，而 P 点液相尚有剩余，液相量/固相量 $=d2/P2$，结晶过程尚未结束。由于系统中消失了一个晶相，从四相无变量平衡状态回复到三相单变量平衡状态，$f=1$，系统温度不能保持在 T_P 不变，液相点将离开 P 点，沿着与 C 晶相和 S 晶相平衡的界线 PE 向温度降低方向的 E 点运动。PE 是低共熔界线，从液相中不断析出 C 和 S 晶相。当系统温度冷却到 T_E，液相点刚到达低共熔点 E 瞬间时，固相组成沿 CS 线从 d 点变化到 h 点，固相中只有 C、S 晶相，随后在 E 点发生 $L_E \longrightarrow A + S + C$ 的低共熔过程，系统进入四相平衡状态，温度保持在 T_E 不变，液相组成保持在 E 点不变，由于固相中增加了 A 晶相，固相点离开 CS 边的 h 点，沿 $h2$ 线向 $\triangle ASC$ 内部推进。当 E 点液相析晶完毕时，固相组成必定回到原始配料组成点 2。获得的结晶产物是 A，S，C 晶相。结晶产物与结晶终点符合三角形规则。

配料 2 高温熔体的析晶路程可以表示为

液相点

$$2 \xrightarrow[f=2]{L \to B} a \xrightarrow[f=1]{L \to B+C} P(L_P + B \longrightarrow C + S) \quad f=0$$

固相点

$$B \xrightarrow{B+C} n \xrightarrow{B+C+S} d \xrightarrow{C+S} h \xrightarrow{C+S+A} 2$$

配料 3 的组成点虽然也在 $\triangle ASC$ 内，但其高温熔体的析晶路程与配料 2 不同。系统冷却到 3 点温度，从液相中首先析出 B 晶相，液相点沿 $B3$ 延长线变化到界线 pP 的 e 点，pP 界线是转熔界线，液相回吸已析出的 B 晶相，生成 S 化合物，在转熔过程中，固相点将离开 B 点沿 BS 线向 S 点移动。当液相点从 e 点沿 pP 界线向降温方向变化到 f 点时，固相点到达 S 点，固相中的 B 晶相耗尽，固相中只有 S 晶相。按照相平衡的观点，此时液相将不能继续沿与 B，S 二晶相平衡的 pP 界线变化，而只能沿与 S 晶相平衡的液相面向温度降低的方向变化，在平面图上即沿 Sf 延长线方向穿过 S 的初晶区。在冷却过程中不断析出 S 晶相，系统处于二相平衡状态。当液相点到达界线 EP 上的 g 点时，从液相中开始同时析出 S 和 C 晶相，随后液相点沿 EP 界线向 E 点变化，固相组成则离开 S 点沿 SC 线向 C 点方向运动，当液相组成刚到 E 点瞬间时，固相组成到达 q 点。在 T_E 温度下，从 E 点液相中不断析出 S，C，A 晶相。固相组成则离开 q 点沿 $q3$ 线向 3 点不断推进。当固相点与系统点 3 重合时，意味着液相在 E 点消失，结晶过程结束。

配料 3 高温熔体的析晶路程可以表示为

液相点

$$3 \xrightarrow[f=2]{L \to B} e \xrightarrow[f=1]{L+B \to S} f \xrightarrow[f=2]{L \to S} g$$

$$\xrightarrow[f=1]{L \to S+C} E(L_E \longrightarrow S+C+A)$$

固相点

$$B \xrightarrow{B+S} S \xrightarrow{S+C} q \xrightarrow{S+C+A} 3$$

根据配料 1 和配料 2 析晶路程可以看出，转熔点 P 是否是结晶终点取决于 P 点液相和 B 晶相哪一相先耗尽。如果 L_P 先耗尽，P 点为结晶终点，配料点落在 $\triangle SBC$ 内的高温熔体都属于这种情况；如果 B 先耗尽，结晶过程继续进行，P 点只是中间点，配料点落在 $\triangle ASC$ 内的高温熔体到达 P 点时都属于这种情况；如果配料组成点位于 CS 线，则 L_P 和 B 同时耗尽，P 点是结晶终点，最终的结晶产物只有 C 和 S 两相。

上述讨论的都是平衡析晶过程，即冷却速度缓慢，在任一温度下系统都达到了充分的热力学平衡状态的析晶过程。平衡加热过程应是上述平衡析晶过程的逆过程。从高温平衡冷却和从低温平衡加热到同一温度，系统所处的状态是完全一样的。以配料 4 为例说明平衡加热过程。

配料 4 的原始配料用的是 A，B，C 三组分，但按热力学平衡状态的要求，在低温下 A，B 已通过固相反应生成化合物 S，由于固相反应的速度缓慢，实际过程中 B 组分不可能完全耗尽，而这里讨论的前提是平衡加热过程，因此认为 B 已耗尽。

配料 4 处于 $\triangle ASC$ 内，其高温熔体平衡析晶终点是 E，因而配料中开始出现液相的温度应该是 T_E，此时，$A+S+C \longrightarrow L_E$，即在 T_E 温度下，A，S，C 晶相不断低共熔生成 E 组成的熔体。由于四相平衡，液相点保持在 E 点不变，固相点则沿 $E4$ 连线的延长线方向变化，当固相点到达 AB 边的 w 点时，固相中 C 晶相已熔完，系统温度继续上升。由于系统中此时残留的晶相是 A 和 S，因而液相点不可能沿其他界线变化，只能沿与 A，S 晶相平衡的 e_1E 界线向升温方向的 e_1 点运动。e_1E 是共熔界线，升温时发生共熔过程 $A+S \longrightarrow L$，A 和 S 晶相继续熔入熔体。

当液相点到达 V 点时，固相组成点从 w 点沿 AS 线变化到 S 点，固相中的 A 晶相已全部熔完，系统进入液相与 S 晶相的二相平衡状态。液相点随后将随温度升高沿 S 的液相面，从 V 点向 4 点接近。温度升高到液相面的 4 点温度，液相点与系统点(原始配料点) 重合，S 晶相熔完，系统进入高温熔体的单相平衡状态。

4.4.3.5　具有一个不一致熔融三元化合物的三元系统相图

图 4-33 和图 4-34 是具有一个不一致熔融三元化合物的三元系统相图，不一致熔融三元化合物的组成点 S 位于其初晶区Ⓢ之外。从 S 点引出的连线将相图划分成三个副三角形，即 $\triangle ABS$，$\triangle ACS$ 和 $\triangle BCS$。根据其中的无变量点的性质，这类相图可分为有双升点的和有双降点的两种类型。

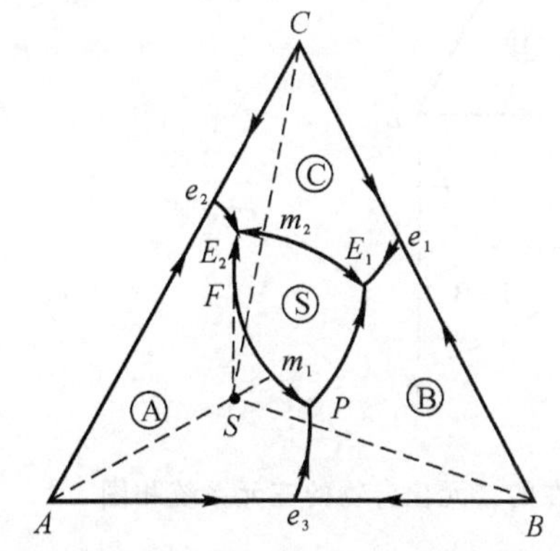

图 4-33　具有双升点的不一致熔融三元化合物的三元系统相图

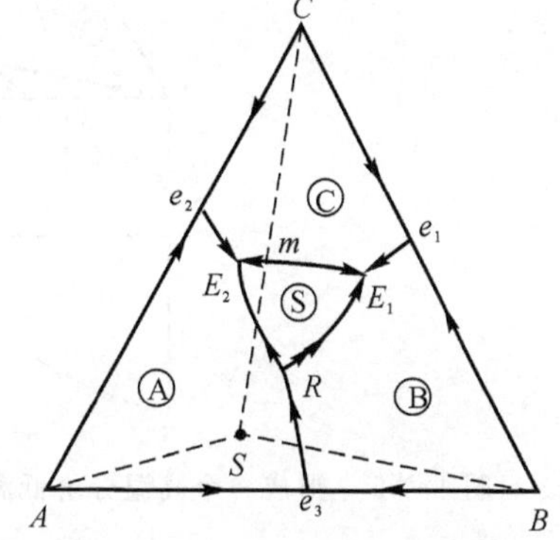

图 4-34　具有双降点的不一致熔融三元化合物的三元系统相图

图 4-33 是具有双升点类型的相图。相区界线的温度变化如图中箭头所示。m_1 是界线 E_2P 的温度最高点，温度由 m_1 向 E_2 和 P 方向下降。根据切线规则，m_1P 部分为转熔线，而在 m_1E_2 部分，m_1F 段为转熔性质，FE_2 段为低共熔性质，F 点是 m_1E 部分的性质转变点。由 m_1 到 E_2 变化的过程中，先进行 L + A ⟶ S 的转熔过程，过 F 点后进行 L ⟶ A + S 的低共熔过程。

图 4-34 是具有双降点类型的相图。界线 RE_2 及 RE_1 的温度都是从 R 点下降的，而界线 e_3R 的温度从 R 点上升的，R 称为双降点。R 点和对应 $\triangle ABS$ 处于共轭位置，在 R 点进行四相无变量过程 L+A+B⟶S，该过程中 A 与 B 晶相同时被转熔，所以又称双降点为双转熔点。

4.4.3.6　形成一个高温分解低温稳定存在的二元化合物的三元系统相图

如图 4-35 所示，A 和 B 生成二元化合物 S(A_mB_n)，S 处于其初晶区外，只有在较低温度时才有可能存在，高温时即分解而消失，分解温度为 T_R，低于二元低共熔点 e_3 的温度。相图下方是 A-B 二元系统的相图。可见 A-B 二元系统的液相线并未受到该化合物的影响。即从二元熔液中得不到这种二元化合物，但可以通过二元系统的固相反应获得，或者在含有第三组分 C 的液相中，降低温度到 T_R，也可以使化合物 S 直接从液相中析出。

相图中有三个无变量点，但只能划分出与双升点 P 和低共熔点 E 对应的两个副 $\triangle ASC$ 和 $\triangle BSC$。与 R 点对应的 $\triangle ASB$ 成直线，说明无变量点 R 和一般的三元无变量点的性质不同。在 R 点进行的四相无变量过程，实际进行的是化合物 S 的形成或分解过程，液相只起介质作用，液相量不发生变化，所以称 R 点为过渡点。根据与 R 点相交的三条界线的温度变化方向可知，R 点是具有双降点形式的过渡点。

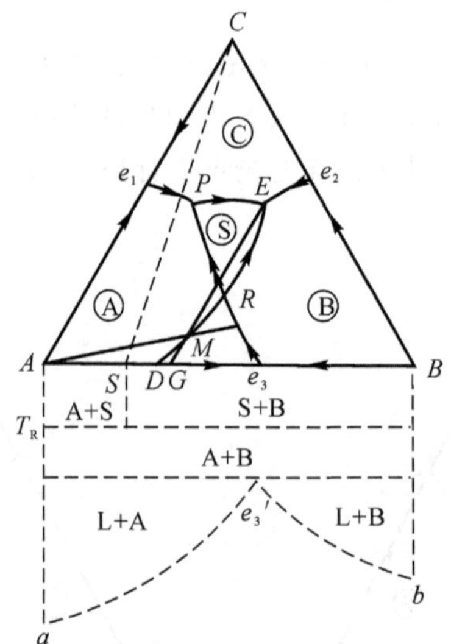

图 4-35　形成一个高温分解低温稳定存在的二元化合物的三元系统相图

在 R 点的平衡关系式可表示为

$$A_{(固)}+B_{(固)}\xrightarrow{L}S_{(固)}$$

4.4.4　CaO-Al_2O_3-SiO_2系统相图分析

如图 4-36 所示为 CaO-Al_2O_3-SiO_2系统相图，这个系统共有 15 个化合物，其中有 3 个纯组分，分别是 CaO(2 570℃)，Al_2O_3(2 045℃)和 SiO_2(1 723℃)；有 10 个二元化合物，其中 4 个一致熔融化合物分别是 CS(1 544℃)，C_2S(2 130℃)，$C_{12}A_7$(1 392℃)和 A_3S_2(1 850℃)；6 个不一致熔融化合物分别是 C_3S_2(1 464℃)，C_3A(1 539℃)，CA(1 600℃)，CA_2(1 762℃)，CA_6(1 830℃)和 C_3S(2 150℃)；有 2 个一致熔融三元化合物，分别是钙长石 CAS_2(1 553℃)和铝方柱石 C_2AS(1 584℃)。

这 15 个化合物都有对应的初晶区。靠近 SiO_2处还有一个二液分层区，SiO_2标有多晶转变，其初晶区又分为方石英和鳞石英区，两者由 1 470℃等温线分隔。

将相图中所有可以共同析出的化合物的有关组成点连接起来，可以得到 15 个副三角形和 15 个对应的无变量点，如表 4-2 所示。

CaO-Al_2O_3-SiO_2系统中的高钙区，对硅酸盐水泥的生产有重要的意义。在这个区域内，可按共同析出化合物的组成点连成三个副三角形，即 CaO-C_3S-C_3A，C_3S-C_3A-C_2S 和 C_2S-C_3A-$C_{12}A_7$，如图 4-37 所示，对应的无变量点为 h(1 470℃)，k(1 455℃)和 F(1 335℃)，h，k 是双升点，F 是低共熔点。

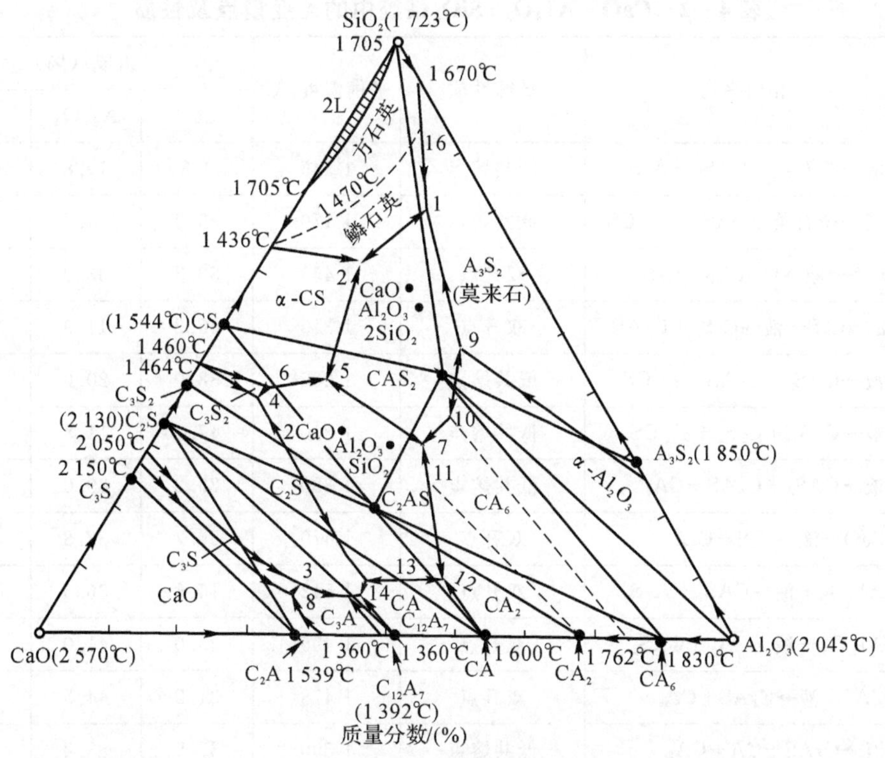

图 4-36 $CaO-Al_2O_3-SiO_2$系统相图

一般认为硅酸盐水泥熟料的配料，应该控制在三角形 $C_3S-C_2S-C_3A$ 中的小圆圈范围内，因为硅酸盐水泥熟料在 1 450℃左右烧成，应该有 30%左右的液相，以利于 C_3S 的生成，同时各主要熟料矿物含量一般为 40%～60%的 C_3S，15%～30%的 C_2S，6%～12%的 C_3A 和 10%～16%的 C_4AF。熟料的化学成分一般为 60%～67%的 CaO，20%～24%的 SiO_2，5%～7%的 Al_2O_3 和 4%～6%的 Fe_2O_3。$CaO-Al_2O_3-SiO_2$系统中，Fe_2O_3可以并入 Al_2O_3一起考虑(可达 10%)。

图 4-37 中硅酸盐水泥熟料组成范围内一些点的析晶情况如下：

P 点位于 CaO 初晶区内，冷却时先析出 CaO 晶相，液相组成沿 CaO-*P* 连线方向前进，到达 $CaO-C_3S$ 界线发生转熔过程 $L+CaO \longrightarrow C_3S$，回吸 CaO 而析出 C_3S，到达 C_3S-P 延长线与 $CaO-C_3S$ 界线交点 *S* 时，CaO 回吸完全，液相与 C_3S 两相共存，自由度 $f=2$，液相组成点开始越区进入 C_3S 初晶区内，沿 *D*-*P*-*S* 延长线方向移动，至与 C_3S-C_3A 界线 *hk* 相交于 *T* 点，此时发生低共熔过程 $L \longrightarrow C_3S+C_3A$，液相组成点继续沿 *Tk* 线移动，当到达双升点 *k* 时发生 C_3S 转熔过程 $L+C_3S \longrightarrow C_3A+C_2S$，直至液相消失，剩下 C_3S，C_3A 和 C_2S 三个晶相，析晶于 *k* 点结束。当液相消失时，固相组成点与原始组成点 *P* 重合，但是 *P* 点原始组成为氧化物，而固相组成点(产物)为熟料矿物，即 63.9%的 C_3S，14.6%的 C_2S 和 21.5%的 C_3A。

表 4-2 $CaO-Al_2O_3-SiO_2$ 系统中的无变量点及性质

图上点号	相间平衡	平衡性质	平衡温度/℃	组成/(%)		
				CaO	Al_2O_3	SiO_2
1	液→鳞石英+CAS_2+A_3S_2	低共熔点	1 345	9.8	19.8	70.4
2	液→鳞石英+CAS_2+$\alpha-CS$	低共熔点	1 170	23.3	14.7	62.0
3	C_3S+液→C_3A+$\alpha-C_2S$	双升点	1 455	58.3	33.0	8.7
4	$\alpha'-C_2S$+液→C_3S_2+C_2AS	双升点	1 315	48.2	11.9	39.9
5	液→CAS_2+C_2AS+$\alpha-CS$	低共熔点	1 265	38.0	20.0	42.0
6	液→C_2AS+C_3S_2+$\alpha-CS$	低共熔点	1 310	47.2	11.8	41.0
7	液→CAS_2+C_2AS+CA_6	低共熔点	1 380	29.2	39.0	31.8
8	CaO+液→C_3S+C_3A	双升点	1 470	59.7	32.8	7.5
9	Al_2O_3+液→CAS_2+A_3S_2	双升点	1 512	15.6	36.5	47.9
10	Al_2O_3+液→CA_6+CAS_2	双升点	1 495	23.0	41.0	36.0
11	CA_2+液→C_2AS+CA_6	双升点	1 475	31.2	44.5	24.3
12	液→C_2AS+CA+CA_2	低共熔点	1 500	37.5	53.2	9.3
13	C_2AS+液→$\alpha'-C_2S$+CA	双升点	1 380	48.3	42.0	9.7
14	液→$\alpha'-C_2S$+CA+$C_{12}A_7$	低共熔点	1 335	49.5	43.7	6.8
15	液→$\alpha'-C_2S$+C_3A+$C_{12}A_7$	低共熔点	1 335	52.0	41.2	6.8

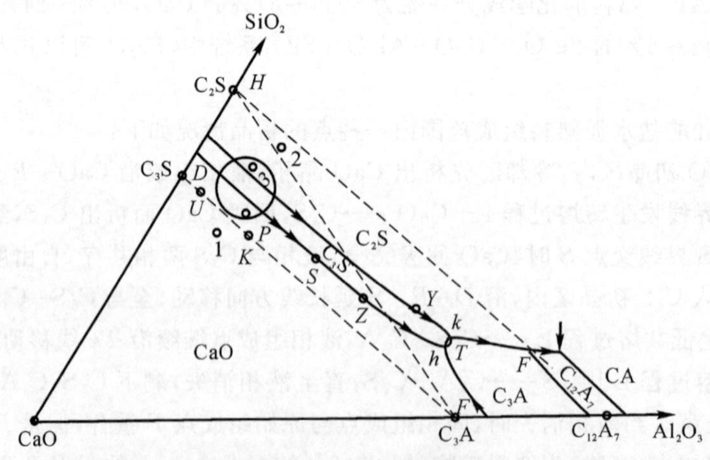

图 4-37 $CaO-Al_2O_3-SiO_2$ 系统相图中的高钙区域

点 3 是大多数硅酸盐水泥熟料的组成点，此点在 C_2S 初晶区，先析出 C_2S，液相组成点沿 C_2S-3 连线方向移动，到达 C_2S-C_3S 界线发生低共熔过程 L ⟶ C_2S+C_3S，液相组成点沿

界线向 k 点移动，到达 Y 点后，界线从一致熔融转变为不一致熔融，发生转熔过程 $L+C_2S \longrightarrow C_3S$，液相组成点到达 k 点时，进行无变量过程 $L+C_3S \longrightarrow C_3A+C_2S$，直至液相消失，析晶过程结束，产物为 C_3S，C_3A 和 C_2S，固相组成点与原始组成点 3 重合。

点 2 位于 $C_2S-C_3A-C_{12}A_7$ 三角形内，析晶产物为 C_2S，C_3A 和 $C_{12}A_7$，析晶终点为该三角形对应的无变量点 F。

点 1 位于 $C_3S-CaO-C_3A$ 三角形内，析晶产物为 C_3S，CaO 和 C_3A，析晶终点为该三角形对应的无变量点 h。

从上面的讨论可以看出，相图在水泥生料配料成分的选择和产品性能的估计方面均有一定的指导意义。若配料的组成点在 $C_3S-CaO-C_3A$ 三角形内，如点 1，因为析晶产物为 C_3S，CaO 和 C_3A，所以尽管在煅烧和冷却过程中努力控制，最后烧得的熟料还难免含有过高的游离态 CaO，使水泥的安定性变差；若配料的组成点在 $C_2S-C_3A-C_{12}A_7$ 三角形内，如点 2，则析晶产物没有 C_3S，熟料强度极低，且会有较多水硬性很小的 $C_{12}A_7$ 晶相存在，这是硅酸盐水泥中不希望的成分。从产品性能而言，上述两种配料都不能满足要求。

思　考　题

1. 纯物质在任意指定温度下，固、液、气三相可以平衡共存，用相律说明这个结论是否正确并举例说明。

2. 简述 SiO_2 的多晶转变现象，说明为什么在硅酸盐产品中 SiO_2 经常是以介稳态存在的。

3. 凝聚态系统三元相图中，液相面、分界曲线的自由度分别是多少？哪些变量可以改变？

4. 在三元系统中，有几种分界曲线？各有什么特点？无变量点的种类有几种？如果只考虑温度、压力对系统的影响，根据相律方程，当 $P=4$，$P=3$，$P=2$ 时自由度分别是多少？

第5章 扩散过程

扩散是物质的传输方式之一，材料生产中的许多工艺过程，如固相反应、烧结和相变等都涉及质点的扩散。扩散现象与固体中原子的微观运动有关，因此研究扩散问题有助于增进对晶体材料中原子微观运动的深入了解。

5.1 固体中的扩散机构

和气体、液体一样，固体中的质点也因热运动而不断地发生混合。不同的是，由于固体中质点间有很大的相互束缚力，质点迁移时必须克服一定势垒，所以混合的过程十分缓慢。但是由于存在热起伏，所以质点的能量状态服从玻耳兹曼分布，在 0 K 以上，总有一些质点能够获得从一个晶格平衡位置跳跃过势垒 ΔH 迁移到另一个平衡位置的能力，使扩散得以进行。ΔH 称为扩散活化能，能跃过势垒的质点数目随温度升高而迅速增加，扩散活化能 ΔH 的大小与晶体结构、质点迁移方式等因素有关。

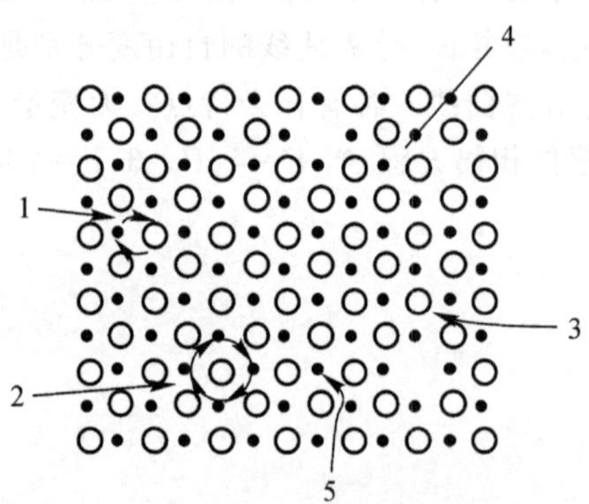

图 5-1 质点在晶体中的扩散机构

如图 5-1 所示，质点在晶体中扩散可能有以下几种迁移的方式(即扩散机构)：

1. 直接交换

这种机构因为两个原子相互挤过对方进行换位，所以需要很高的应变能，特别是在离子型晶体中是很难实现的。

2. 环形易位

这种机构在能量上虽然可行，但是需要多个原子同时协调进行，所以实际上很难发生。

3. 间隙(直接间隙)扩散

如果晶体结构的间隙或扩散质点的大小适合于质点从正常位置移动到间隙位置，如形成弗伦克尔缺陷，则这种扩散方式是质点迁移的有效机制。

4. 填隙(间接间隙)扩散

填隙原子从它的间隙位置移动到点阵位置,将点阵上的原子撞离点阵位置,使其进入一个新的间隙位置。这种迁移方式在 UO_2 等少数晶体中有可能发生。

5. 空位扩散

空位扩散的速度取决于原子从正常点阵位置移动到空位的难易程度,同时也取决于空位的浓度。由于在能量上比较有利,所以空位扩散机构被认为是引起原子迁移的最普遍的过程。原子通过空位迁移相当于空位向相反的方向移动。

上述扩散机构表明,即使不存在外场,晶体中的质点也会因热起伏而引起无规则的非定向的迁移。如果存在浓度场等外场作用,质点的迁移就会形成定向的扩散流,即形成定向扩散流需要有定向推动力。一般情况下,宏观扩散的推动力是扩散物质的浓度梯度,但是在更普遍的情况下,宏观扩散的推动力是系统中存在的化学位梯度。

5.2　扩散动力学方程

5.2.1　菲克定律

如果考虑在恒温恒压下的单相组成的单向扩散,那么物质的传输是沿着浓度梯度(化学位梯度)减少的方向进行的。

菲克第一定律指出:扩散过程中,单位时间内通过垂直于扩散方向的单位面积上扩散的物质数量和浓度梯度成正比。可用下式表示:

$$J=-D\frac{\partial c}{\partial x} \tag{5-1}$$

式中　c—— 单位体积内扩散物质的浓度;

x—— 扩散方向;

J—— 流量,即单位时间内流过单位面积的扩散量;

D—— 扩散系数,其单位通常是 $cm^2 \cdot s^{-1}$,负号表示扩散流的方向是浓度降低的方向。

菲克第二定律指出:扩散过程中,扩散物质浓度随时间的变化率,与沿扩散方向上扩散物质浓度梯度随扩散距离的变化率成正比。可用下式表示:

$$\frac{\partial c}{\partial t}=\frac{\partial}{\partial x}\left(D\frac{\partial c}{\partial x}\right) \tag{5-2}$$

如果 D 与浓度无关,可以视为常数,上式简化为

$$\frac{\partial c}{\partial t}=D\frac{\partial^2 c}{\partial x^2} \tag{5-3}$$

菲克第一定律和菲克第二定律所针对和解决的扩散问题不同。对于浓度梯度固定不变的所谓稳定态扩散问题,可以应用菲克第一定律确定流量,如气体通过玻璃或陶瓷隔板的扩散。而对于浓度梯度随时间的变化的所谓非稳定态扩散问题,求解菲克第二定律,得出扩散介质中扩散物质的浓度 $c(x,t)$,该解是位置和时间的函数。

5.2.2 扩散的一般推动力

在菲克第一定律和第二定律中，扩散的推动力都是用浓度梯度表示的。爱因斯坦最早提出的观点是在一个扩散着的原子上作用着一个虚力，这个虚力是化学势或偏摩尔自由能的负梯度($-\mathrm{d}\mu_i/\mathrm{d}x$)。在化学势梯度的作用下，该原子的平均迁移速度 V_i 为

$$V_i = -B_i \frac{\mathrm{d}\mu_i}{\mathrm{d}x} \tag{5-4}$$

式中，比例系数 B_i 称为淌度。

该组分的扩散通量 J_i 为

$$J_i = c_i V_i = -c_i B_i \frac{\mathrm{d}\mu_i}{\mathrm{d}x} \tag{5-5}$$

式中，c_i 为该组分浓度。上式就是用化学势梯度概念描述的扩散的一般方程式。

如果化学势不受外场作用，仅是系统温度与组成活度的函数，则

$$J_i = -c_i B_i \frac{\partial \mu_i}{\partial c_i} \times \frac{\partial c_i}{\partial x} \tag{5-6}$$

因此，扩散系数 D_i 为

$$D_i = c_i B_i \frac{\partial \mu_i}{\partial c_i} \tag{5-7}$$

因为

$$c_i/\partial c_i = 1/(\partial \ln c_i)$$

$$c_i/c = N_i$$

$$\mathrm{d}\ln c_i = \mathrm{d}\ln N_i$$

则

$$D_i = B_i \frac{\partial \mu_i}{\partial \ln N_i} \tag{5-8}$$

由于

$$\mu_i = \mu^0(Tp) + RT\ln\alpha_i = \mu^0(Tp) + RT(\ln N_i + \ln\gamma_i)$$

$$\frac{\partial \mu_i}{\partial \ln N_i} = RT\left(1 + \frac{\partial \ln\gamma_i}{\partial \ln N_i}\right)$$

所以

$$D_i = RTB_i\left(1 + \frac{\partial \ln\gamma_i}{\partial \ln N_i}\right) \tag{5-9}$$

上式就是扩散系数的一般热力学关系式，式中括号项称为热力学因子。理想混合体系，活度系数 $\gamma_i = 1$，$D_i = RTB_i$。非理想混合体系，有两种情况：一是热力学因子大于0，$D_i > 0$，称为正扩散或正常扩散，扩散流的方向与浓度梯度方向一致，即由高浓度处流向低浓度处，扩散的结果是趋于均匀化；二是热力学因子小于0，$D_i < 0$，称为逆扩散或爬坡扩散，扩散的结果是使溶质偏析或分相。

如果化学势梯度作为扩散的一般推动力，化学势梯度和浓度可以是一致的，也可以是不一致的。一切影响扩散的外场，如浓度场、电场、磁场、温度场、应力场等都可以统一于化学势梯度中，且仅当化学势梯度为零时，系统扩散方可达到平衡。

5.3 扩散系数

扩散系数与扩散机构、扩散介质以及外部条件如温度等因素有关，可以认为扩散系数是物质的物性指标，了解扩散系数就是对晶体中扩散的本质的了解。

5.3.1 无序扩散过程及无序扩散系数

对于一维无规行走过程，假设晶体沿 x 轴具有组成梯度，如图 5-2 所示，原子沿晶体 x 轴方向向左或向右移动时每次跳跃的距离为 r。两个相邻的点阵面分别记为 1 和 2，这两个面相距为 r。在平面 1 的单位面积上扩散溶质原子数为 n_1，在平面 2 的单位面积上扩散溶质原子数为 n_2。跃迁频率 f 是单位时间内一个原子离开该平面的跳跃次数的平均值。

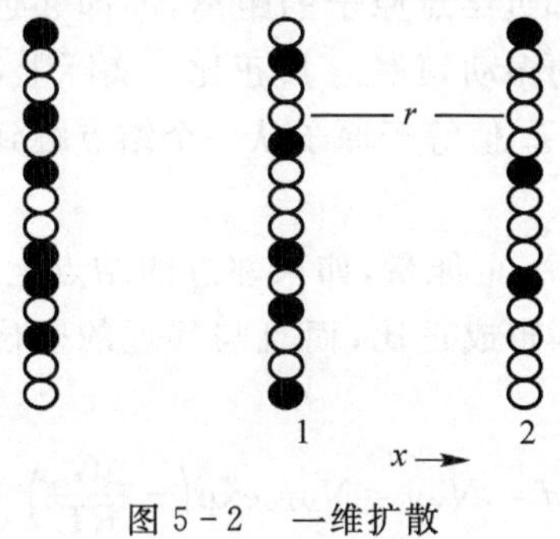

图 5-2 一维扩散

因此，单位时间内有 $n_1 f$ 个原子跃出平面 1，其中有$(n_1 f)/2$ 个原子跃迁到右边的平面 2，$(n_1 f)/2$ 个原子跃迁到左边的平面。同样，单位时间内有$(n_2 f)/2$ 个原子从平面 2 跃迁到平面 1。因此单位时间内从平面 1 到平面 2 的流量

$$J=\frac{1}{2}(n_1-n_2)f=\frac{\text{原子数}}{\text{面积}\times\text{时间}} \tag{5-10}$$

由于

$$\frac{n_1}{r}=c_1$$

$$\frac{n_2}{r}=c_2$$

$$\frac{c_1-c_2}{r}=-\frac{\partial c}{\partial x}$$

故

$$n_1-n_2=-r^2\frac{\partial c}{\partial x}$$

所以

$$J=-\frac{1}{2}r^2 f\frac{\partial c}{\partial x} \tag{5-11}$$

即一维无规行走过程给出的扩散系数

$$D=\frac{1}{2}r^2 f \tag{5-12a}$$

如果原子跳跃发生在三个方向，则三维无规行走过程给出的扩散系数为

$$D=\frac{1}{6}r^2 f \tag{5-12b}$$

上述结果对于无规行走过程是精确的，全过程没有会导致择优方向扩散的因素或驱动力，跃迁完全没有规律。因此求得的扩散系数即为无规行走扩散系数，记为 D_r。

5.3.2 原子自扩散系数

对于晶体中实际原子的扩散，必须结合晶体结构以及空位或间隙等扩散机构进行分析。对于特定的扩散机制(空位、间隙)和晶体结构，可以在式(5-12b)中引入几何因素 γ，则有

$$D=\gamma r^2 f \tag{5-12c}$$

式中，γ 与最邻近的跃迁位置数和原子跳回到原来位置的概率有关。

在空位机构中，r 是空位与邻近结点原子的距离，亦即邻近晶格结点之间的距离，结点原子跃迁到空位的频率 f 与原子的振动频率 ν_0 成正比。实际上，只有当原子在振动中获得的能量大于 ΔG_m 时才能发生跃迁，ΔG_m 值等于原子从一个结点跳到下一个结点需要克服的能量势垒的高度，如图 5-3 所示。

然而，即使原子能够获得 ΔG_m 的能量，如果邻近的结点上无空位，也不能发生跃迁，即跃迁概率不仅与能量的玻耳兹曼分布成正比，而且与邻近的空位概率，即与体系内的空位浓度 N_V 成正比。因此有

$$f=N_V\nu=N_V\nu_0\exp\left(-\frac{\Delta G_m}{RT}\right) \tag{5-13}$$

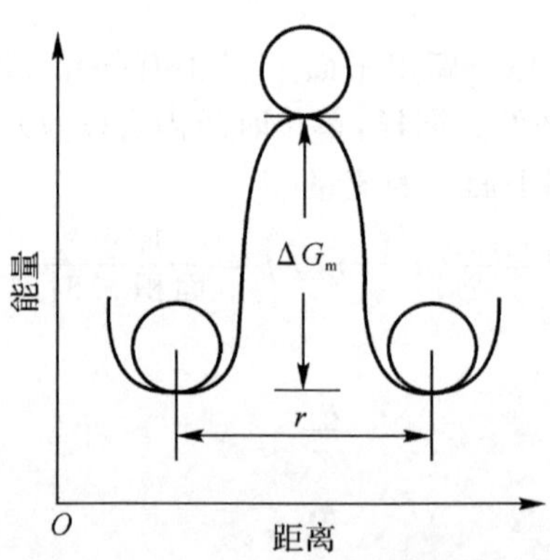

图 5-3 扩散中原子的能量变化

将式(5-13)代入式(5-12c)，就得到了原子通过空位机构进行扩散时的扩散系数

$$D=\gamma r^2 N_V\nu_0\exp\left(-\frac{\Delta G_m}{RT}\right) \tag{5-14}$$

对于空位扩散机构，空位浓度

$$N_V=\exp\left(-\frac{\Delta G_f}{2RT}\right) \tag{5-15}$$

式中，ΔG_f 是空位形成能。将式(5-15)代入式(5-14)，得

$$D=\gamma r^2\nu_0\exp\left(-\frac{\Delta G_f}{2RT}\right)\exp\left(-\frac{\Delta G_m}{RT}\right)$$

根据热力学原理 $\Delta G=\Delta H-T\Delta S$，则

$$D=\gamma r^2\nu_0\exp\left(-\frac{\Delta H_m+\Delta H_f/2}{RT}\right)\exp\left(\frac{\Delta S_m+\Delta S_f/2}{R}\right) \tag{5-16}$$

令

$$D_0=\gamma r^2\nu_0\exp\left(\frac{\Delta S_m+\Delta S_f/2}{R}\right)$$

$$Q=\Delta H_m+\frac{\Delta H_f}{2}$$

则

$$D=D_0\exp\left(-\frac{Q}{RT}\right) \tag{5-17}$$

式中 D_0—— 原子自扩散频率因子；

Q—— 扩散活化能。

在这里，扩散活化能由两项组成，一项是空位形成所需要的能量，另一项是原子迁移所需要的能量。

根据同样的推导方法，原子通过间隙机构进行扩散时的扩散系数

$$D=\gamma r^2 N_I\nu_0\exp\left(-\frac{\Delta G_m}{RT}\right) \tag{5-18}$$

式中，N_I 是体系内间隙原子存在的概率，即浓度。

晶体中间隙原子浓度常很小，实际上间隙原子所有邻近的间隙位都可视为空位，跃迁时位置概率可视为1，即 $N_1=1$。因此

$$D=\gamma r^2\nu_0\exp\left(-\frac{\Delta H_m}{RT}\right)\exp\left(\frac{\Delta S_m}{R}\right) \tag{5-19}$$

令

$$D_0=\gamma r^2\nu_0\exp\left(\frac{\Delta S_m}{R}\right)$$

$$Q=\Delta H_m$$

则

$$D=D_0\exp\left(-\frac{Q}{RT}\right) \tag{5-20}$$

式中 D_0—— 原子自扩散频率因子；

Q—— 扩散活化能。

在这里，扩散活化能就是原子迁移所需要的能量。

5.4 扩散系数与温度、杂质的关系

温度、周围气氛、杂质以及扩散途径都强烈地影响原子的扩散能力。凝聚态物质中原子的运动是热激活过程，扩散系数通常写作 $D=D_0\exp(-Q/RT)$，Q 称为扩散活化能。对于不同的扩散机构和不同的扩散物质，Q 的含义不同。以 KCl 晶体为例加以说明。

KCl 晶格中 Cl^- 所形成的面心立方格子中所有的八面体空隙都被 K^+ 所占据，只有四面体

空隙未被占据，因其较小的体积不易产生间隙K^+。因此，在KCl中K^+的扩散是通过K^+和K^+空位的交换而发生的。KCl晶体中的空位浓度可以根据由肖脱基缺陷生成能计算。

$$KCl \rightarrow V'_K + V^{\cdot}_{Cl}$$

$$[V'_K] = \exp\left(-\frac{\Delta G_S}{2RT}\right) \tag{5-21}$$

将式(5-21)代入式(5-14)，可得到K^+的自扩散系数为

$$D_K = \gamma r^2 \nu_0 \exp\left(-\frac{\Delta H_m + \Delta H_S/2}{RT}\right) \exp\left(\frac{\Delta S_m + \Delta S_S/2}{R}\right) \tag{5-22}$$

在大多数晶体中，由于杂质含量等因素的影响，扩散变得复杂。在图5-4中，高温区域代表纯KCl的本征特性，在这个区域内$\ln D$对$1/T$曲线的斜率为

$$\frac{\Delta H_m}{R} + \frac{\Delta H_S}{2R}$$

在低温区域，晶体内的杂质使空位浓度保持不变，这是非本征区域。扩散系数为

$$D_K = \gamma r^2 \nu_0 [F^{\cdot}_K] \exp\left(-\frac{\Delta H_m}{RT}\right) \exp\left(-\frac{\Delta S_m}{R}\right) \tag{5-23}$$

式中，$[F^{\cdot}_K]$是Ca^{2+}等二价阳离子杂质的浓度。在这个区域内$\ln D$对$1/T$曲线的斜率为

$$\frac{\Delta H_m}{R}$$

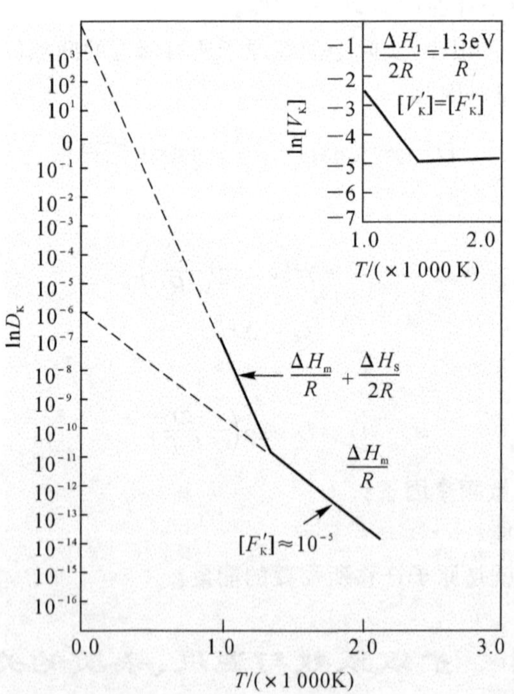

图5-4　二价阳离子杂质为10^{-5}原子分数的KCl的扩散-温度关系图

（插入图表示$[V'_K]$随温度的变化）

图5-4中曲线的转折部分发生在本征缺陷浓度和由杂质引起的非本征缺陷浓度相近的区域内。当肖特基形成焓在630 kJ/mol(6eV)左右时，如BeO，MgO，CaO，Al_2O_3等化合物，

当温度为2 000 K左右时，晶体中的异价杂质浓度必须小于10^{-5}才有可能观察到本征扩散。因此，在这些氧化物中不大容易观察到本征扩散，因为只要存在百万分之几的异价杂质就足以使空位浓度基本上不随温度而变化。

如果有空位与溶质的缔合或者有溶质的淀析物存在时，观察到的扩散激活能可能有不同的数值。以掺$CaCl_2$的KCl为例，如果$Ca_K^{\cdot}$和V'_K之间发生缔合，形成缔合缺陷($Ca_K^{\cdot}\ V'_K$)，则总的钾空位浓度$[V'_K]_{总}$应包括和杂质缔合的空位在内，即

$$[V'_K]_{总}=[V'_K]+(Ca_K^{\cdot}\ V'_K) \tag{5-24}$$

式中，$[V'_K]$是平衡空位浓度。$[V'_K]_{总}$的增大导致了扩散系数提高。温度降低时，如果达到溶质的饱和度而使溶质淀析，则会由于非本征空位浓度降低而导致扩散能力下降。

5.5 氧化物中的扩散

氧化物的扩散特征可以按照化学计量与非化学计量、本征扩散控制与杂质扩散控制的特征进行分类讨论。

图5-5是一些常见氧化物中扩散的实验数据，根据曲线斜率和插入法估计激活能Q。有很多化学计量氧化物的数据明显的是和受组分控制的扩散系数相符。在这些氧化物中有一组具有萤石结构，如UO_2，ThO_2，ZrO_2，当加入二价的或三价的阳离子氧化物如La_2O_3和CaO时就形成固熔体。由X射线和电导率的研究得知，所形成的结构中氧离子空位浓度是由组成确定的且与温度无关。

例如，在$Zr_{0.85}Ca_{0.15}O_{1.85}$中氧离子空位浓度高，且与温度无关。因此，氧离子扩散系数和温度的关系完全由氧离子迁移所需的激活能来确定(120kJ · mol^{-1})。同样，在化学计量和非化学计量的两种UO_2中发现，氧离子低温扩散是由填隙机制引起的，填隙离子运动到正常的晶格位置上，而将晶格离子撞到邻近的间隙位，激活能是112k J · mol^{-1}。在ZrO_2-CaO系统中，氧离子扩散系数随着氧离子空位浓度的增加(氧对金属之比减少)而增加。反之，在UO_2填隙机制中，氧离子扩散系数随着填隙氧离子浓度的增加(氧对金属之比增加)而增加，至少对于低浓度的间隙氧离子是这样的。

许多氧化物作为本征非化学计量半导体与氧化或还原气氛处于平衡状态。

5.5.1 金属离子过剩氧化物

($Zn_{1+x}O$是常见的金属离子过剩氧化物。在高温下，锌蒸气与氧化锌中填隙锌离子及过剩电子保持平衡关系：

$$Zn(g)=Zn_i^{\cdot}+e'$$

填隙锌离子浓度和锌蒸气压有关：

$$[Zn_i^{\cdot}]\approx p_{Zn}^{\frac{1}{2}} \tag{5-25}$$

锌离子扩散通过间隙机构而发生，因此根据式(5-18)，扩散系数随p_{Zn}增大而增加，如图5-6所示。非化学计量UO_{2+x}中进行的氧的间隙扩散，情况与此相似。

以空位扩散为主的非化学计量氧化物包括缺金属的氧化物或缺氧的氧化物。

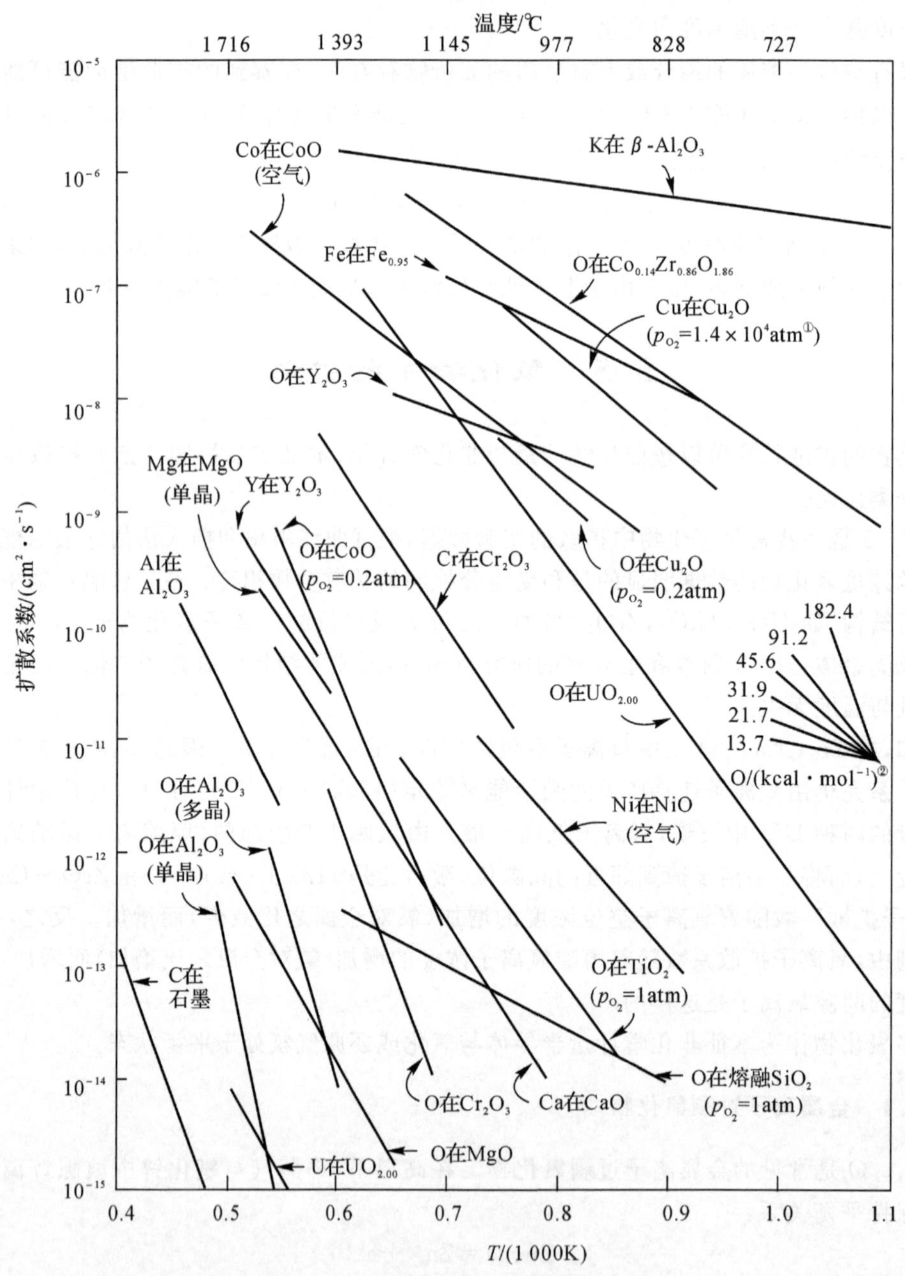

图 5-5　一些常见氧化物中的扩散系数

①1 atm=101.325 Pa。

②1 kcal·mol⁻¹=4.186 8 kJ·mol⁻¹。

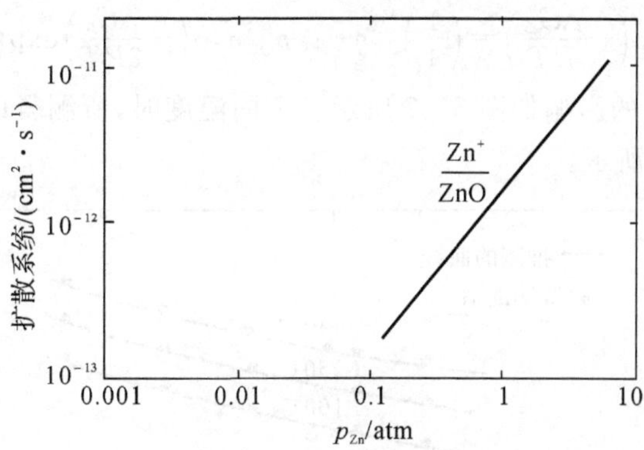

图 5-6　气氛对 ZnO 中锌离子扩散系数的影响

5.5.2　缺金属氧化物

许多非化学计量化合物，特别是过渡金属氧化物，因为有变价阳离子，所以阳离子空位浓度是大的，例如 $Fe_{1-x}O$ 含有 5%～15%的铁空位。常见的缺金属氧化物有 $Fe_{1-x}O$，$Ni_{1-x}O$，$Co_{1-x}O$，$Mn_{1-x}O$ 等，缺金属的氧化物的缺陷反应为

$$2O_O + 2M_M + \frac{1}{2}O_2(g) = V''_M + 2M_M^{\cdot} + 3O_O$$

或

$$\frac{1}{2}O_2(g) = V''_M + 2h^{\cdot} + O_O$$

式中，$M_M^{\cdot}$ 表示占据阳离子位置的空穴 $h^{\cdot}$，如 $M_M^{\cdot} = Co^{3+}, Fe^{3+}, Mn^{3+}$。上式是氧溶解在金属氧化物 MO 中的溶解反应，平衡浓度由溶解自由能 ΔG_0 决定：

$$\frac{4[V''_M]^3}{p_{O_2}^{1/2}} = K_0 = \exp\left(-\frac{\Delta G_0}{RT}\right) \qquad (5-26)$$

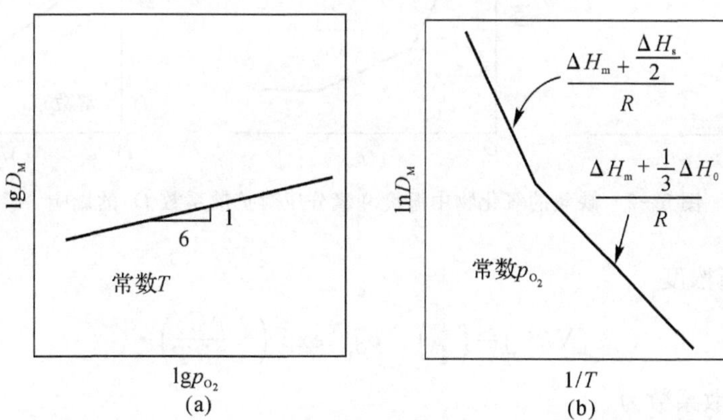

图 5-7　缺金属的氧化物中氧分压和温度对扩散系数 D_M 的影响

(a)氧分；(b)温度

在由上述溶解反应控制缺陷浓度的温度范围内，阳离子的扩散系数为

$$D_M = \gamma r^2 \nu_0 [V''_M] \exp\left(-\frac{\Delta G_m}{RT}\right) = \left(\frac{1}{4}\right)^{1/3} \gamma r^2 \nu_0 p_{O_2}^{1/6} \exp\left(-\frac{\Delta G_0}{3RT}\right) \exp\left(-\frac{\Delta G_m}{RT}\right) \tag{5-27}$$

温度和氧分压对 D_M 的影响如图 5-7 所示。不同温度时，所测得的钴的示踪扩散系数与氧分压的关系如图 5-8 所示。

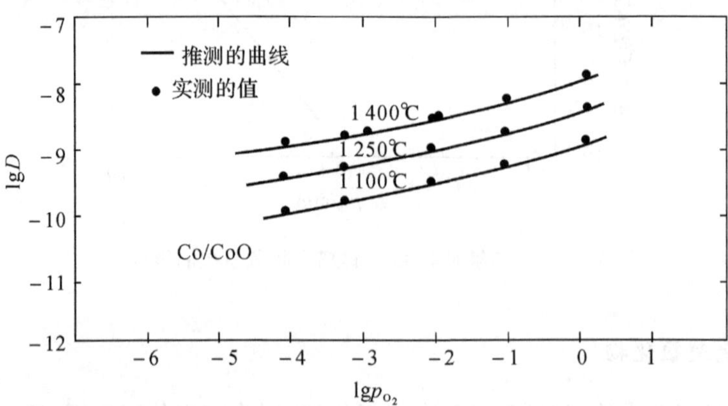

图 5-8　氧分压对 CoO 中钴示踪物扩散系数的影响

5.5.3　缺氧的氧化物

TiO_{2-x} 等缺氧的氧化物的缺陷反应为

$$O_O = V_O^{\cdot\cdot} + 2e' + \frac{1}{2}O_2(g)$$

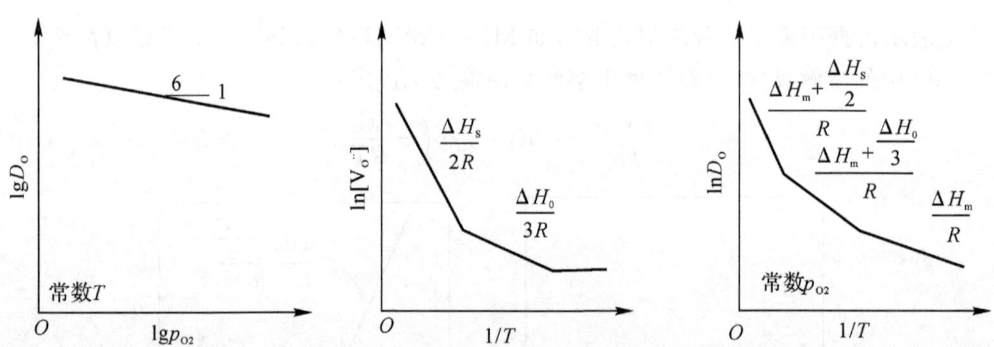

图 5-9　缺氧的氧化物中温度和氧分压对扩散系数 D_O 的影响

氧空位的平衡浓度

$$[V_O^{\cdot\cdot}] = \left(\frac{1}{4}\right)^{1/3} p_{O_2}^{-1/6} \exp\left(-\frac{\Delta G_0}{3RT}\right) \tag{5-28}$$

因此，氧的扩散系数为

$$D_O = \gamma r^2 \nu_0 [V_O^{\cdot\cdot}] \exp\left(-\frac{\Delta G_m}{RT}\right) =$$

$$\left(\frac{1}{4}\right)^{1/3} \gamma \cdot r^2 \nu_0 p_{O_2}^{-1/6} \exp\left(-\frac{\Delta G_0}{3RT}\right) \exp\left(-\frac{\Delta G_m}{RT}\right) \tag{5-29}$$

温度和氧分压对 D_0 的影响如图 5-9 所示。图中出现了三种可能的温度范围：

(1)低温区,氧空位浓度由杂质控制;

(2)中温区,氧的溶解度随温度而变化(非化学计量),氧空位浓度发生变化;

(3)高温区,热缺陷空位占支配地位。

5.6 影响扩散系数的其他因素

5.6.1 晶体结构(扩散介质)的影响

研究发现,如果熔点相似,通常金属的扩散系数大于离子晶体,而离子晶体又大于共价晶体,其扩散能够明显进行的温度分别为(0.3～0.4)T_m,(0.5～0.6)T_m和(0.8～0.9)T_m,即所谓泰曼温度具有很大的差别。

金属、离子晶体和共价晶体中质点迁移的主要方式一般都是空位机构,但是扩散活化能(空位迁移能 ΔH_m和空位形成能 ΔH_f之和)的数值不同。如 Ag 和 Ge 熔点相近,Ge 的自扩散活化能为 2 891 kJ · mol^{-1},而 Ag 自扩散的活化能仅为 184 kJ · mol^{-1},两者差值很大的根本原因是 Ge 晶体中共价键的方向性和饱和性限制了空位的迁移。

另外,共价晶体的晶体结构一般相对较空旷,如金刚石的原子空间堆积系数仅为 34%,但同样是由于键性的原因,间隙机构不适合于共价晶体。而当金属中的扩散原子尺寸较小时,间隙机构则有可能在扩散中占优势。例如体心立方格子 Fe 的原子空间堆积系数虽然高达 68%,但 C,H,N 原子在其间仍然可以凭借间隙机构进行扩散,并有较大的扩散系数。

5.6.2 晶体结构缺陷的影响

多晶陶瓷材料由不同取向的晶粒相互结合而成,因此存在着原子排列相对紊乱的、结构相对开放的晶界区域。实验表明,晶界上的扩散远比在晶体内部快得多,与晶界电荷相同的离子有选择性优先扩散的加强作用。

表面的质点被束缚得最弱,所以也是扩散最易进行的地方,实际测得金属银中 Ag 原子在表面、界面和体积内部的扩散活化能分别是 43 kJ · mol^{-1},85 kJ · mol^{-1}和 184 kJ · mol^{-1}。在离子晶体中,表面、界面和体积内部的扩散活化能之比一般为 0.5∶0.65∶1,而扩散系数如图 5-10 所示,各相差约 3～4 个数量级。

位错也是原子或离子进行扩散的快速通道,结构中位错密度越高,对扩散的贡献就越大。但是位错所占的面积与晶体的截面积的比值一般是 10^{-10}甚至更小,所以在总的扩散通量中所占比例不大。当温度较低时,表面、界面和位错的扩散分量比较大,随着温度的升高,晶体的体积内扩散变得越来越重要。如果晶粒尺寸小于 2μm,晶界的扩散分量可达到与晶体内同样的数量级。

5.6.3 扩散介质黏度的影响

一定的条件下,可以将扩散介质(如固相物质等)视为黏度系数为 η 的均一性介质,则其中半径为 r 的质点或者微粒在介质中进行扩散时,扩散系数为

$$D=\frac{kT}{6\pi\eta r} \tag{5-30}$$

式中，k 为玻耳兹曼常数。

扩散系数与扩散介质的黏度 η 有关，即具有一定扩散系数的扩散过程，可以视为扩散物质在具有一定黏度的均一性扩散介质中进行扩散。因此，扩散介质的黏度越大，则扩散系数越小，扩散速度也就越小。式(6-25)可以应用于玻璃、非晶态介质(如晶界)等扩散介质中的扩散过程。对于氧化物等各向异性较为显著的晶体结构中的扩散过程，其应用则有限制，物理意义也较为模糊。

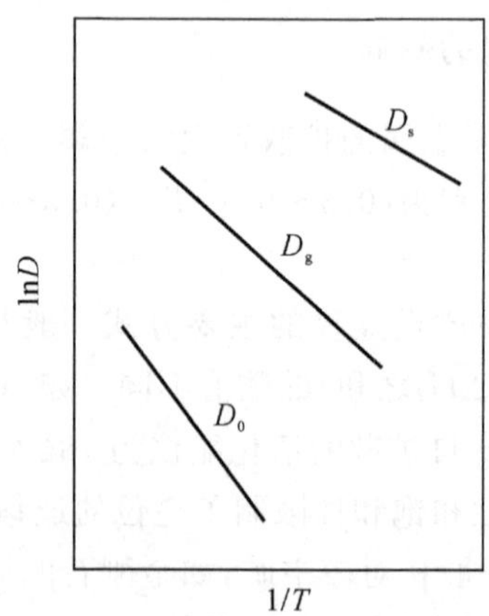

图 5-10　离子晶体的表面、晶界和体积内的扩散系数

思　考　题

1. Fe^{2+} 在 FeO 中的扩散活化能异常低，为 23kcal/mol，而 Mg^{2+} 在 MgO 中的扩散活化能则高得多，为 83kcal/mol，为什么？

2. 欲使 Ca^{2+} 在 CaO 中的扩散直至 CaO 的熔点(2 600℃)都是非本征扩散，要求三价杂质离子有什么样的浓度？(已知 CaO 的 Schtty 缺陷形成能为 6eV)

3. NaCl 的 SchttKy 缺陷形成能为 2.3eV，玻耳兹曼常数 k 为 8.616×10^{-5} eV · K^{-1}。分析在室温到熔融温度的范围内，少量 $ZnCl_2$ 添加剂(10^{-6} mol)对 NaCl 单晶中 Na^{+} 和 Cl^{-} 的扩散能力的影响。

4. 分析在贫铁的 Fe_3O_4 中 Fe^{2+} 扩散系数与氧分压的关系，以及在铁过剩的 Fe_2O_3 中氧扩散系数与氧分压的关系。

第6章 固相反应

固相反应是无机非金属材料生产过程中的基础反应，直接影响材料的生产过程和产品质量。与一般的气相、液相反应相比，固相反应在反应机理、动力学和研究方法等方面具有其特殊性。

6.1 固相反应的特点及分类

6.1.1 固相反应的特点

广义而言，凡是有固相参与的化学反应都是固相反应。例如固体的热分解、氧化反应，以及固体与固体、固体与液体之间的化学反应都属于固相反应的范畴。但是狭义而言，固相反应仅指固体与固体之间发生化学反应并生成新的固体产物的过程。

与一般的气相、液相反应相比，固相反应在反应机理和反应速率等方面有其自身的特点：

(1)与大多数气相、液相反应不同，固相反应属非均相反应。因此参与反应的固相相互接触是反应物间发生化学作用和物质输送的先决条件。

(2)固相反应开始温度常远低于反应物的熔点或系统低共熔温度。这一温度与反应物内部开始呈现明显扩散作用的温度相一致，常称为泰曼温度或烧结开始温度。不同物质的泰曼温度与其熔点(T_m)之间存在一定的关系。例如，金属的泰曼温度为(0.3～0.4)T_m；盐类和硅酸盐则分别为 0.57T_m和(0.8～0.9)T_m。

(3)当反应物之一存在多晶转变时，转变温度往往是反应开始变得显著的温度，这一规律常称为海德华定律。

由于固相反应中质点迁移速率远比气相与液相中慢，所以固相反应完成所需的时间往往很长，并且在许多系统中，反应很难达到完全的热力学平衡程度。

6.1.2 固相反应的一般历程

图 6-1 是固相 A 与 B 进行化学反应生成 C，然后 A 与 B 逆向通过 C 继续扩散到 B-AB 界面和 A-AB 界面继续进行反应的示意图。一般反应历程一开始是反应物颗粒之间的混合接触，并在表面发生化学反应形成细薄且含大量结构缺陷的新相；随后发生产物新相的结构调整和晶体生长；当反应颗粒之间形成的产物层达到一定厚度时，进一步的反应将依赖于一种或几种反应物通过产物层的扩散而得以进行，这种物质的输运过程可以通过晶体的晶格内部、表面、晶界、位错或由于反应物和产物体积不同引起的晶体裂纹进行扩散。

图 6-2 是 ZnO 和 Fe_2O_3反应生成 $ZnFe_2O_4$尖晶石的固相反应过程中物理和化学性质的变化。这些变化反映出系统在加热过程中发生的物理、化学变化。首先是通过较低温度时的表面扩散进行表面反应，因为新生成的产物相结构极不完整，所以催化活性增大；然后是表面

产物层得到巩固，这种现象在图 6-2 中对应于 500℃左右体系催化活性的降低；接着是反应物扩散到另一反应物内部进行反应和产物晶体的生长，可能因为新旧相的体积不同而产生裂纹等原因，使催化活性重新增加；最后是晶格调整和缺陷的校正和消除，从而催化活性又趋降低。

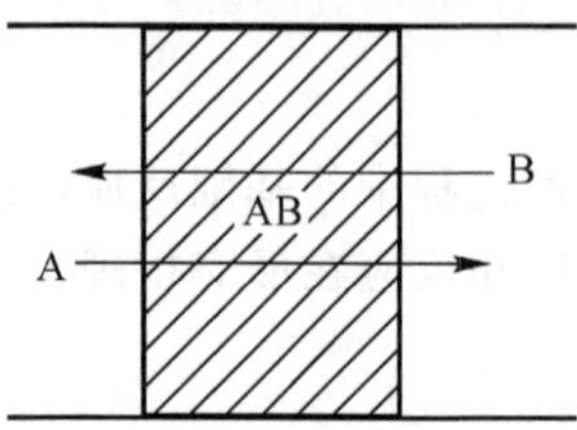

图 6-1 固相 A 与 B 进行化学反应的示意图

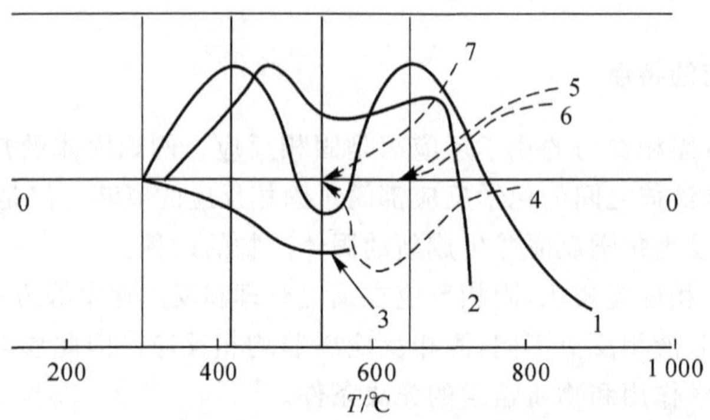

图 6-2 $ZnO+Fe_2O_3 \rightarrow ZnFe_2O_4$反应过程中系统的性质变化

1—对 $2CO+O_2 \rightarrow 2CO_2$反应的催化活性；2—对 $2N_2O \rightarrow 2N_2+O_2$反应的催化活性

3—对色剂的吸附性能；4—密度；5—$ZnFe_2O_4$的 X 射线强度；6—荧光性；7—磁化率

不同的固相反应系统，各有其自身的特性，但是以上物理化学过程是相当具有共性的。对于广义的固相反应而言，由于存在气相或液相，反应所需的传质过程往往可能通过气相或液相进行，此时气相与液相对固相反应具有重要作用。

固相反应的历程是复杂的，是由许多方面的过程组成的，一般至少在固体内部或外部有一个或两个过程（环节）起着控制整个固相反应速度的作用，它可能是化学反应或扩散，也可能是新相的生长速率或体系内的能量传输速率等。

6.1.3 固相反应的分类

在固相反应的研究中，通常将固相反应按照反应物的聚集状态、反应的性质或反应进行的机理进行分类。按照反应物的聚集状态划分，固相反应可以分成纯固相反应、有气相参与的反应和有液相参与的反应等；按照反应的性质划分，固相反应可以分成氧化反应、还原反应、加成反应、置换反应和分解反应等；按照反应进行的机理划分，固相反应可以分成化学反应速率控制的过程、晶体长大控制的过程和扩散控制过程等。

分类研究方法强调了问题的某一个方面，以寻找其内部规律性；实际上不同性质反应的反应机理可以相同也可以不相同，即使是同一系统，外部条件的变化也可能导致反应机理的改变。因此，要真正了解固相反应所遵循的规律，在分类研究的基础上还必须对过程作进一步的综合分析。

6.1.4 固相反应中相图的应用

固相反应的推动力是反应温度、压力条件下反应产物和反应物的自由能差；在反应过程中，反应物质点的化学势梯度是反应系统中位置的函数，决定着质量的流动方向。固相反应就是非平衡状态向平衡状态靠近的过程。对于固相反应体系的平衡关系，利用相图进行研究比较方便。相图通常是表示完全的平衡关系，与反应系统平均组成或反应局部系统平均组成与温度的关系相对应，能够了解哪种相之间有平衡关系，哪种反应能够进行。

在实际的固相反应中，当反应物之间可能存在两个以上反应物时，有时反应不是一步完成的，而是会经由一个或几个介稳的中间产物直至最后完成，通常称为连续反应，即奥斯特华德(Ostwald)定律。连续反应在各种反应类型中都可能出现，对于掌握和控制反应的进程是很重要的。

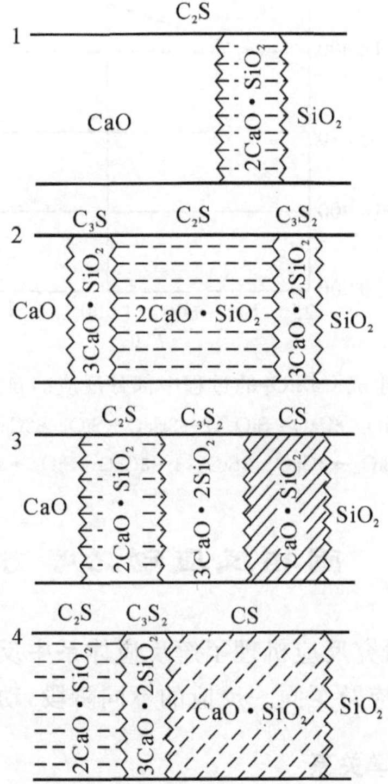

图 6-3 $CaO+SiO_2$系统反应生成钙硅酸盐过程的示意图

例如 CaO 与 SiO_2进行固相反应生成钙硅酸盐，CaO 与 SiO_2之间可以形成 CS，C_2S，C_3S_2和 C_3S 四种化合物(C 代表 CaO，S 代表 SiO_2)。实验中发现该系统进行固相反应时，最初产物往往是 C_2S，且中间产物组成与配料成分的比例无关，最终产物的组成与配料成分趋于一致。图 6-3 是 $CaO+SiO_2$系统反应生成钙硅酸盐过程的示意图。图 6-4 是生成 $CaSiO_3$的过程中部分反应的自由能变化。如图 6-3 所示，当配料组成为 $n(CaO):n(SiO_2)=1:1$ 时，反应首先形成 C_2S，进而有 C_3S_2和 C_3S 生成，最后才转变为 CS，这与图 6-4 中在1 000～

1 400℃范围内形成各种钙硅酸盐时自由能变化的顺序相一致。其中的规律是：最初的产物往往是熔点最高即在高温下最稳定的化合物，最终产物通常可依据配料组成由相图确定。如 $MgO-SiO_2$ 系统的固相反应，最初产物往往是熔点较高的镁橄榄石 Mg_2SiO_4，即使起始配料组成和原顽辉石完全一样，为 $n(MgO):n(SiO_2)=1:1$。这主要是因为固相反应是非均相反应，其反应主要在界面上进行，所以在反应的初始与中间阶段，局部的反应一定程度上都会独立地按照自由能下降的方向进行。这也是固相反应需要很长时间，否则往往得不到预想结果的重要原因之一。

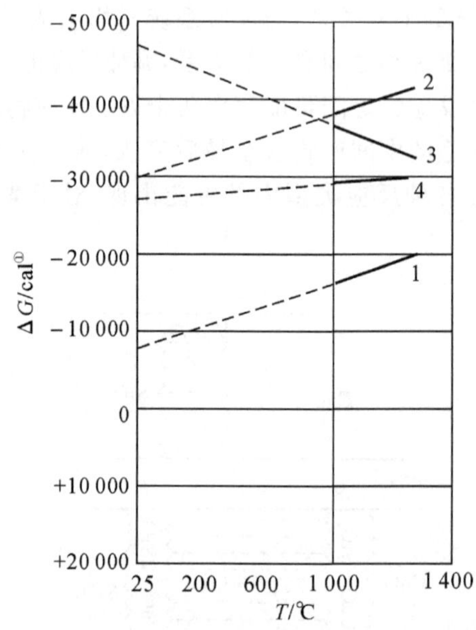

图 6-4　生成 $CaSiO_3$ 的过程中部分反应的自由能变化

1—$CaO+SiO_2 \rightarrow CaO \cdot SiO_2$；2—$2CaO+SiO_2 \rightarrow 2CaO \cdot SiO_2$；

3—$3CaO+2SiO_2 \rightarrow 3CaO \cdot 2SiO_2$；4—$3CaO+SiO_2 \rightarrow 3CaO \cdot SiO_2$

6.2　固相反应动力学方程

固相反应动力学旨在通过研究反应机理了解反应体系中反应随时间变化的规律。由于固相反应的机理多种多样，不同反应乃至同一反应的不同阶段，动力关系也往往不同。

6.2.1　固相反应一般动力学关系

固相反应通常是由几个简单的物理化学过程，如化学反应、扩散、结晶、熔融和升华等步骤构成。整个反应的速率受到所涉及的各个动力学阶段的速率影响。所有环节中速率最慢的阶段，将对整体反应速率有着决定性的影响。

以金属氧化过程为例，建立反应系统的整体反应速率与各阶段反应速率间的定量关系。

金属 M 表面的氧化反应模型如图 6-5 所示，反应方程式为

①1 cal=4.186 8 J。

$$M(s)+\frac{1}{2}O_2(g)\rightarrow MO(s)$$

经过 t 时间后，金属 M 表面已形成厚度为 δ 的产物层 MO。进一步的反应将由氧通过产物层 MO 扩散到 M－MO 界面以及氧与金属反应两个过程组成。

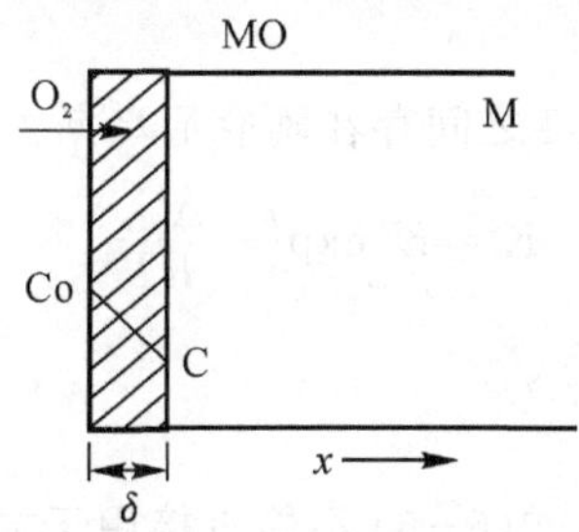

图 6－5 金属 M 表面的氧化反应模型

根据化学反应动力学一般原理和扩散第一定律，单位面积界面上金属的氧化速率为

$$c_R = Kc \tag{6-1}$$

氧的扩散速率为

$$v_D = D\frac{dc}{dx} = D\frac{c_0 - c}{\delta} \tag{6-2}$$

式中 K—— 化学反应速率常数；

c_0—— 金属 M 表面处氧的浓度；

c—— M－O 界面处氧的浓度；

D—— 氧在产物层中的扩散系数。

显然，当整个反应过程达到稳定时系统的整体反应速率为

$$v = v_R = v_D \tag{6-3}$$

将式(6－1) 和式(6－2) 代入式(6－3)，得

$$\frac{1}{v} = \frac{1}{Kc_0} + \frac{1}{Dc_0/\delta} \tag{6-4}$$

由此可见，由扩散和化学反应两个过程构成的固相反应的整体反应速率的倒数为扩散最大速率的倒数和化学反应最大速率的倒数之和。若将反应速率的倒数理解成反应的阻力，则反应的总阻力等于各环节分阻力之和。如果固相反应不仅包括化学反应和物质扩散，还包括结晶、熔融、升华等物理化学过程，那么固相反应总速率的倒数将是上述各环节的最大可能速率的倒数之和。

为了确定过程总的动力学速率，对整个过程中各个基本步骤的具体动力学关系加以确定是必须予以解决的问题。例如，若固相反应各环节中物质扩散的速率较其他各环节都慢得多，则可以认为反应阻力主要来源于扩散，如果其他各项阻力与扩散项阻力相比可以忽略，则扩散速率完全控制反应速率。其他情况也可据此类推。

6.2.2 化学反应动力学范围

化学反应是固相反应过程的基本环节。已知对于均相的二元反应系统，如果化学反应为 $mA + nB \rightarrow pC$，则化学反应速率的一般表达式为

$$V_R=\frac{\mathrm{d}c_C}{\mathrm{d}t}=Kc_{\mathrm{A}}^{m}c_{\mathrm{B}}^{n} \tag{6-5}$$

式中 c_{A}—— 反应物A的浓度；

c_{B}—— 反应物B的浓度；

c_{C}—— 产物C的浓度；

K—— 反应速率常数，与温度之间存在阿仑尼乌斯关系：

$$K=K_0\exp\left(-\frac{\Delta G_{\mathrm{R}}}{RT}\right) \tag{6-6}$$

式中 K_0—— 常数；

ΔG_{R}—— 反应活化能。

然而，对于非均相的固相反应，式(6-6)不能直接用于描述化学反应的动力学关系。对于大多数固相反应，浓度的概念对反应整体已失去了意义。多数固相反应以固相反应物间的直接接触为基本条件。因此在固相反应中将引入转化率G的概念，取代式(6-5)中的浓度，同时还考虑了反应过程中反应物间的接触面积F。

转化率是指参与反应的一种反应物在反应过程中被反应的体积分数，该种反应物的量按照化学配比在理论上能完全被反应。设反应物为半径为R的球状颗粒，经过t时间反应后，反应物颗粒外层x厚度已被反应，定义转化率G为

$$G=\frac{R^3-(R-x)^3}{R^3}=1-\left(1-\frac{x}{R}\right)^3 \tag{6-7}$$

因此，固相反应的化学反应动力学的一般方程式为

$$\frac{\mathrm{d}G}{\mathrm{d}t}=KF\ (1-G)^n \tag{6-8}$$

式中 n—— 反应级数；

K—— 反应速率常数；

F—— 反应截面积。

在式(6-5)中，浓度c既反映了反应物的数量，又反映了反应物中接触或碰撞的概率；而在式(6-8)中，反应截面积F和剩余转化率$(1-G)$充分反映了这两个因素。

如果反应物颗粒为球形，则反应截面积为

$$F=4\pi\ (R-x)^2=4\pi R^2\ (1-G)^{\frac{2}{3}}$$

对于零级反应，式(6-8)简化为

$$\frac{\mathrm{d}G}{\mathrm{d}t}=KF=4\pi KR^2\ (1-G)^{\frac{2}{3}}=K_0\ (1-G)^{\frac{2}{3}} \tag{6-9}$$

对式(6-9)积分，考虑初始条件$t=0, G=0$，得

$$F_0(G)=1-(1-G)^{\frac{1}{3}}=K_0t \tag{6-10}$$

对于一级反应，式(6-8)简化为

$$\frac{\mathrm{d}G}{\mathrm{d}t}=KF(1-G)=4\pi KR^2\ (1-G)^{\frac{5}{3}}=K_1\ (1-G)^{\frac{5}{3}} \tag{6-11}$$

对式(6-11)积分，考虑初始条件$t=0, G=0$，得

$$F_1(G)=\left[(1-G)^{-\frac{2}{3}}-1\right]=K_1t \tag{6-12}$$

式(6-12)就是反应截面按照球状模型变化时，一般固相反应的转化率或反应速率与时间的函数关系。

碳酸钠和二氧化硅粉体在740℃进行固相反应 $Na_2CO_3 + SiO_2 \rightarrow Na_2O \cdot SiO_2 + CO_2(g)$，如果颗粒 $R=0.036$ mm，并加入少许NaCl作为溶剂，整个反应的动力学过程完全符合式(6-12)，如图6-6所示，转化率 G 与 t 之间关系很好地符合式(6-11)，说明该反应体系在该反应条件下，反应总速率为化学反应动力学过程所控制，而扩散的阻力相对较小，可忽略不计，且反应属于一级化学反应。

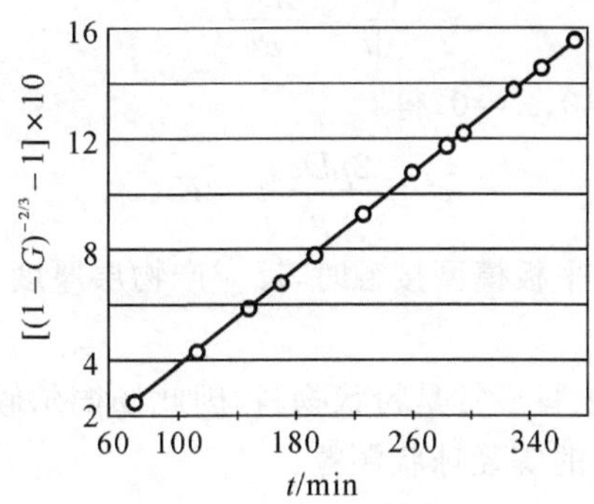

图6-6 NaCl参与的 $Na_2CO_3 + SiO_2 \rightarrow Na_2O \cdot SiO_2 + CO_2(g)$ 的反应动力学曲线(740℃)

6.2.3 扩散动力学范围

固相反应一般都伴随有物质的迁移。由于在固相中的扩散速率通常较为缓慢，因而在多数情况下，扩散速率控制整个反应的速率。根据反应截面的形状和变化情况，扩散控制的反应动力学方程也将不同。在众多的反应动力学方程式中，基于平板模型和球体模型推导的杨德尔方程和金斯特林格方程具有一定的代表性。

6.2.3.1 杨德尔方程

如图6-7(a)所示，假设反应物A和B以平板模型相互接触反应和扩散，形成厚度为 x 的产物AB层，随后A质点通过AB层扩散到AB-B界面继续反应。如果界面化学反应速率远大于扩散速率，则固相反应过程由扩散控制。经过 dt 时间，通过AB层单位截面的A物质量为 dm。在反应过程中的任一时刻，反应界面AB-B处A物质的浓度为零，而界面AB-A处A物质的浓度为 c_0。根据扩散第一定律

$$\frac{dm}{dt}=D\left(\frac{dc}{dx}\right)_{\xi=x} \tag{6-13}$$

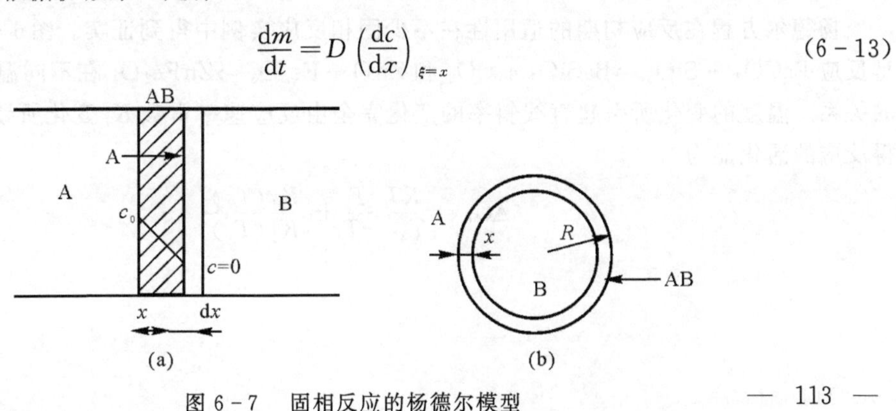

图6-7 固相反应的杨德尔模型

该反应产物 AB 密度为 ρ，相对分子质量为 μ，则

$$dm=\frac{\rho dx}{\mu}$$

考虑该扩散属于稳定扩散，因此有

$$\left(\frac{dc}{dx}\right)_{\xi=x}=\frac{c_0}{x}$$

因此

$$\frac{dx}{dt}=\frac{\mu D c_0}{\rho x} \tag{6-14}$$

对上式积分，考虑边界条件 $t=0, x=0$，得

$$x^2=\frac{2\mu D c_0}{\rho}t=Kt \tag{6-15}$$

式(6-15)说明，反应物以平板模型接触时，反应产物层厚度与时间的平方根成正比，称之为抛物线速率方程式。

实际情况中，固相反应的原料通常是粉状物料，因此杨德尔假设：

(1) 反应物 B 是半径为 R 的等径球状颗粒；

(2) 反应物 A 是扩散相，A 向 B 的扩散速率远大于 B 向 A 的扩散速率，A 成分总是包裹着 B 颗粒，即在系统中只有 A 做单向扩散，反应自 B 颗粒的球面向中心进行，如图 6-7(b) 所示。根据式(6-7)，产物层厚度

$$x=R\left[1-(1-G)^{\frac{1}{3}}\right]$$

将上式代入式(6-15)，得到杨德尔方程的积分式为

$$x^2=R^2\left[1-(1-G)^{\frac{1}{3}}\right]^2=Kt \tag{6-16a}$$

或

$$F_J(G)=\left[1-(1-G)^{\frac{1}{3}}\right]^2=\frac{K}{R^2}t=K_J t \tag{6-16b}$$

对式(6-16)微分，得到杨德尔方程的微分式为

$$\frac{dG}{dt}=K_J\frac{(1-G)^{\frac{2}{3}}}{1-(1-G)^{\frac{1}{3}}} \tag{6-17}$$

杨德尔方程在较长时间内是比较经典的描述扩散控制粉体系统的固相反应动力学方程。但由于该方程是将球状模型的转化率代入平板模型的抛物线速率方程得到的，没有考虑反应截面 F 的变化，因此杨德尔方程只适用于反应初期即反应转化率较小(或 x/R 较小)的情况。

杨德尔方程在反应初期的适用性在不少固相反应实例中得到证实。图 6-8 和图 6-9 分别是反应 $BaCO_3+SiO_2 \rightarrow BaSiO_3+CO_2$ 和 $ZnO+Fe_2O_3 \rightarrow ZnFe_2O_4$ 在不同温度下 $F_J(G)$ 与 t 的关系。温度的变化所引起直线斜率的变化完全由反应速率常数 K_J 变化所致，由此变化可求得反应的活化能为

$$\Delta G_R=\frac{RT_1T_2}{T_2-T_1}\ln\frac{K_J(T_2)}{K_J(T_1)} \tag{6-18}$$

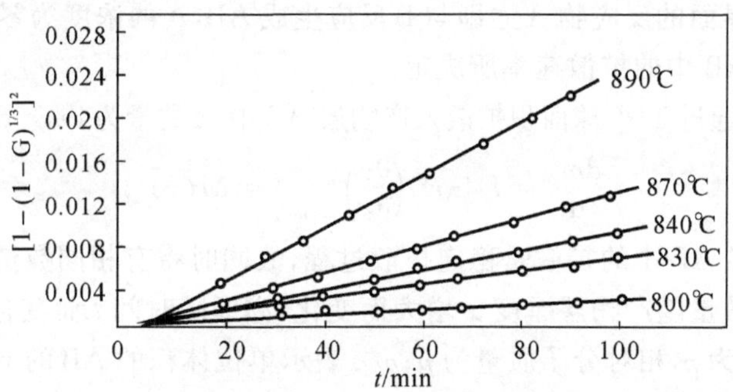

图 6-8　$BaCO_3 + SiO_2 \rightarrow BaSiO_3 + CO_2$ 的生成反应动力学(按杨德尔方程)

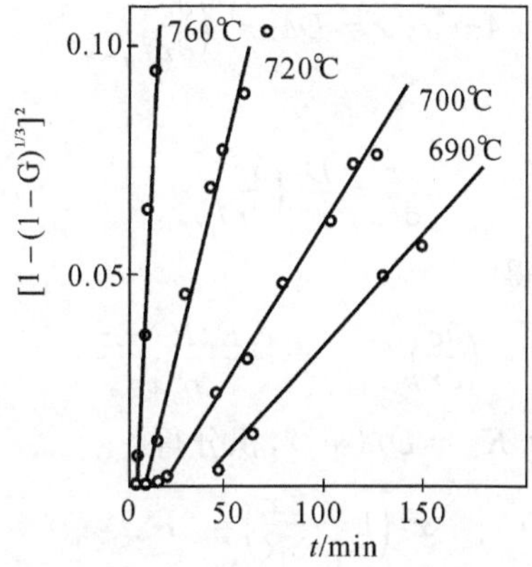

图 6-9　$ZnFe_2O_4$ 的生成反应动力学

6.2.3.2　金斯特林格方程

针对杨德尔方程只适用于转化率较小的情况,金斯特林格考虑了在反应过程中反应截面随反应进程变化的事实,认为实际反应开始以后产物层是一球壳而不是一个平面。

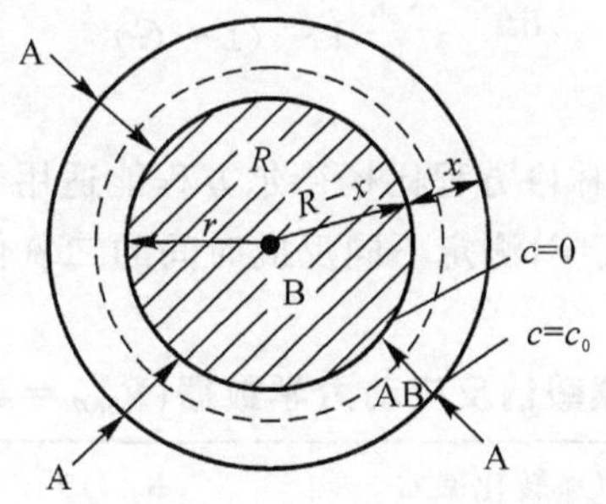

图 6-10　固相反应的金斯特林格模型

金斯特林格提出了如图6-10所示的反应扩散模型。在反应物A和B混合均匀后,若A熔点低于B,A可以通过表面扩散或通过气相扩散而布满B的整个表面。在产物层AB生成之后,反应物A在产物层中的扩散速率将远大于B,并且在整个反应过程中,球壳形产物层的外壁(A-AB界面),扩散相A浓度为 c_0,而产物层内壁(B-AB界面),由于化学反应速率远大于扩散速率，扩散到B界面的反应物A立即与B反应生成AB，A的浓度为零，故整个反应的速率完全由A在产物层AB中的扩散速率所决定。

假设单位时间内通过 $4\pi r^2$ 球面积扩散入产物层AB中A的量为 $\mathrm{d}m_A/\mathrm{d}t$，根据扩散第一定律

$$\frac{\mathrm{d}m_A}{\mathrm{d}t}=D4\pi r^2\left(\frac{\partial c}{\partial r}\right)_{r=R-x}=M(x) \tag{6-19}$$

假定A在产物层AB中的扩散是稳定扩散过程，故同时将有相同数量的A扩散通过任一指定的 r 球面，但扩散量随产物层厚度 x 增大而变化，亦即随时间 t 而变化，其量为 $M(x)$。若反应产物AB的密度为 ρ，相对分子质量为 μ；ρ/μ 表示单位体积的AB的mol数，n 是反应的化学计量常数，即与1 mol B反应所需A的mol数，令 $\rho n/\mu=\varepsilon$，ε 表示生成单位体积AB所需A的mol数，这时产物层 $4\pi r^2\mathrm{d}x$ 体积中积聚的 A 的量为

$$4\pi r^2\varepsilon\mathrm{d}x=D4\pi r^2\left(\frac{\partial c}{\partial r}\right)_{r=R-x}$$

故

$$\frac{\mathrm{d}x}{\mathrm{d}t}=\frac{D}{\varepsilon}\left(\frac{\partial c}{\partial r}\right)_{r=R-x} \tag{6-20}$$

由式(6-19)移项并积分，得

$$\left(\frac{\partial c}{\partial r}\right)_{r=R-x}=\frac{c_0R(R-x)}{r^2x} \tag{6-21}$$

将式(6-21)代入式(6-20)，令 $K_0=D/(\varepsilon c_0)$，积分得

$$x^2\left(1-\frac{2x}{3R}\right)=2K_0t \tag{6-22}$$

将球形颗粒转化率关系式代入式(6-22)，整理后即可得出以转化率 G 表示的金斯特林格动力学方程的积分式

$$F_K(G)=1-\frac{2}{3}G-(1-G)^{\frac{2}{3}}=\frac{2D\mu c_0}{R^2\rho n}t=K_Kt \tag{6-23}$$

和微分式

$$\frac{\mathrm{d}G}{\mathrm{d}t}=K'_K\frac{(1-G)^{\frac{1}{3}}}{1-(1-G)^{\frac{1}{3}}} \tag{6-24}$$

式中，$K'_K=K_K/3$。

许多实验研究表明，金斯特林格方程比杨德尔方程能适用于更大的反应程度。例如，碳酸钠与二氧化硅在820℃的固相反应，测定不同反应时间的二氧化硅转化率 G，得到表6-1所示的实验数据。

表6-1　二氧化硅-碳酸钠反应动力学数据($R_{SiO_2}=0.036$ mm，$T=820$℃)

时间 /min	SiO_2 转化率 G	$K_K/10^4$	$K_J/10^4$
41.5	0.245 8	1.83	1.81
99.5	0.368 6	1.83	2.02
168.0	0.454 0	1.83	2.10
222.0	0.519 6	1.83	2.14
296.0	0.587 6	1.83	2.20
332.0	0.615 6	1.83	2.25

将实验结果代入金斯特林格方程，当转化率为 0.246 ～ 0.616 时，$F_K(G)$ 与 t 的线性关系相当好，其速率常数 K_K 等于 1.83。如果以杨德尔方程处理实验数据，$F_J(G)$ 与 t 线性关系很差，K_J 值从 1.81 偏离到 2.25。因此，如果说金斯格林方程能够描述转化率很大情况下的固相反应，那么杨德尔方程只能描述转化率较小情况下的固相反应。

虽然金斯特林格方程并非十分完善，例如，没有考虑产物与生成物之间的体积变化，反应物并非都可以简化成等径的球体状，在推导方程的过程中以单向稳定扩散为前提等，但是该方程能较好地适合许多由扩散控制的固相反应全过程，所以是比较成功的。

6.3　影响固相反应的因素

由于固相反应过程涉及相界面的化学反应和相内部或外部的物质输送等若干环节，所以除了反应物的化学组成、特性和结构状态以及温度、压力等因素外，凡是可能活化晶格和促进物质的内外传输作用的因素都会影响反应。

6.3.1　反应物化学组成与结构的影响

反应物化学组成与结构是影响固相反应的内因和决定反应方向和反应速率的重要因素。从热力学角度来看，在一定温度、压力条件下，反应可能进行的方向是自由能减少（$\Delta G < 0$）的方向，而且 ΔG 的绝对值越大，反应的热力学推动力也越大。从结构观点来看，反应物的结构状态、质点间的化学键性质以及各种缺陷的数量都对反应速率产生影响。事实表明，由于热历史的不同，同组成反应物的结晶状态、晶型会出现很大的差别，从而影响物质的反应活性。

例如用氧化铝和氧化钴生成钴铝尖晶石（$Al_2O_3 + CoO \rightarrow CoAl_2O_4$）的反应中，如果分别采用低温轻烧 Al_2O_3 和在高温死烧 Al_2O_3 做原料，反应速率可相差近 10 倍。研究表明，轻烧 Al_2O_3 在反应中存在 $\gamma - Al_2O_3 \rightarrow \alpha - Al_2O_3$ 的多晶转变，大大提高了 Al_2O_3 的反应活性，即物质在相转变温度附近质点可动性显著增大，晶格松懈、结构内部缺陷增多，故而反应和扩散能力增强。因此在生产实践中，可以利用多晶转变、热分解和脱水反应等过程引起的晶格活化效应处理反应原料、设计反应工艺条件，以提高生产效率。

在同一反应系统中，固相反应速率还与各反应物间的比例有关，如果 A 与 B 反应形成产物 AB，改变 A 与 B 的比例会影响反应物表面积和反应截面积的大小，从而改变产物层的厚度，影响反应速率。例如增加反应混合物中“遮盖”物的含量，则反应物接触机会和反应截面就会增加，同样量的产物层被摊薄，相应的反应速率就会增加。

6.3.2　反应物颗粒尺寸及分布的影响

反应物颗料尺寸对反应速率的影响，首先在杨德尔动力学方程式和金斯特林格动力学方程式中得到反映：反应速率常数 K 值反比于颗粒半径的平方（R^2）。因此，在其他条件不变的情况下，反应速率受颗粒尺寸大小的影响极大。

颗粒尺寸对反应速率产生影响是通过改变反应界面或扩散截面的大小以及改变颗粒表面结构等来完成的。颗粒尺寸越小，反应体系比表面积越大，反应界面和扩散截面相应增加，因此反应速率增大。根据威尔表面学说，随颗粒尺寸减小，键强分布曲线变平，弱键比例增加，故而使反应和扩散能力增强。

同一反应体系中，如果反应物颗粒尺寸不同，反应机理也可能会发生变化而归属不同动力学控制范围。例如 $CaCO_3$ 和 MoO_3 反应，$CaCO_3+MoO_3 \rightarrow CaMoO_4+CO_2(g)$，如果等摩尔比的反应物在较高温度(620℃)下反应，若 $CaCO_3$ 颗粒半径大于 MoO_3，则反应由扩散过程控制，反应速率随 $CaCO_3$ 的颗粒半径减小而加速；如果 $CaCO_3$ 颗粒半径小于 MoO_3，且体系中存在过量的 $CaCO_3$ 时，由于产物层变薄，扩散阻力减少，反应由 MoO_3 的升华过程控制，随着 MoO_3 颗粒半径减小而加速。图 6-11 是 $CaCO_3$ 与 MoO_3 反应受 MoO_3 升华控制的动力学情况，其动力学规律符合由布特尼柯夫和金斯特林格推导的升华控制动力学方程

$$F(G)=1-(1-G)^{\frac{2}{3}}=Kt \tag{6-25}$$

在实际生产中，控制反应物料粒径，以获得尺寸均等的反应物料往往是不可能的，这时反应物料粒径的分布对反应速率的影响同样重要。理论分析表明，由于物料颗粒大小以平方关系影响着反应速率，颗粒尺寸分布越是集中对反应速率越是有利，少数大颗粒反应物的存在往往使反应难以进行彻底。因此在生产工艺中，需要缩小颗粒尺寸分布范围，以避免少量较大尺寸颗粒的存在而显著延缓反应进程。

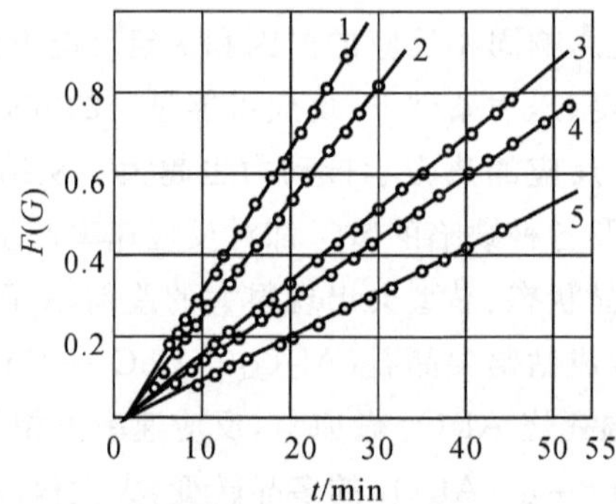

图 6-11　620℃时受 MoO_3 升华控制的 $CaCO_3$ 与 MoO_3 反应动力学

$r(CaCO_3)<0.03$mm，$[CaCO_3]:[MoO_3]=15:1$

1—$r(MoO_3)=0.052$ mm；2—$r(MoO_3)=0.064$ mm；3—$r(MoO_3)=0.119$ mm；

4—$r(MoO_3)=0.130$ mm；5—$r(MoO_3)=0.13$ mm

6.3.3　反应温度和压力与气氛的影响

温度是影响固相反应速度的重要外部条件之一。一般可以认为，温度升高均有利于反应进行。这是由于温度升高，固体结构中质点热振动动能增大、反应能力和扩散能力均得到增强的原因所致。对于化学反应其速率常数

$$K=A\exp\left(-\frac{\Delta G_R}{RT}\right)$$

式中　ΔG_R—— 化学反应活化能；

A —— 与质点活化机构相关的因子。

对于扩散过程，其扩散系数为

$$D=D_0\exp\left(-\frac{Q}{RT}\right)$$

无论是扩散控制或化学反应控制的固相反应，温度的升高都将提高扩散系数或反应速率常数。因为化学反应活化能 ΔG_R 通常比扩散活化能 Q 大，所以温度的变化对化学反应的影响远大于对扩散的影响。

压力是影响固相反应的另一外部因素。对于纯固相反应，压力的提高可显著地改善粉料颗粒之间的接触状态，如缩短颗粒间距，增加接触面积等，从而提高固相反应速率。但是对于有液相或气相参与的固相反应，扩散不是通过固相质点的直接接触进行，因此提高压力有时并不表现出积极作用，甚至会适得其反。例如黏土矿物脱水反应和伴有气相产物的热分解反应以及某些由升华控制的固相反应等，增加压力可能会使反应速率下降。

气氛对固相反应也有重要影响，可以通过改变固体吸附特性而影响表面反应活性。对于一系列能形成非化学计量的化合物如 ZnO，CuO 等，气氛可直接影响晶体表面缺陷的浓度和扩散速率。

6.3.4 矿化剂及其他影响因素

在固相反应体系中可以加入少量非反应物物质，它们在反应过程中不与反应物或反应产物起化学反应，却以不同的方式和程度影响着反应的某些环节，这些物质被称为矿化剂。实验表明，矿化剂可以产生如下作用：

(1)影响晶核的生成速率；

(2)影响结晶速率及晶格结构；

(3)降低体系共熔点，改善液相性质等。

例如在 Na_2CO_3 和 Fe_2O_3 反应体系中加入 NaCl，可以使反应转化率大约提高 0.5～0.6 倍。而且颗粒尺寸越大，这种矿化效果越明显。在硅砖中加入 1%～3%(Fe_2O_3＋CaO)作为矿化剂，能使大部分 α-石英不断溶解，同时不断析出 α-鳞石英，从而促使了 α-石英向 α-鳞石英的转化。实验表明，在 $A1_2O_3$-SiO_2 系统中唯一的化合物莫来石($3A1_2O_3 \cdot 2SiO_2$)，如果无液相参与，仅通过纯固相反应是难以合成的。矿化剂的矿化机理是复杂多样的，可因反应体系的不同而不同，但可以认为矿化剂总是以某种方式参与到反应过程中去的。

以上从物理化学角度对影响固相反应速率的诸因素进行了分析讨论，但必须提出，实际生产科研过程中遇到的各种影响因素可能会更多更复杂。例如水泥工业中的碳酸钙分解速率，除遵循物理化学一般基本规律外，还与工程上的传质换热效率有关。在相同温度下，普通旋窑中的分解率要低于窑外分解炉中的分解率。这是因为在分解炉中处于悬浮状态的碳酸钙颗粒在传质换热条件上比普通旋窑中好得多。因此从反应工程的角度考虑传质传热效率对固相反应的影响是具有同样重要性的。由于硅酸盐材料的生产通常都要求高温条件，此时传热速率对反应进行的影响极为显著。例如把石英砂压成直径为 50 mm 的球，大约以 8℃/min 的速率进行加热，使之进行 $\beta \Leftrightarrow \alpha$ 相变反应，大约需 75 min 完成。而在同样加热速率下，用相同直径的石英单晶球做实验，则相变所需时间仅为 13 min。产生这种差异的原因除两者的传热系数不同外(单晶体大约为 $5.23 W \cdot m^{-2} \cdot K^{-1}$，而石英砂球大约为 $0.58 W \cdot m^{-2} \cdot K^{-1}$)，还由于石英单晶是透辐射的，其传热方式不同于石英砂球。因此相变反应不是在依序向球中心推进的界面上进行，而是在具有一定厚度范围内以至于在整个体积内同时进行，从而大大加速了相变反应的速率。

思 考 题

1. 分析影响固相反应的因素。

2. 比较杨德尔方程和金斯特林格方程的优缺点及其适用条件。

3. 如果 NiO 和 Cr_2O_3 球形颗粒之间反应生成 $NiCr_2O_4$ 是通过产物层扩散进行的，若 1 300℃时 $D_{Cr^{3+}} \gg D_{Ni^{2+}} > D_{O^{2-}}$，控制 $NiCr_2O_4$ 生成速率的扩散是哪一种离子的扩散？为什么？分析这一反应早期的转化率与时间之间的关系应符合哪个动力学方程？

4. 为观察尖晶石的形成，用过量的 MgO 粉包围 1 μm 的 Al_2O_3 球形颗粒，在固定温度实验中的第 1 小时内有 20% 的 Al_2O_3 反应形成尖晶石。分别计算未做球形几何修正以及做出了球形几何修正时的完全反应时间。

第7章 烧结过程

在陶瓷和耐火材料的生成过程中，烧结是必不可少的环节。烧结的定义是固体粉料成型体，在低于其熔点的温度下加热，使物质自发地充填颗粒间的空隙，使成型体的致密度和强度增加，成为具有一定性能和几何外形的整体。烧结过程中要发生多种物理、化学和物理化学的变化，如脱水、热分解、多晶转变、熔融、固相反应、析晶和晶粒长大等。烧结过程可以有液相参加，也可以只有固相参加；可以有化学反应，也可以没有化学反应。水泥熟料在高温下进行处理，是为了通过固相反应得到所需的相，但是由于处理后粉料球团变得坚硬和致密，因此也称之为烧成。

烧结对于陶瓷材料、耐火材料及粉末冶金材料的最终产品性能具有极大的影响，因此探讨烧结的机理，了解其定性甚至定量的规律具有重要的意义。

7.1 烧结的推动力和传质机理

由于烧结过程的复杂性，虽然已对其进行了大量的研究，但迄今为止仍未建立统一的较为普遍的理论体系。已有的研究，基本上是根据伴随烧结的宏观变化，用很简化的模型来研究烧结的机理和动力学关系。

7.1.1 烧结过程的描述

图 7-1 是电解铜粉成型体在氢气氛下烧结时，烧结温度对铜粉烧结体性质的影响。密度、电导率和抗拉强度随着温度的升高而增高，但是密度的增加是在温度进一步提高时才快速增大。铜粉颗粒在烧结过程中的变化如图 7-2 所示。

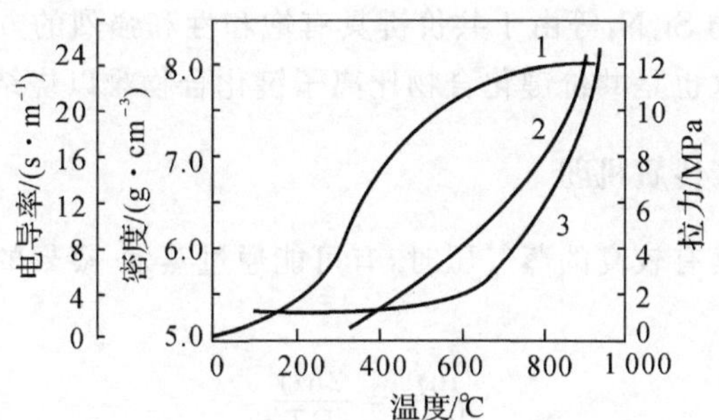

图 7-1 烧结温度对铜粉烧结体性质的影响

1—导电率；2—抗拉强度；3—密度

烧结开始时先产生颗粒间的黏合和重排，颗粒相互靠拢，大空隙逐渐消失，气孔的总体积迅速减少，但是颗粒之间仍以点接触为主，总表面积并未减少，如图 7-2(a)所示。随着温度的升高，开始有明显的传质过程，颗粒间由点接触逐渐扩大为面接触，粒界的面积增加，固-气表面积相应减少，但是空隙仍然连通，如图 7－2(b)所示。温度继续升高，粒界进一步扩大，气孔变小而成为孤立状的封闭气孔，同时粒界开始移动，晶粒发育长大而数目减少，如图 7－2(c)所示。通常当气孔体积小到一定的数目(大约≤5%)时，密度不再增加，烧结过程结束，如图 7－2(d)所示。所以整个烧结过程可以分为初期、中期和后期三个阶段。

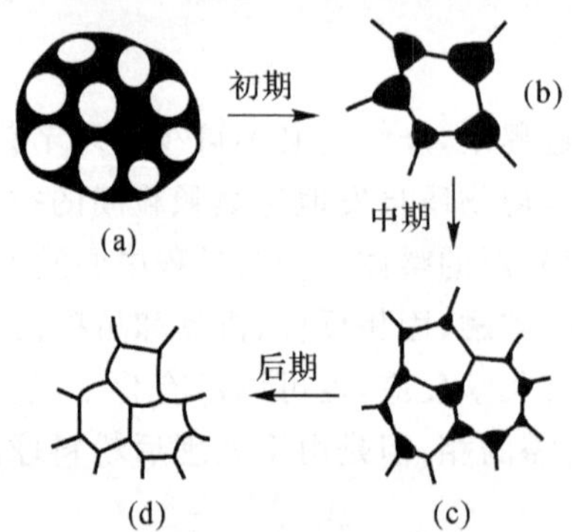

图 7－2　粉状颗粒成型体的烧结进程示意图

以上所述是纯固相烧结的情况；如果有液相参与，虽然其传质的途径及动力学不同，但是颗粒间的关系基本相似。

7.1.2　烧结推动力与传质机理

烧结中的致密化过程是依靠物质的定向迁移实现的。因此，在系统中必须存在能使物质发生定向迁移的推动力。这个推动力就是构成坯体的原料粉体具有很大的比表面积而使系统具有很高的表面能。根据最小能量原理，系统具有自发地向低能量状态变化的趋势。当高温下质点具有足够的可动性时，这个变化的趋势就会变成颗粒之间通过形成点接触并发展成为粒界，从而使颗粒的两个表面被一个界面所代替的实际过程，系统的能量得到降低，密度与强度得以提高，坯体达到烧结的目的。

例如，Al_2O_3的表面能为 $1J/m^2$，界面能为 $0.4J/m^2$，因此表面被界面所替代在能量上是有利的。但是共价键化合物 Si_3N_4 等由于共价键具有饱和性和强烈的方向性，界面能比较高，与表面能之间差值减小。这也是共价键化合物比离子键化合物难以烧结的基本原因之一。

7.1.2.1　蒸发-凝聚传质机理

如果系统在高温下具有较高的蒸气压时，有可能通过蒸发-凝聚的方式进行传质。根据开尔文公式

$$\frac{\ln p}{\ln p_0}=\frac{2M\gamma}{\rho RTr}$$

式中　M—— 相对分子质量；

γ—— 表面张力；

ρ—— 密度；

R—— 理想气体常数；

T—— 温度；

r—— 颗粒接触颈部外表面的曲率半径；

p_0—— 平表面的平衡蒸气压；

p—— 凸表面或凹表面的蒸气压。

平表面的 $r \to \infty$，凸表面的 r 为正值，凹表面的 r 为负值。所以，$p_{凸} > p_0 > p_{凹}$，当粉体颗粒（近似地视为球形）相互接触时，颗粒间就会形成主曲率为凹的曲面（颗粒接触颈部外表面），如图 7-3 所示。由于凸表面的蒸气压大于凹表面的蒸气压，在同一系统中对凸表面来说蒸气压是不饱和的，而对于凹表面而言已经是饱和的了，因此物质不断地从凸表面蒸发而在凹表面处凝聚，从而使颗粒接触颈部（其当中即粒界）长大，密度和强度增加。

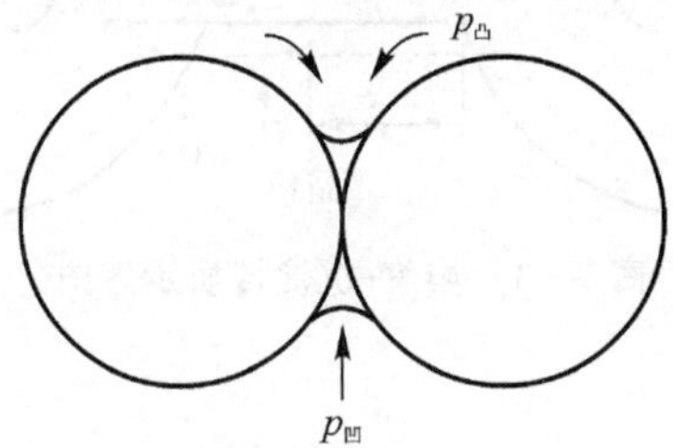

图 7-3　蒸发-凝聚传质示意图

这种通过气相传质的烧结过程要求系统在高温下具有一定的蒸气压，例如对微米级的粉体颗粒，其蒸气压的数量级要求为 $10^{-5} \sim 10^{-4}$ atm（1 atm＝101.325 kPa）。在 NaCl 等卤化物的烧结中，蒸发-凝聚传质起着重要的作用。但是绝大多数氧化物材料在高温下的蒸气压很低，所以蒸发-凝聚传质不起主导作用。

7.1.2.2　溶解-沉淀传质机理

如果系统在高温下具有足够的液相且液相的黏度不太高，有可能通过溶解-沉淀传质机理进行烧结。在溶解-沉淀传质中，首要条件是液相必须润湿固相。当液固相接触并达平衡时，有如下关系：

$$\gamma_{SS} = 2\gamma_{SL} \cos \frac{\varphi}{2}$$

式中，φ 称为二面角。

当满足 $\gamma_{SS} \geqslant 2\gamma_{SL}$ 时，固体颗粒将被液相润湿并拉紧，在颗粒间形成液相薄膜。如图 7-4 所示，在液相薄膜的拉紧作用下，两颗粒接触点处受到很大的压应力，其值应等于张应力，此压应力将引起接触点处固相物质的化学位或活度增加。

$$\mu - \mu_0 = RT \ln \frac{\alpha}{\alpha_0} = \Delta p V_0 \tag{7-1}$$

式中　μ—— 接触点处物质的化学位；

α—— 接触点处物质的活度；

μ_0—— 非接触点处物质的化学位；

α_0—— 非接触点处物质的活度。

由于接触点处活度增加，使物质在接触点处溶解，然后在颗粒表面处沉淀，其结果是颗粒间的接触面积扩大，颗粒中心距离接近，整个坯体致密化，即所谓溶解-沉淀的传质机理。此外，由于小颗粒具有比大颗粒更大的溶解度，所以在液相中小颗粒将会优先溶解，通过液相扩散并在大颗粒表面沉淀析出，也会使粒界不断推移，空隙被填充，从而达到致密化目的。在含少量低黏度的液相的 MgO 以及添加了碱土金属硅酸盐的高铝瓷的烧结中，这种传质机理起着重要的作用。

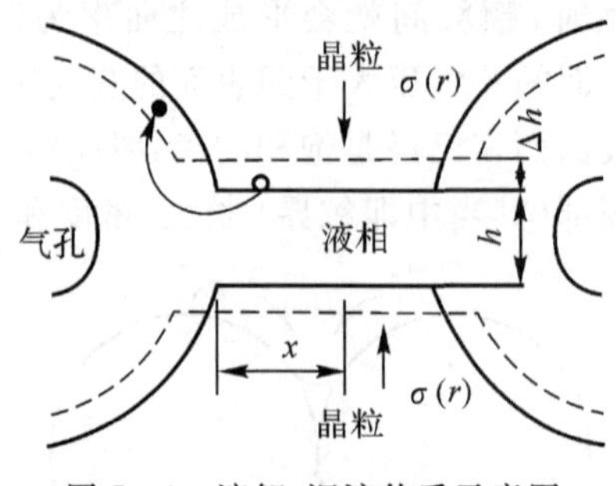

图 7-4　溶解-沉淀传质示意图

7.1.2.3　流动传质机理

所谓流动传质就是物质在表面张力的作用下通过变形、流动产生的迁移。属于这类机理的有黏性流动和塑性流动两种。

1. 黏性流动

玻璃粉末成型体在高温下发生软化，这时在表面张力引起的外力场作用下，质点就会优先沿着表面张力作用的方向移动，如图 7-5 所示。对于晶体物质，当温度升高时，空位浓度增高，成排的原子而非单个的原子有可能在表面张力的作用下，依次向相邻的空位移动，出现相应的物质流；迁移量与表面张力成比例，并且服从牛顿型黏性流动的规律

$$\sigma=\eta\varepsilon=\frac{\partial V}{\partial x}$$

式中　σ—— 应力；

ε—— 应变；

η—— 黏度系数。

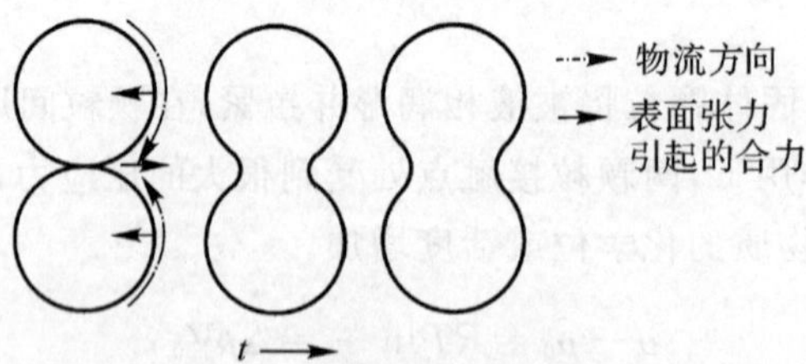

图 7-5　玻璃烧结时黏性流动示意图

弗伦克尔最早利用此关系式研究了相互接触的固体颗粒和颈部曲面在毛细孔引力作用下，固体表面层物质产生黏性流动传质的烧结问题。大多数硅酸盐系统的烧结，因为有液相参与，属于黏性流动传质机理。例如 50% 高岭土、25% 长石和 25% 硅石组成的半透明日用瓷在烧结过程中产生大量的高黏度玻璃相，其主要传质机理即属于此。

2. 塑性流动

如果表面张力足以使晶体产生位错，这时质点可以通过整排原子的运动或晶面的滑移实现物质传递。这种流动传质过程在流变学上相当于具有屈服点的塑性流动类型

$$\sigma=\frac{f}{S}=\eta\frac{\partial V}{\partial x}+\tau$$

式中，τ 是屈服剪切力。

塑性流动与黏性流动不同，塑性流动只有在作用力超过固体屈服点时才能发生。在陶瓷烧结过程中，塑性流动是表面张力作用下位错运动的结果。热压烧结能在较低温度下快速地进行烧结，其主要传质机理就是在外加压力下通过高温下的蠕变，烧结体中的空隙以及封闭气孔通过物料的塑性流动得以快速消除。氧化物和共价键陶瓷都能通过热压烧结方法进行快速的烧结。

7.1.2.4 扩散传质机理

扩散传质是指质点借助于空位浓度梯度的推动而迁移的传质机理。颗粒表面不饱和键引起的黏附作用，使颗粒间形成接触点并扩大成为具有负曲率的接触区即颈部，如图7-6所示。颈部表面的毛细孔引力为

$$\Delta p=\gamma\left(\frac{1}{\rho}+\frac{1}{r}\right)\approx\frac{\gamma}{\rho} \tag{7-2}$$

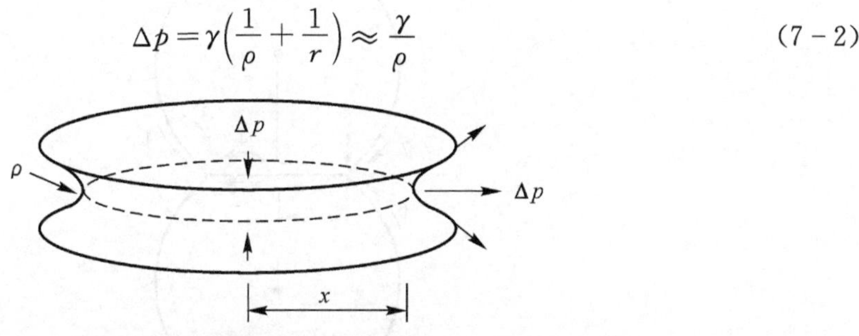

图7-6 颗粒间形成的颈部区域

不受应力的晶体，其空位浓度 c_0 取决于温度和空位形成能 ΔG_f，即

$$c_0=\frac{n}{N}=\exp\left(-\frac{\Delta G_f}{kT}\right) \tag{7-3}$$

若空位体积为 Ω，则在颈部表面区域每形成一个空位，毛细孔引力所做的功 $\Delta W=\gamma\Omega/\rho$，则在颈部表面形成一个空位所需的能量为 $\Delta G_f-\gamma\Omega/\rho$，相应的空位浓度 c_1 为

$$c_1=\exp\left(-\frac{\Delta G_f}{RT}+\frac{\gamma\Omega}{\rho kT}\right) \tag{7-4}$$

则颈部表面过剩空位浓度 Δc 与正常区域空位浓度 c_0 的关系为

$$\frac{\Delta c}{c_0}=\frac{c_1-c_0}{c_0}=\exp\left(\frac{\gamma\Omega}{\rho kT}\right)-1\approx\frac{\gamma\Omega}{\rho kT} \tag{7-5}$$

即

$$\Delta c=\frac{\gamma\Omega}{\rho kT}c_0 \tag{7-6}$$

为平衡颈部表面受到的张应力，粒界中心处受到一个大小也为 Δp 的压应力，所以在粒界中心处产生一个空位所需的能量是 $\Delta G_f+\gamma\Omega/\rho$，所以该处的空位浓度最小。若将粒界中心处

的空位浓度记为 c_2，则在颈部表面、正常区域或平表面和粒界中心的空位浓度次序为

$$c_1 > c_0 > c_2$$

存在的空位浓度差形成了物质定向迁移的推动力。在此推动力作用下，空位从颈部表面不断地向颗粒其他地方扩散，而质点则反方向地向颈部表面扩散。这样，颈部表面成为提供空位的空位源。而迁移出去的空位最终将在粒界、颗粒表面等处消失，空位消失处也称为空位井，实际上也就是提供使颈部长大所需的原子或离子的物质源。所以由扩散传质机理进行的烧结过程的推动力也是表面张力。

空位的扩散从颈部表面出发可以沿颗粒表面、界面和颗粒内部进行，在颗粒表面和颗粒间界等处消失，通常称之为表面扩散、界面扩散和体积扩散等。不同烧结机理的传质途径如图 7-7 所示，箭头所指的方向是物质迁移方向。在这些途径当中，只有以粒界处为物质源的扩散方式才能使颗粒的中心间距缩短，形成宏观收缩，如图 7-7 中的 2,4 所示；其他方式不能使颗粒的中心间距缩短而仅仅是颈部长大，并伴随气孔的形状发生变化，如图 7-7 中的 1,3,6 所示。在烧结过程中，应该说不会只有一种传质机理在起作用，但在不同的烧结阶段，一般总有 1 ～ 2 种传质机理起主导作用。

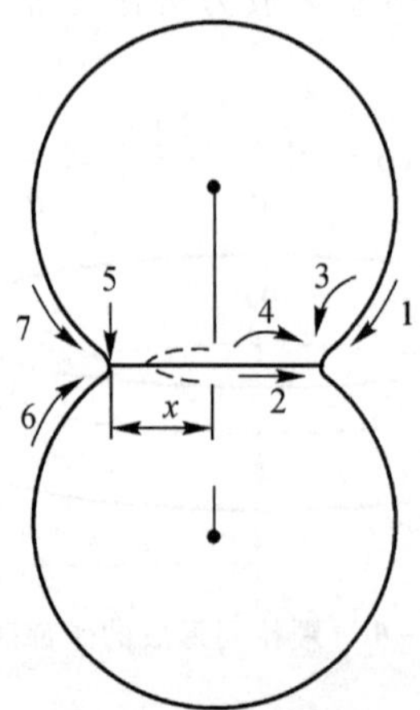

图 7-7　固相烧结的传质途径

1— 表面扩散；2— 晶界扩散；3— 物质源是表面的体积扩散；
4— 物质源是晶界的体积扩散；5— 物质源是位错的体积扩散；6— 蒸发-凝聚；
7— 从颗粒表面向颈部或从小颗粒向大颗粒的溶解-沉淀(液相烧结)

7.2 固相烧结动力学

由于烧结对象的多样性和烧结机理的复杂性，以及研究手段的欠缺，所以迄今为止常用的烧结研究方法主要是从各种烧结机理出发，提出简化的模型，个别地建立动力学方程。

7.2.1 烧结模型

被烧结的坯体是由颗粒状粉料通过压制和挤制等成型方法得到的粉体的集合体，为了便于研究，必须建立合理的简化的模型。通常假设颗粒是等径的球体，并在坯体中趋向于紧密堆积，在二维平面上每个球分别与 4 个或 6 个球相接触，在立体堆积中则与 12 个球相接触。

随着烧结的开始，在接触点处形成颈部并逐渐扩大，最后彼此烧结成为一个整体。所以整个成型体的烧结可视为通过每一个颈部的长大加和而成。这样就可以根据一个接触点的颈部长大速率近似地描述整个成型体的烧结过程，并以此推导出动力学关系。

在研究烧结机理中最常用的三种简化模型如图7-8所示，分别是两种双球模型与一种球-板模型。图7-8(a)(c)所示的模型在颈部增大的同时引起球体中心间距的缩短，图7-8(b)所示的模型不引起球体中心间距的缩短。三种简化模型分别适合于不同的传质途径。

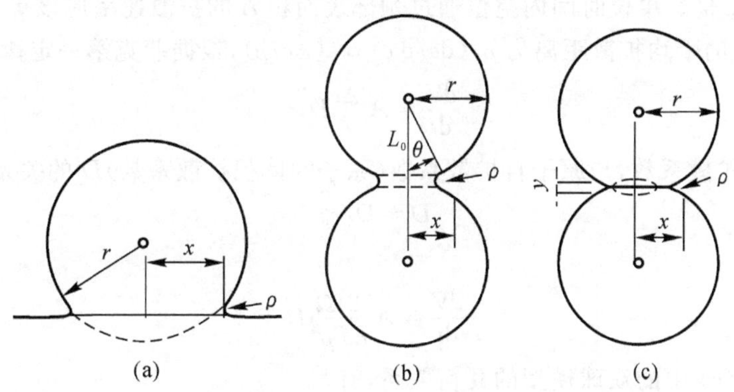

图7-8　烧结模型

ρ— 颈部表面的曲率半径；r— 球粒的初始半径；x— 颈部半径

烧结初期形成的颈部半径 x 值很小，可认为颗粒半径 r 基本无变化。根据图7-8的几何关系，可以求出颈部的体积 V、表面积 A 和曲率半径 ρ 的近似值，如表7-1所示。

表7-1　不同烧结模型中颈部几何参数的近似值

模型	ρ	A	V
球-板(a)	$\frac{x^2}{2r}$	$\frac{\pi x^3}{r}$	$\frac{\pi x^4}{2r}$
双球(b)	$\frac{x^2}{2r}$	$\frac{\pi x^3}{r}$	$\frac{\pi x^4}{2r}$
双球(c)	$\frac{x^2}{4r}$	$\frac{\pi x^3}{2r}$	$\frac{\pi x^4}{2r}$

烧结的过程就是颈部长大的过程，微观上可以用 x/r 对时间 t 的关系，宏观上则可以用坯体收缩率 $\Delta L/L$ 对时间 t 的关系描述烧结动力学关系。但是随着烧结程度变大，进入烧结中后期，颗粒形状发生变化，球状模型不再适合，应该采用其他多面体模型。

7.2.2　固相烧结动力学方程

一般被认为高熔点氧化物的烧结，通过体积扩散途径传质是最主要的机理。根据颗粒接触后形成的颈部尺寸、气孔形状与气孔体积，可以将固相烧结动力学分为烧结初期、中期和后期三个不同的阶段。

7.2.2.1　烧结初期

烧结初期通常指颗粒形状和气孔形状未发生明显变化，颈部尺寸与颗粒尺寸之比 $x/r <$

0.3、线收缩率$\Delta L/L\leqslant 6\%$、相对密度(实际密度与理论密度的比值)在40%～70%的阶段。

设颈部表面为空位源,质点从颗粒间通过体积扩散到颈部表面,空位则反向扩散到界面,在界面通过质点之间的位置调整而消失掉,采用图7-8(c)中的双球模型。

粒界中心与颈部表面的空位浓度差为

$$\Delta c=\frac{2\gamma\Omega}{\rho kT}c_0$$

即为式(7-6)的2倍。单位时间内空位通过颈部表面积A的扩散速率应该等于颈部体积增长的速率,假定空位的平均扩散距离为ρ,$(\mathrm{d}c/\mathrm{d}x)\propto(\Delta c/\rho)$,根据菲克第一定律

$$\frac{\mathrm{d}V}{\mathrm{d}t}=A\frac{\Delta c}{\rho}D_{\mathrm{V}} \tag{7-7}$$

式中,D_{V}是空位扩散系数,与原子自扩散系数(原子的体积扩散系数)D的关系为

$$D=D_{\mathrm{V}}c_0$$

故

$$\frac{\mathrm{d}V}{\mathrm{d}t}=A\frac{2\gamma\Omega}{kT\rho^2}D \tag{7-8}$$

根据图7-8(c)中的双球模型的几何关系,有

$$\mathrm{d}V=\frac{2\pi x^2}{r}\mathrm{d}x$$

将上式以及图7-8(c)中的双球模型的颈部几何参数ρ,A,V代入式(7-8),得

$$x^4\frac{\mathrm{d}x}{\mathrm{d}t}=\frac{8\gamma D\Omega}{kT}r^2 \tag{7-9}$$

对式(7-9)积分,$x=0\sim x,t=0\sim t$,得

$$x^5=\frac{40\gamma D\Omega}{kT}r^2t \tag{7-10}$$

或

$$\frac{x}{r}=\left(\frac{40\gamma D\Omega}{kT}\right)^{1/5}r^{-3/5}t^{1/5} \tag{7-11}$$

对于体积扩散传质的烧结,其颈部半径增长率x/r与时间的1/5次方成比例。随着颈部的长大,颗粒中心的距离缩短,其收缩率

$$\frac{\Delta L}{L_0}=\frac{y}{r}\approx\frac{\rho}{r}=\left(\frac{x}{2r}\right)^2$$

由于烧结初期颈部很小,可以近似认为上式中$y\approx\rho$,因此

$$\frac{\Delta L}{L_0}=4\left(\frac{40\gamma D\Omega}{kT}\right)^{2/5}r^{-6/5}t^{2/5} \tag{7-12}$$

这样,实验上容易测定的坯体的宏观线收缩率显示出与时间的2/5次方成比例。图7-9所示是NaF和Al_2O_3在烧结初期$\Delta L/L$和时间的关系,很好地符合式(7-12)。

图7-10是颗粒尺寸r对Al_2O_3颈部增长率x/r的影响。式(7-11)、式(7-12)和图7-9、图7-10说明温度、保温时间和原料的颗粒尺寸是可以控制的影响烧结速率的重要因素:

(1) 从图7-9可以看到,线收缩率随时间的延续而减少。这是因为随着烧结的进行,颈部扩大,颈部曲率减小,由此引起的毛细孔引力和空位浓度差亦减小。所以试图单纯地采用延长保温时间的方法来最终提高致密度是不太有效和不经济的。

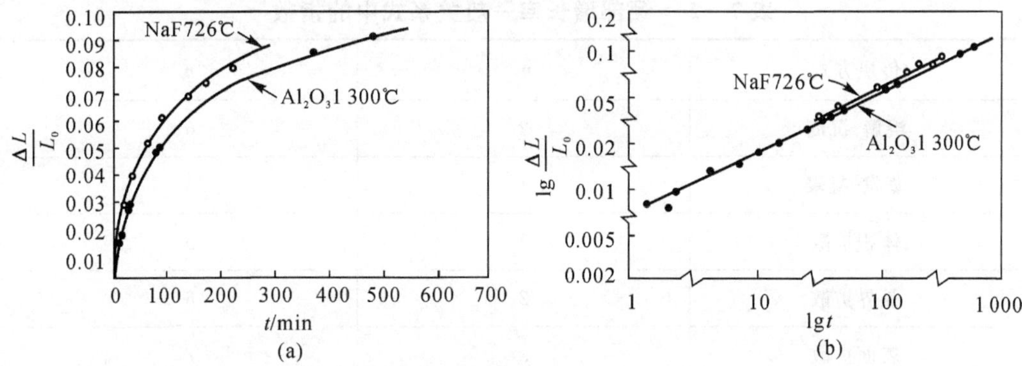

图 7-9 NaF 和 Al_2O_3 烧结线收缩率与时间关系的线性图和对数图

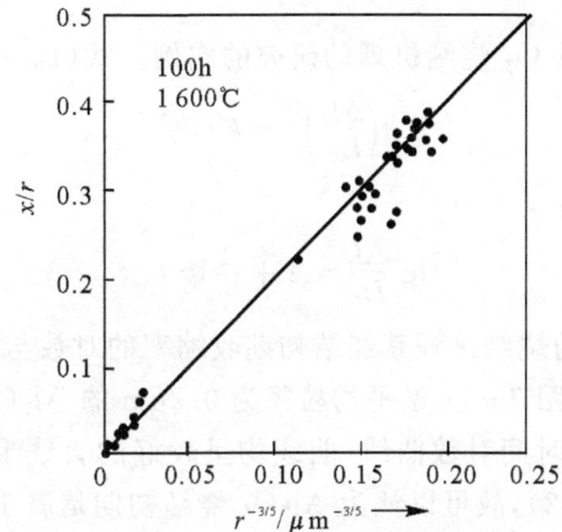

图 7-10 颗粒尺寸 r 对 Al_2O_3 颈部增长率 x/r 的影响(1 600℃、100h)

(2) 原料粉体的颗粒尺寸对烧结速率有十分重要的作用,从式(7-12)可知,颗粒尺寸减小对提高烧结速率有十分显著的作用。因此,在高熔点氧化物陶瓷的制备过程中,提高原料粉体的细度非常受重视。

(3) 从式(7-11)和式(7-12)可知,烧结速率随温度呈指数形式上升。因为 $D \propto \exp(-Q/kT)$,所以温度的作用主要是影响了质点的扩散系数。

上述三个影响因素 —— 温度、粒度和时间 —— 是控制烧结的最基本的工艺环节。

除体积扩散外,质点或空位还可以沿着表面、界面或位错等途径扩散,相应的烧结动力学方程也有所不同,但都可以用以下的一般关系式进行描述:

$$x^n = \frac{K_1 \gamma D \Omega}{kT} r^m t \tag{7-13}$$

$$\left(\frac{\Delta L}{L}\right)^q = \frac{K_2 \gamma D \Omega}{kT} r^s t \tag{7-14}$$

不同的扩散机理,式(7-13)和式(7-14)中只是指数 n, m, q, s 和系数 K_1, K_2 不同,见表7-2。在实际的烧结过程中,不仅一种扩散途径起主导作用的情况也经常发生,但是以上从简单模型和单一扩散途径推导出的动力学方程对于探讨烧结机理仍具有十分重要的指导意义。

表 7-2　颈部增长率一般关系式中的指数

传质方式	m	n
溶解-沉淀	2	6
蒸发-凝聚	1	3
体积扩散	2	5
晶界扩散	2	6
表面扩散	3	7
黏性流动	1	2

下面是用上述公式对 Al_2O_3 烧结机理的研究的实例。式(10-14)可简化为

$$\left(\frac{\Delta L}{L_0}\right)^q=k't \tag{7-15a}$$

或

$$\lg\frac{\Delta L}{L_0}=A+\frac{1}{q}\lg t \tag{7-15b}$$

这样,以扩散传质为主的烧结过程其烧结初期收缩率的对数与时间的对数呈线性关系,其斜率 $1/q$ 与扩散机构有关。图 7-11 是平均粒径为 0.2μm 的 Al_2O_3 在 1 150 ～ 1 350℃ 进行恒温烧结时的收缩率对数与时间对数曲线,曲线均呈较好的直线形且相互平行。其斜率 $1/q$ 均接近 2/5。即符合式(7-12),故可以认为 Al_2O_3 烧结初期是属于体积扩散机理。

图 7-11 中,各直线的截距 A 随温度升高而增大,反映了温度对烧结的影响。截距 A 也称烧结速率常数,与温度关系服从阿仑尼乌斯方程

$$\ln A=B+\frac{Q}{RT}$$

式中,Q 为烧结活化能,因而可以用不同温度所对应的 A 值求得烧结活化能 Q。由图 7-11 求得的 Al_2O_3 烧结活化能大约为 669.9 $kJ\cdot mol^{-1}$,即 160 $kcal\cdot mol^{-1}$,与 Al_2O_3 的体积扩散活化能基本相当。

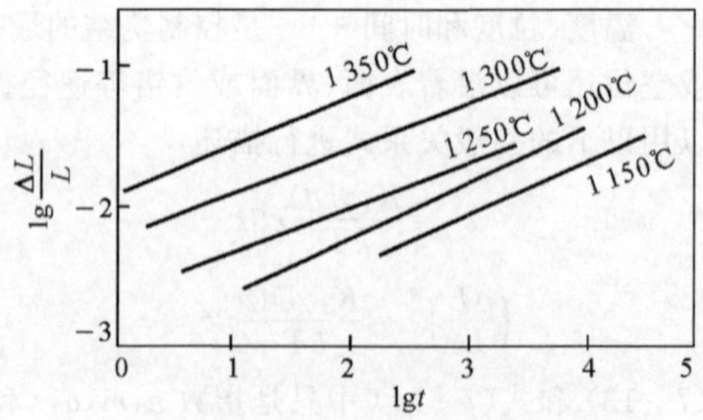

图 7-11　Al_2O_3 在烧结初期的线收缩率

7.2.2.2 烧结中期

烧结进入中期，颈部的扩大使气孔由不规则形状变成由三个颗粒包围的圆柱形管道，气孔呈相互连通状。这个阶段相当于 $x/r > 0.3$，直至坯体气孔率约为5%左右。库柏(Coble)提出十四面体模型描述中期时晶粒之间的几何关系，如图7-12所示。十四面体相当于截角的正八面体，每个顶点处是四个晶粒的交汇点，每条边是3个粒界的交界线，它相当于圆柱形气孔通道。空位从圆柱形气孔表面(空位源)向晶粒接触面即晶界(物质源)迁移，原子则反向扩散。

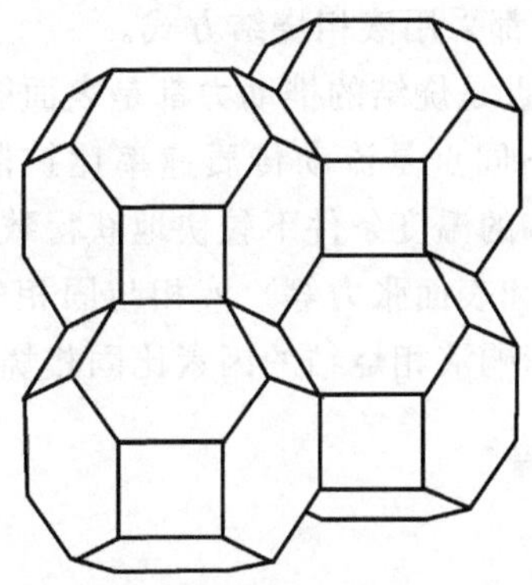

图7-12 烧结中期颗粒的球体模型变为十四面体模型

根据十四面体模型推导出体积扩散传质机理的烧结中期坯体气孔率 P_C 随时间 t 变化的关系式为

$$P_C = \frac{10\pi\gamma D\Omega}{kTL^3}(t_f - t) \tag{7-16}$$

式中 L—— 圆柱形气孔的长度；

t—— 任意时间气孔全部消失所需要的时间；

t_f—— 理论上气孔全部消失所需要的时间。

由式(7-16)可知，若保持温度不变，则气孔率随着时间的延续而减少。

7.2.2.3 烧结后期

烧结进入后期，气孔呈孤立状，相对密度 ≥95%。可以认为气孔已由圆柱形管道收缩，成为孤立气孔，位于十四面体各个顶角处，如图7-12所示。根据十四面体模型推导出烧结后期坯体气孔率

$$P_C = \frac{6\pi\gamma D\Omega}{\sqrt{2}\,kTL^3}(t_f - t) \tag{7-17}$$

式(7-17)表明，烧结后期与烧结中期气孔率随时间降低的关系并无大的差别，只是公式前面的系数小一些，所以致密化速率更加慢。

7.3 液相烧结动力学

7.3.1 类型和特点

凡是有液相参与的烧结过程称为液相烧结。由于粉体中杂质的存在，大多数材料在烧结中都会或多或少地出现液相。即使在没有杂质的纯固相系统中，高温下也会出现“接触”熔融现象，因而纯粹的固态烧结不易实现。液相烧结的应用范围很广泛，例如传统陶瓷、水泥熟料、共价键陶瓷（氮化物和碳化物）等都采用液相烧结方式。

液相烧结与固态烧结的共同点是烧结的推动力都是表面能，烧结过程都是由颗粒重排、气孔充填和晶粒生长等阶段组成；不同点是流动传质速率比扩散传质快，液相烧结致密化速率高，可使坯体在比固态烧结低得多的温度条件下较快地获得致密的烧结体。此外，液相烧结的速率与液相数量、液相性质（黏度和表面张力等）、液相与固相的润湿状况、固相在液相中的溶解度等因素有密切的关系，因此影响液相烧结的因素比固相烧结更为复杂。

7.3.2 液相烧结动力学方程

7.3.2.1 流动传质

1. 黏性流动

高温下依靠黏性液体的流动而致密化是大多数硅酸盐材料烧结的主要传质过程。在液相烧结时，由于高温下黏性液体（熔融体）出现牛顿型流动而产生的传质称为黏性流动传质或黏性蠕变传质。

弗伦克尔的研究认为，在高温下物质的黏性流动可以分为两个阶段：首先是相邻颗粒黏结导致接触面增大直至孔隙封闭；然后是封闭气孔被表面张力黏性压紧，残留闭气孔逐渐缩小。假如两个颗粒相接触，与颗粒表面相比，在曲率半径为 ρ 的颈部有一个负压力，在此压力作用下引起物质黏性流动，结果使颈部填充。根据表面积减小的能量变化等于黏性流动消耗的能量，弗伦克尔推导出颈部增长

$$\frac{x}{r}=\left(\frac{3\gamma}{2\eta}\right)^{\frac{1}{2}}r^{-\frac{1}{2}}t^{\frac{1}{2}} \tag{7-18}$$

式中 r—— 颗粒半径；

x—— 颈部半径；

η—— 液体黏度；

γ—— 液-气表面张力；

t—— 烧结时间。

由颗粒间中心距减小引起的收缩率为

$$\frac{\Delta V}{V}=3\frac{\Delta L}{L}=\frac{9\gamma}{4\eta r}t \tag{7-19}$$

式(7-19)说明收缩率正比于表面张力、反比于黏度和颗粒尺寸。上述结论是根据球体模型得出的，所以式(7-18)和式(7-19)仅适用于黏性流动初期的情况。

随着烧结进行,坯体中的小气孔经过长时间烧结后,会逐渐缩小形成半径为 r 的封闭气孔。这时,每个闭口孤立气孔内部有负压力等于 $-2\gamma/r$,相当于作用在坯体外面使其趋于致密的相等的正压。麦肯基(J. K. Mackenzie) 等推导了带有相等尺寸的孤立气孔的坯体黏性流动传质时的收缩率为

$$\frac{d\theta}{dt}=\frac{3\gamma}{2\eta r}(1-\theta) \tag{7-20}$$

式中 θ—— 孔隙度;

η—— 黏度;

r—— 颗粒尺寸。

式(7-20) 是适合于黏性流动传质全过程的烧结速率公式。

图 7-13 是钠-钙-硅酸盐玻璃粉体致密化的实验数据。图中的实线由式(7-20) 计算而得,由图可见,随着温度升高,黏度降低,致密化速率迅速提高。图中圆点是实验结果,与实线很吻合,说明式(7-20) 能用于黏性流动的致密化全过程。

由黏性流动传质动力学公式可以看出,决定烧结速率的主要参数是颗粒起始粒径、黏度和表面张力。颗粒尺寸从 10 μm减小至1 μm,烧结速率增大10倍。黏度及其随温度的变化是需要控制的最重要的因素。典型的钠-钙-硅酸盐玻璃,如果温度变化100℃,黏度大约变化1 000倍。因此,如果坯体烧结速率太低,可以采用液相黏度较低的组成提高烧结速率。

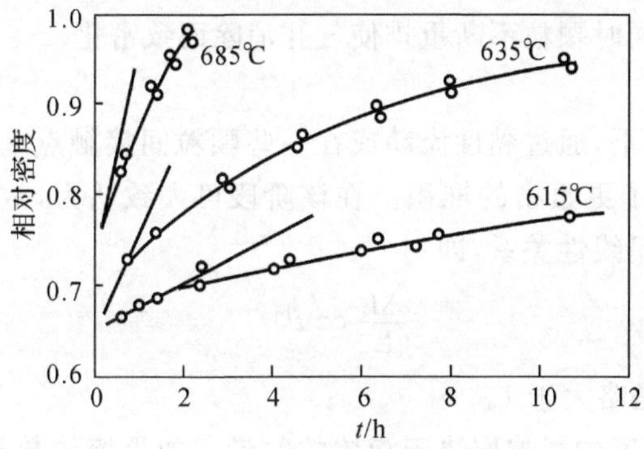

图 7-13 钠-钙-硅酸盐玻璃的致密化

2. 塑性流动

当坯体中液相含量很少时,高温下流动传质不能看成是纯牛顿型流动,而是属于塑性流动型。只有作用力超过屈服值 f 时,流动速度才与作用的剪应力成正比。式(7-20) 改变为

$$\frac{d\theta}{dt}=\frac{3\gamma}{2\eta r}(1-\theta)\left(1-\frac{fr}{\sqrt{2}\gamma}\ln\frac{1}{1-\theta}\right) \tag{7-21}$$

式中 η—— 当作用力超过 f 时液体的黏度;

r—— 颗粒原始半径。

f 值愈大,烧结速率愈低。当屈服值 $f=0$ 时,式(7-21) 即退化为式(7-20)。为尽可能达到致密烧结,应选择较小的 r,η 和较大的 γ。

在固态烧结中也可能存在塑性流动。对于金属和 MgO 等位错运动阻力较小的系统,在烧结早期,表面张力较大,塑性流动可以靠位错的运动来实现;在烧结后期,在低应力作用下靠空位自扩散形成黏性蠕变,高温下发生的蠕变是以位错的滑移或攀移来完成的。塑性流动机

理目前应用在热压烧结的动力学过程是很成功的。

7.3.2.2 动力学方程

液相参与的烧结中，当固相在液相中有较大的可溶性，这时烧结传质过程是由部分固体溶解而在另一部分固相上沉积，直至晶粒长大和获得致密的烧结体。研究表明，发生溶解-沉淀传质的条件是：

(1) 显著数量的液相；

(2) 固相在液相内有显著的可溶性；

(3) 液体润湿固相。

溶解-沉淀传质过程的推动力仍然是颗粒的表面能。由于液相润湿固相，每个颗粒之间的空间都组成一系列毛细管，表面张力以毛细管力的方式使颗粒拉紧，毛细管中的熔体起着把固态颗粒结合起来的作用。毛细管力的数值为 $\Delta P = 2\gamma_{LV}/r$（$r$ 为毛细管半径），微米级颗粒之间大约有 0.1 ～ 1μm 直径的毛细管，如果其中充满硅酸盐液相，毛细管压力可达 1.23 ～ 12.3 MPa。可见毛细管压力所造成的烧结推动力是很大的。

在溶解-沉淀传质过程中，随烧结温度升高，出现足够量液相；分散在液相中的固体颗粒在毛细管力作用下，颗粒相对移动，发生重新排列，颗粒的堆积趋于紧密。由于较小的颗粒或颗粒接触点处固相溶解，通过液相传质，在较大的颗粒或颗粒的自由表面上沉积，从而出现晶粒长大和晶粒形状的变化，同时颗粒不断重排使气孔消除而致密化。

1. 颗粒重排

颗粒在毛细管力作用下，通过黏性流动或在一些颗粒间接触点上由于局部应力的作用而进行重新排列，结果得到了更紧密的堆积。在该阶段可大致认为，致密化速率与黏性流动相关，线收缩与时间大致地呈线性关系，即

$$\frac{\Delta L}{L} \propto t^{1+x} \tag{7-22}$$

式中，指数 $1+x$ 的意义是略大于 1。

颗粒重排对坯体致密度的影响取决于液体的数量。如果熔体数量不足以完全包围颗粒，也不能够填充质点间空隙，这时虽然也能产生颗粒重排，但不足以进一步消除气孔。当液相数量超过颗粒边界薄层变形所需的量时，在重排完成后，固体颗粒约占总体积的 60% ～ 70%，多余液相可以通过流动传质和溶解-沉淀传质进一步填充气孔，这样可使坯体在这一阶段的烧结收缩率达总收缩率的 60% 以上。液相体积与坯体气孔率的关系如图 7-14 所示。

颗粒重排促进致密化的效果还与固-液两面角及固-液润湿性有关。两面角愈小，熔体对固体的润湿性愈好，致密化愈有利。

2. 溶解-沉淀传质

根据液相的数量，溶解-沉淀传质有 Kingery 模型（颗粒在接触点溶解至自由表面沉淀）和 LSW（Lifshifz-Slyozow-Wagner）模型（小晶粒溶解至大晶粒沉淀）两种理论。由于颗粒接触点（或小晶粒）在液相中的溶解度大于自由表面（或大晶粒）的溶解度，在两个对应部位产生化学位梯度 $\Delta\mu$，有

$$\Delta\mu = RT\ln\frac{\alpha}{\alpha_0}$$

式中　α——凸面(或小晶粒)的离子活度;

α_0——平面(或大晶粒)的离子活度。

化学位梯度使物质发生迁移,通过液相传递而导致晶粒生长和坯体致密化。

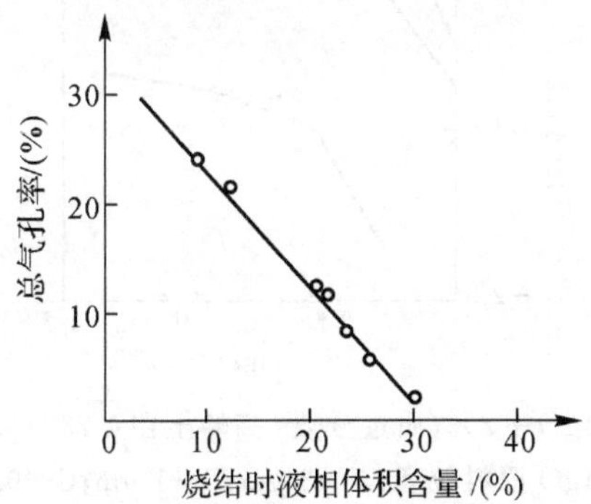

图7-14　黏土耐火砖烧成时液相体积与总气孔率关系

Kingery运用与推导固相烧结动力学公式类似的方法并进行合理的分析,得出溶解-沉淀过程的收缩率为

$$\frac{\Delta L}{L}=\frac{\Delta \rho}{r}=\left(\frac{K\gamma_{LV}\delta D c_0 V_0}{RT}\right)^{\frac{1}{3}} r^{-\frac{4}{3}} t^{\frac{1}{3}} \tag{7-23}$$

式中　$\Delta\rho$——两颗粒中心距离的收缩;

K——常数;

γ_{LV}——液-气表面张力;

D——被溶解物质在液相中的扩散系数;

δ——颗粒间液膜厚度;

c_0——固相在液相中的溶解度;

V_0——液相体积分数;

r——颗粒起始粒径;

t——烧结时间。

式(7-23)中γ_{LV},D,δ,c_0和V_0都是与温度有关的物理量,因此在烧结温度和起始粒径确定后,上式可写为

$$\frac{\Delta L}{L}=Kt^{\frac{1}{3}} \tag{7-24}$$

由式(7-23)和式(7-24)可以看出溶解-沉淀的致密化速率大致与时间t的1/3次方成正比。影响溶解-沉淀传质过程的因素有颗粒起始粒度、粉体特性(溶解度和润湿性)、液相数量、烧结温度等。由于固相在液相中的溶解度、扩散系数以及固液润湿性等目前没有太多确切数值可以利用,因此液相烧结的研究远比固相烧结更为复杂。

图7-15是MgO+2%(质量分数)高岭土在1 730℃测得的lg($\Delta L/L$)-lg$t$关系图。由图可见,典型的液相烧结分成三个不同的传质阶段。第一阶段直线斜率均为1,符合颗粒重排过程,即式(7-22);第二阶段直线斜率大约为1/3,符合溶解-沉淀传质过程,即式(7-24);第三阶段曲线趋于水平,说明致密化速率愈加缓慢,坯体已接近终点密度。此时气孔在液相中形成封闭气孔,只有依靠扩散传质消除气孔。若气孔内气体不溶入液相,则随着烧结温度升高,

气孔内压力也会增高，抵消了表面张力的作用，烧结就停止。

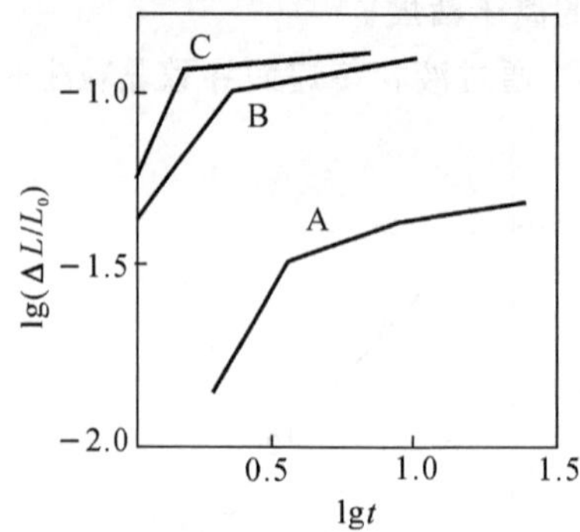

图 7 - 15　MgO + 2%（质量分数）高岭土在 1 730℃ 烧结的情况

MgO 原料粒度：A—3 μm；B—1 μm；C—0.52 μm

从图 7 - 15 中还可以看出，在这类烧结中，起始粉体颗粒度对烧结速率有显著影响。图中粒度是 A > B > C，而 $\Delta L/L$ 是 C > B > A。

用适合于液相量较多的 LSW 模型推导出的烧结速率通常要比 Kingery 模型要大，在此不作详细介绍。

7.3.3　各种传质机理分析比较

实际固相或液相烧结中，蒸发-凝聚、扩散、流动和溶解-沉淀传质过程可以单独进行，也可以几种同时进行，但每种传质的产生都有其特有的条件。表 7 - 3 对各种传质进行了比较。

表 7 - 3　各种传质产生原因、条件、特点等综合比较表

传质方式	原因	条件	特点	工艺控制
蒸发-凝聚	压力差 Δp	$\Delta p = 1 \sim 10$ Pa $r < 10\ \mu m$	(1) 凸面蒸发，凹面凝聚； (2) $\Delta L/L = 0$	温度（蒸气压） 粒度
扩散	空位浓度差 Δc	颈部表面空位浓度大于正常区域的平衡空位浓度 $r < 5\mu m$	(1) 空位与质点相对扩散； (2) 中心距缩短	温度（扩散系数） 粒度
流动	应力-应变	黏度 η 小 塑性流动 $\tau > f$	(1) 流动同时引起颗粒重排； (2) 致密化速率最高	黏度 粒度
溶解-沉淀	溶解度差 Δc	可观的液相量，固相在液相中溶解度大，固-液润湿	(1) 接触点溶解到平面上沉积，小晶粒处溶解到大晶粒沉积； (2) 传质同时又是晶粒生长过程	黏度 粒度 温度（溶解度） 液相数量

7.4 晶粒生长与二次再结晶

晶粒生长与二次再结晶过程往往与烧结中、后期的传质过程是同时进行的。

初次再结晶是在已发生塑性变形的基质中出现新生的无应变晶粒的成核和长大过程。这个过程的推动力是基质塑性变形所增加的能量，数量级大约是 0.4 ～ 4.2 J・g^{-1}，此数值与熔融热相比是很小的，熔融热是此值的 1 000 倍或更多倍。初次再结晶在金属中较为重要，而陶瓷材料在热处理时塑性变形较小。

晶粒生长是无应变的材料在热处理时，平均晶粒尺寸在不改变其分布的情况下，连续增大的过程。

二次再结晶(或称晶粒异常生长和晶粒不连续生长) 是少数巨大晶粒在细晶消耗时快速长大的过程。

7.4.1 晶粒生长

在烧结的中、后期，晶粒要逐渐长大，而晶粒生长过程也是另一部分晶粒缩小或消失的过程，其结果是平均晶粒尺寸的增长和晶粒数量的减少。这种晶粒长大并不是小晶粒的相互黏结，而是晶界移动的结果。在晶界两边物质的自由能之差是使界面向曲率中心移动的驱动力。小晶粒生长为大晶粒，则使总的界面面积和界面能降低，例如晶粒尺寸由 1 μm 变化到 1 cm，对应的能量变化大约为 0.42 ～ 2.1 J・g^{-1}。

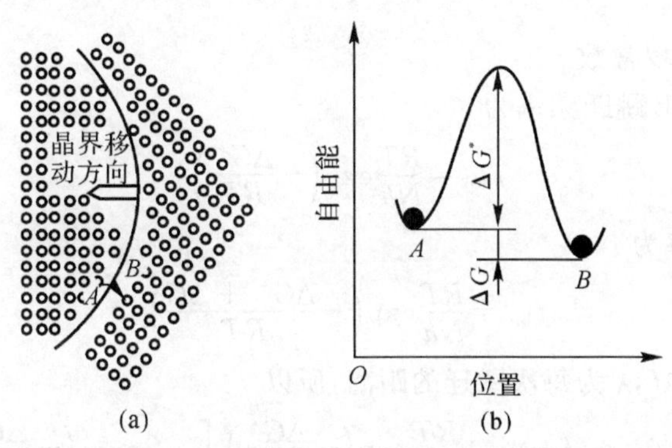

图 7-16 晶界移动

(a) 晶界结构； (b) 原子跃迁的能量变化

图 7-16(a) 是两个晶粒之间的晶界结构，弯曲晶界两边各为一晶粒，小圆代表各个晶粒中的原子。在晶界两侧，曲率为正(凸面) 的晶面上的 A 点自由能高于曲率为负(凹面) 的晶面上的 B 点，所以位于 A 点位置的原子必然有自发地向能量低的 B 点位置跃迁的趋势。当 A 点原子到达 B 点并释放出 ΔG^* 的能量时就稳定在 B 晶粒内，如图 7-16(b) 所示。如果这种跃迁不断发生，则晶界就向着 A 晶粒曲率中心不断推移，导致 B 晶粒长大而 A 晶粒缩小，直至晶界平直、界面两侧自由能相等为止。由此可见，晶粒生长是晶界移动的结果，而不是简单的小晶粒之间的黏结，晶粒生长速度取决于晶界移动的速率。

如图 7-16(a) 所示，A，B 晶粒之间由于曲率不同而产生的压差为

$$\Delta p=\gamma\left(\frac{1}{r_1}+\frac{1}{r_2}\right)$$

式中　γ—— 表面张力；

r_1,r_2—— 曲面的主曲率半径。

由热力学可知，当系统只做膨胀功时，有

$$\Delta G=-S\Delta T+V\Delta p$$

当温度不变时，有

$$\Delta G=V\Delta p=\gamma\bar{V}\left(\frac{1}{r_1}+\frac{2}{r_2}\right)$$

式中　ΔG—— 跃过弯曲界面的自由能变化；

$\bar{V}$—— 摩尔体积。

粒界移动速率还与原子跃过粒界的速率有关。原子由 A → B 的频率 f 是原子振动频率 ν 与获得 ΔG^* 能量的质点的概率 P 的乘积，即

$$f=pV=\nu\exp\left(-\frac{\Delta G^*}{RT}\right) \tag{7-25}$$

由于可跃迁的原子的能量是量子化的，即 $E=hv$，一个原子平均振动能量 $E=kT$，所以

$$\nu=\frac{E}{h}=\frac{kT}{h}=\frac{RT}{Nh} \tag{7-26}$$

式中　h—— 普朗克常数；

k—— 玻耳兹曼常数；

R—— 气体常数；

N—— 阿伏伽德罗常数。

因此，原子由 A → B 跳跃频率为

$$f_{\mathrm{AB}}=\frac{RT}{Nh}\exp\left(-\frac{\Delta G^*}{RT}\right)$$

原子由 B → A 跳跃频率为

$$f_{\mathrm{BA}}=\frac{RT}{Nh}\exp\left(-\frac{\Delta G^*+\Delta G}{RT}\right)$$

粒界移动速率 $u=\lambda f$，λ 为每次跃迁的距离，所以

$$u=\lambda(f_{\mathrm{AB}}-f_{\mathrm{BA}})=\lambda\frac{RT}{Nh}\exp\left(-\frac{\Delta G^*}{RT}\right)\left[1-\exp\left(-\frac{\Delta G}{RT}\right)\right]$$

因为

$$1-\exp\left(-\frac{\Delta G}{RT}\right)\approx\frac{\Delta G}{RT}$$

式中

$$\Delta G=\gamma\bar{V}\left(\frac{1}{r_1}+\frac{2}{r_2}\right)$$

和

$$\Delta G^*=\Delta H^*-T\Delta S^*$$

因此

$$u=\lambda\frac{RT}{Nh}\left[\frac{\gamma\bar{V}}{RT}\left(\frac{1}{r_1}+\frac{1}{r_2}\right)\right]\exp\left(\frac{\Delta S^*}{R}\right)\exp\left(-\frac{\Delta H^*}{RT}\right) \tag{7-27}$$

由式(7-27)得出，晶粒生长速率随温度成指数规律增加，温度升高和晶界曲率半径愈小，晶界向其曲率中心移动的速度也愈快。

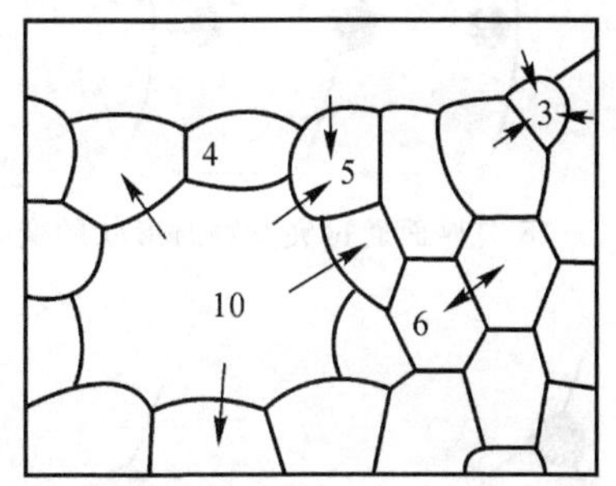

图7-17 多晶坯体中晶粒长大示意图
(图中数字表示晶粒在二维平面上的边界数)

由许多颗粒组成的多晶体界面移动情况如图7-17所示。所有晶粒长大的几何学情况可以从以下的一般原则推知：

(1) 晶界上有晶界能的作用，因此晶粒形成一个在几何学上与皂泡相似的三维阵列。

(2) 晶粒边界如果都具有基本上相同的表面张力，则在二维平面上界面间交角最终成120°，晶粒呈正六边形。实际多晶系统中多数晶粒间界面能不等，因此从一个三界汇合点延伸至另一个三界汇合点的晶界都具有一定曲率，表面张力将使晶界移向其曲率中心。

(3) 在晶界上的第二相夹杂物(杂质或气泡)，如果它们在烧结温度下不与主晶相形成液相，则会阻碍晶界移动。

从图7-17看出，大多数晶界都是弯曲的。二维平面的基本情况是：大于六条边时边界向内凹，小于六条边时边界向外凸。结果是小于六条边的晶粒缩小，甚至消失，而大于六条边的晶粒长大，总的结果是平均晶粒增长。

由式(7-27)可知，晶界移动速率与弯曲晶界的半径成反比，因而晶粒长大的平均速率与晶粒的直径成反比。晶粒长大定律可表示为

$$\frac{\mathrm{d}D}{\mathrm{d}t}=\frac{K}{D}$$

式中 D—— 时间 t 时的晶粒平均直径；

K—— 常数。

积分后得

$$D^2-D_0^2=Kt \tag{7-28a}$$

式中，D_0 为时间 $t=0$ 时的晶粒平均尺寸。

在晶粒生长后期，$D\gg D_0$，式(7-28a)简化为

$$D=Kt^{\frac{1}{2}} \tag{7-28b}$$

用 $\lg D$ 对 $\lg t$ 作图得到直线，其斜率为1/2。然而一些氧化物材料的晶粒生长实验表明，直线的斜率为1/3～1/2，其主要原因是晶界移动时遇到杂质或气孔而限制了晶粒的生长。

晶界移动时遇到夹杂物如图7-18所示。晶界通过夹杂物后界面能就被降低，降低的量正比于夹杂物的横截面积。通过障碍以后，弥补界面又要付出能量，结果使界面继续前进的能力减弱，界面变得平直，晶粒生长就逐渐停止。

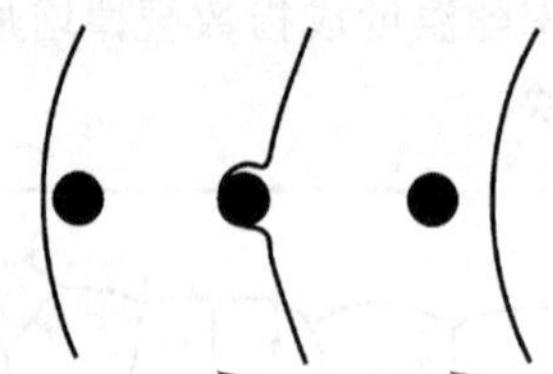

图 7-18　界面通过夹杂物时形状的变化

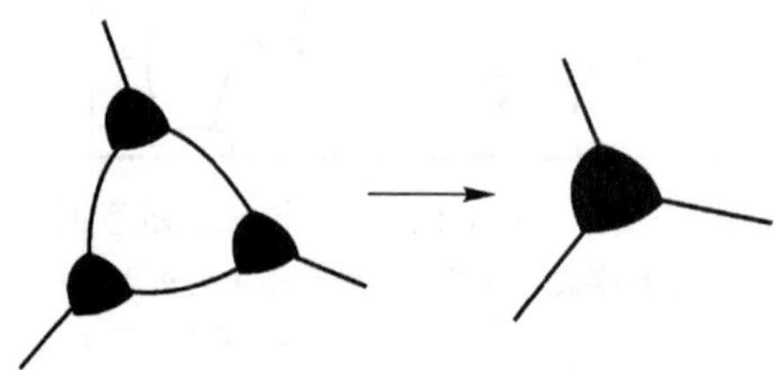

图 7-19　随着晶粒长大气体孔在三晶粒交汇点聚集

随着烧结的进行,气孔往往位于晶界或三个晶粒交汇点。气孔在晶界上是随晶界移动还是阻止晶界移动,与晶界曲率有关,也与气孔直径、数量、气孔作为空位源向晶界扩散的速率、气孔内的气压、包围气孔的晶粒数等因素有关。当气孔汇集在晶界上时,晶界移动会出现以下几种情况:在烧结初期,晶界上气孔数目很多,气孔牵制了晶界的移动。如果晶界移动速率为 v_b,气孔移动速率为 v_p,此时气孔阻止晶界移动,因而 $v_b=0$。烧结中、后期,气孔逐渐减少,温度控制适当,可以出现 $v_b=v_p$,此时晶界带动气孔以正常速率移动,使气孔保持在晶界上,气孔可以利用晶界作为空位迁移的快速通道而迅速汇集或消失。图 7-19 是气孔随晶界移动而聚集在三晶粒交汇点的示意图。当烧结达到 $v_b=v_p$ 时,烧结过程已接近完成,应严格控制温度以继续维持 $v_b=v_p$,此时烧结体应适当保温。如果再继续升高温度,由于晶界移动速率随温度而呈指数增加,必然导致 $v_b \gg v_p$,晶界越过气孔而向曲率中心移动,一旦气孔包入晶体内部,只能通过体积扩散排除,十分困难。处于晶粒内的气孔不仅使坯体难以致密化,而且还会严重影响材料的各种性能。因此,烧结中控制晶界的移动速率是十分重要的。

约束晶粒生长的另一个因素是有少量液相出现在晶界上。少量液相使晶界上形成两个新的固-液界面,从而使界面移动的推动力降低,扩散距离增加,因此少量液相可以起到抑制晶粒长大的作用。例如 95% 的 Al_2O_3 中加入少量石英和黏土,产生少量硅酸盐液相,可以阻止晶粒异常生长。但是当坯体中有大量液相时,变成液相烧结,反而可以促进晶粒生长。

气孔在烧结过程中能否排除,除了与晶界移动速率有关外,还与气孔内的气压有关。随着烧结的进行,气孔逐渐缩小,而气孔内的气压不断增高,当气压增加至 $2\gamma/r$ 时,即气孔内的气压等于烧结推动力,此时烧结就停止了。如果继续升高温度,气孔内的气压大于 $2\gamma/r$,气孔不仅不能缩小,反而膨胀,对致密化是不利的。烧结时如果要达到坯体完全致密化,必须采取特殊措施。例如要获得接近理论密度的制品,通常要采用气氛或真空烧结和热压烧结等特殊方法。

在晶粒正常生长过程中,由于夹杂物对晶界移动的牵制而使晶粒大小不能超过某一极限尺寸。采纳(Zener)粗略地估计了晶粒正常生长时的极限直径 D_1 为

$$D_1 = \frac{d}{f} \tag{7-29}$$

式中 d—— 夹杂物或气孔的平均直径；

f—— 夹杂物或气孔的体积分数。

D_1 在烧结过程中随着 d 和 f 的改变而变化。当 f 愈大时，D_1 愈小；当 f 一定时，d 愈大则晶界移动时与夹杂物相遇的机会愈小，于是晶粒长大而形成的平均晶粒尺寸就愈大。

7.4.2 二次再结晶

正常的晶粒生长由于夹杂物或气孔等的阻碍而停止后，如果在均匀的基相中存在若干大晶粒，如图 7-17 所示的十条边一类的晶粒，这种晶粒比邻近晶粒的边界多，晶界呈负的大曲率，晶界可以越过气孔或夹杂物而进一步向邻近小晶粒的曲率中心推进，使大晶粒成为二次再结晶的核心，不断吞并周围小晶粒而迅速长大，直至与邻近大晶粒接触为止。二次再结晶过程中，随着晶粒长大，大晶粒长大的驱动力不会减少反而增加，晶界快速移动，导致晶粒间的气孔来不及排除，生成含有封闭气孔的大晶粒，导致了所谓不连续的晶粒生长。

晶粒生长与二次再结晶的区别在于：

(1) 前者是坯体内晶粒尺寸的均匀生长，服从式(7-28)；二次再结晶是个别晶粒的异常生长，不服从式(7-28)。

(2) 晶粒生长是平均尺寸增长，各界面相对处于平衡状态，界面上无应力；二次再结晶时大晶粒的界面上有应力存在。

(3) 晶粒生长时气孔都维持在晶界上或晶界交汇处；二次再结晶时气孔被包裹到晶粒内部。

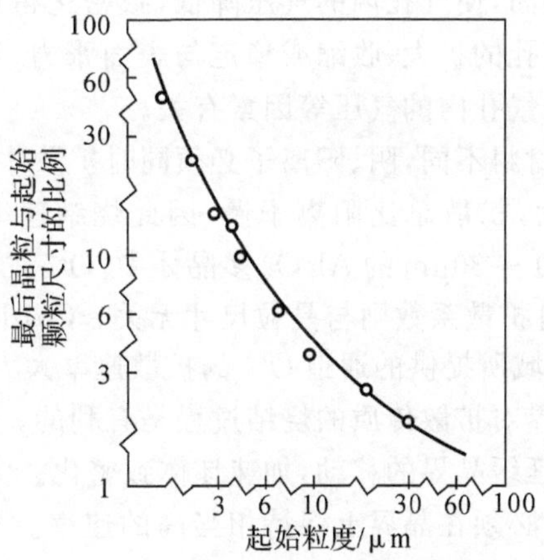

图 7-20 BeO 在 200℃ 下保温 0.5 h 晶粒生长率与原始粒度关系

研究发现，二次再结晶很大程度上取决于起始原料颗粒的大小。若无控制，细的起始粉料相对的晶粒长大反而要大得多。图 7-20 是 BeO 晶粒的相对生长率与原始粒度的关系。起始粒度为 2 μm，二次再结晶后的粒度为 60 μm，增长了大约 30 倍；而起始粒度为 10 μm，二次再结晶后的粒度大约为 30 μm，只增长了 3 倍。

从工艺控制考虑，造成二次再结晶的原因主要是原始粒度不均匀、烧结温度偏高和烧结速率太快，以及坯体成型压力不均匀、局部有不均匀液相等。研究表明，原始颗粒尺寸分布对烧结后的多晶结构的影响很大，在原始粉料很细的基质中如夹杂有少数粗颗粒，最易产生二次再结晶，形成粗化的多晶结构。

为了避免晶粒异常生长和气孔封闭在晶粒内，应防止致密化速率过快。在烧结体达到一定的体积密度以前，应该控制温度防止晶界快速移动。例如镁铝尖晶石在烧结时，坯体密度达到理论密度的 94% 以前，致密化速率应以 $1.7\times10^{-3}\ min^{-1}$ 为宜。

防止二次再结晶的最好方法是适当地引入能抑制晶界迁移和加速气孔排除的添加剂。例如 Al_2O_3 中加入少量 MgO，可以制成接近理论密度的制品；ThO_2 中加入 Y_2O_3 或 CaO 中加入 ThO_2 等也都是很有效的。当采用晶界迁移抑制剂时，晶粒长的定律变为

$$D^3 - D_0^3 = kt \tag{7-30}$$

烧结体中出现二次再结晶，由于晶体的各向异性原因使大晶粒受到周围晶粒的应力作用以及大晶粒本身缺陷较多，大晶粒内常出现隐裂纹。由于二次再结晶的产品致密度较低，导致材料性能恶化。但是在硬磁铁氧体 $BaFe_{12}O_{14}$ 的烧结中，成型时通过高强磁场的作用，使晶体颗粒择优取向，烧结时有意地控制大晶粒成为二次再结晶的晶核，从而可以得到高度取向的高磁导率的材料。

7.4.3 晶界在烧结中的作用

晶界是多晶体中晶粒之间的界面。根据材料以及组成的不同，晶界宽度可以在 3 ～ 30 nm 范围内变化。通常晶界上原子排列较为疏松混乱，在烧结的传质和晶粒生长过程中晶界对坯体致密化起着十分重要的作用。

晶界是气孔表面(空位源) 的空位消失的主要位置，空位和晶界上的原子反向扩散迁移，达到气孔收缩的结果。晶界也是气孔内气体原子向烧结体外扩散的重要通道，气体原子通过晶界扩散，最后排除到坯体表面，使气孔内的气压降低，致密化得以继续进行。由于烧结体中气孔的形状不规则，晶界上气孔的扩大、收缩或稳定与表面张力、润湿角以及包围气孔的晶粒数有关，还与晶界移动速率和气孔内的气压等因素有关。

离子晶体的烧结与金属材料不同，阴、阳离子必须同时扩散才能达到物质传递与烧结的目的。一般而言，阴离子体积大，扩散总比阳离子慢，因此烧结速率一般由阴离子扩散速率控制。实验表明，晶粒尺寸为 20 ～ 30μm 的 Al_2O_3 多晶体中，O^{2-} 的自扩散系数比在单晶体中大约高两个数量级，而 Al^{3+} 的自扩散系数则与晶粒尺寸无关。Coble 等认为，在晶粒尺寸细小的 Al_2O_3 多晶体中，依靠晶界区域所提供的通道 O^{2-} 的扩散速率大大加快，有可能使 Al^{3+} 的体积扩散成为控制因素。所以晶界对扩散传质的烧结过程是有利的。

晶界上溶质的偏聚可以延缓晶界的移动，加速坯体致密化。为了从坯体中完全排除气孔，获得致密的烧结体，空位扩散必须在晶界上保持相当高的速率。只有通过抑制晶界的移动才能使气孔在烧结时始终都保持在晶界上，避免晶粒的不连续生长。利用溶质易在晶界上偏析的性质，在坯体中添加少量溶质(烧结助剂)，就能达到抑制晶界移动的目的。

7.5 影响烧结的因素

7.5.1 原始粉料的粒度

无论在固相还是在液相烧结中，细颗粒能够增加烧结的推动力，缩短原子扩散距离以及提

高颗粒在液相中的溶解度,导致烧结过程的加速。如果烧结速率与起始粒度的1/3次方成比例,理论计算表明,当起始粒度从2 μm缩小到0.5 μm时,烧结速率可以增加64倍,相当于使烧结温度降低150～300℃。

为抑制二次再结晶,起始粒径必须细而均匀,如果细颗粒内有少量大颗粒存在,则容易发生晶粒异常生长而不利烧结。制备高性能陶瓷材料最适宜的粉末粒度为0.05～0.5 μm。

原料粉末的粒度不同,烧结机理有时也会发生变化。例如AlN的烧结,当粒度从0.78 μm增至4.4 μm时,粗颗粒成型体按体积扩散机理烧结,而细颗粒成型体则按晶界扩散或表面扩散机理烧结。

采用超细的亚微米级和纳米级尺寸的原料粉体制备高性能陶瓷的研究发现,由于超细粉体的高表面能引起的粉体团聚现象是阻碍烧结体致密化的关键原因。如果在坯体成型前不能将团聚体充分地破坏,则直至烧结完成,存在团聚体的局部仍然疏松而多孔。

7.5.2 外加剂的作用

在固相烧结中,少量外加剂可与主晶相形成固熔体促进缺陷浓度增加;在液相烧结中,外加剂能改变液相的黏度等性质,因而能促进烧结。外加剂在烧结体中的作用如下:

1. 外加剂与烧结主体形成固熔体

当外加剂与烧结主体互熔而形成固熔体时,会使主晶相晶格畸变、缺陷增加,便于结构基元移动而促进烧结。一般地说,它们之间形成有限置换型固熔体比形成连续固熔体更有助于促进烧结。外加剂离子的电价、半径与烧结主体离子的电价、半径相差愈大,使晶格畸变程度增加,促进烧结的作用也愈明显。例如Al_2O_3烧结时,加入3%的Cr_2O_3形成连续固熔体可以在1 860℃烧结,而加入1%～2%的TiO_2只需在1 600℃左右就能致密化。

2. 外加剂与烧结主体形成液相

外加剂与烧结体的某些组分生成液相,由于液相中扩散传质阻力小、流动传质速率快,因而降低了烧结温度,提高了坯体的致密化速率。例如烧结95%的Al_2O_3陶瓷材料时,加入的CaO与SiO_2的质量比等于1时,生成$CaO-Al_2O_3-SiO_2$液相,材料在1 540℃即能烧结。

3. 外加剂与烧结主体形成化合物

烧结透明的Al_2O_3陶瓷时,为了抑制二次再结晶,消除晶界上的气孔,一般加入MgO或MgF_2,高温下形成的镁铝尖晶石($MgAl_2O_4$)包裹在Al_2O_3晶粒表面,可以抑制晶界移动,充分排除晶界上的气孔,对促进坯体致密化有显著作用。

4. 外加剂阻止多晶转变

由于多晶转变的体积变化较大,ZrO_2的烧结困难,加入5%的CaO,Ca^{2+}进入晶格置换Zr^{4+},由于电价不等而生成阴离子缺位固熔体,抑制了晶型转变,使致密化易于进行。

5. 外加剂扩大烧结范围

加入适当外加剂能扩大烧结温度范围,给工艺控制带来方便。例如锆钛酸铅材料的烧结范围是20～40℃,如果加入适量的La_2O_3和Nb_2O_5,烧结范围可以扩大到80℃。

只有加入适量的外加剂才能促进烧结,如果不恰当的选择外加剂或加入量过多,反而会阻碍烧结,因为过多的外加剂会妨碍原料颗粒的直接接触,影响传质过程的进行。表7-4是Al_2O_3烧结时外加剂种类和数量对烧结活化能的影响。加入2%(质量分数)的MgO可使Al_2O_3的烧结活化能降低至398 kJ·mol^{-1},低于纯Al_2O_3的活化能502 kJ·mol^{-1},因而促进烧结过程；而加入5%（质量分数）的MgO，烧结活化能则升高至540 kJ·mol^{-1}，反而抑制烧结。

表7-4 外加剂种类和数量对Al_2O_3烧结活化能E的影响

添加剂（质量分数）	无	MgO		Co_3O_4		TiO_2		MnO_2	
		2%	5%	2%	5%	2%	5%	2%	5%
E/(kJ·mol^{-1})	500	400	540	630	560	380	500	270	250

7.5.3 烧结温度和保温时间

晶体中晶格能愈大，离子结合愈牢固，离子的扩散也愈困难，所需烧结温度也就愈高。各种晶体的键合情况不同，烧结温度也相差很大，即使同一种材料的烧结温度也不是固定不变的。提高烧结温度对固相扩散或溶解-沉淀等传质过程无疑是有利的，但是单纯提高烧结温度不仅很不经济，还会促使导致材料性能恶化的二次再结晶；有液相的烧结中，温度过高会使液相过度增加，黏度下降而使材料变形。因此不同材料的烧结温度必须通过实验确定。

由烧结机理可知，表面扩散只能改变气孔形状而不能引起颗粒中心距离的接近，因此不会导致坯体致密化。在烧结的高温阶段以体积扩散为主，而在低温阶段以表面扩散为主。如果材料的烧结在低温时间较长，不仅不会致密化，反而会因表面扩散改变了气孔的形状而给后续烧结致密化带来不利的影响。因此理论分析认为，应尽可能快地从低温升到高温，以创造体积扩散的条件。一般认为高温短时间烧结有利于陶瓷材料的致密化，但是还要考虑材料的传热系数、二次再结晶温度、扩散系数等因素，合理制定烧结工艺。

7.5.4 原料的活性

通常条件下，不少原始配料是盐类的形式，经过加热煅烧后成为氧化物并发生烧结。大多盐类具有层状结构，加热分解时，这种结构往往不能完全被破坏。原料盐类与生成物间如果保持结构上的关联性，那么盐类的种类、分解温度和时间会影响烧结体的结构缺陷和内部应变，从而影响烧结速率与最终性能。

7.5.4.1 煅烧条件

对盐类的分解温度与生成氧化物性质的关系已经进行了大量研究。例如$Mg(OH)_2$煅烧温度与生成的MgO的性质之间的关系如图7-21和图7-22所示。由图7-21可见，低温煅烧所得的MgO，晶格常数较大，结构缺陷较多。随着煅烧温度升高，结晶性变好，而烧结温度则相应提高。由图7-22可见，900℃煅烧$Mg(OH)_2$所得的MgO，烧结活化能最小，烧结活性较高。可以认为，煅烧温度愈高，烧结性能愈差的原因是MgO的结晶性良好，导致活化能增高。

7.5.4.2 盐类的选择

表7-5是不同的镁盐分解得到的MgO烧结性能的比较。从表中可以看出，随着原料盐的种类不同，所得的MgO烧结性能有明显差别，由碱式碳酸镁、醋酸镁、草酸镁和氢氧化镁得

到的 MgO，其烧结体可以分别达到理论密度的 82%～93%；而由氯化镁、硝酸镁和硫酸镁得到的 MgO，在同样条件下烧结，仅能达到理论密度的 50%～66%。比较煅烧获得的 MgO 的性质，可以看出用能够生成粒度小、晶格常数较大、微晶较小、结构松弛的 MgO 的原料盐来获得活性 MgO，其烧结性良好；反之，用生成结晶性较完好、粒度大的 MgO 的原料盐来获得 MgO，其烧结性差。

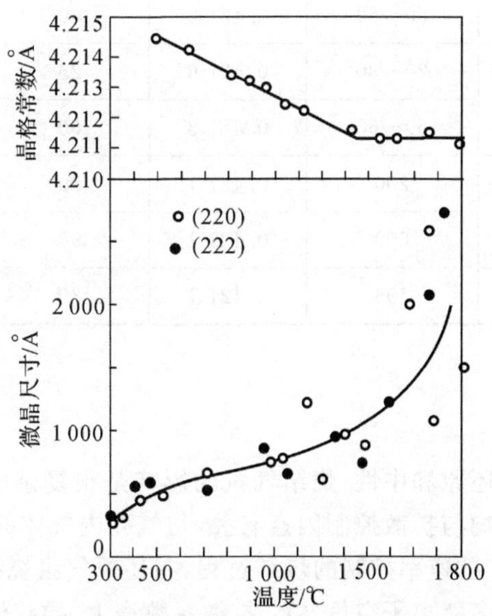

图 7-21　$Mg(OH)_2$煅烧温度与 MgO 晶格常数以及微晶尺寸的关系(1 Å=0.1 nm)

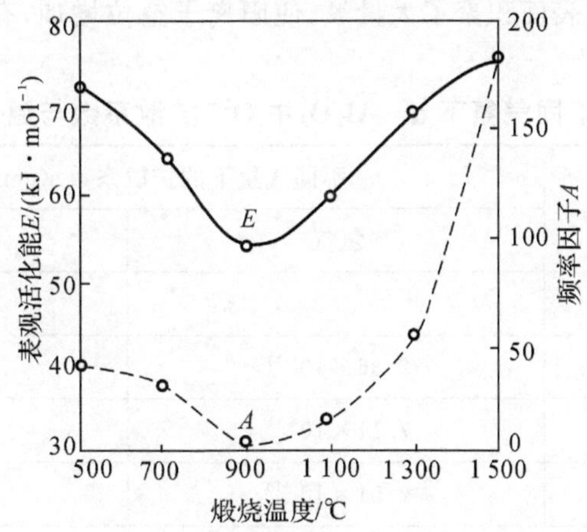

图 7-22　$Mg(OH)_2$煅烧温度与 MgO 扩散烧结表观活化能以及频率因子的关系

表 7-5　镁化合物分解条件与 MgO 性能的关系

镁化合物	最佳温度/℃	颗粒尺寸/nm	所得 MgO/nm		1 400℃ 3h 烧结体	
			晶格常数	微晶尺寸	体积密度/(g·cm^{-3})	相对密度
碱式碳酸镁	900	50～60	0.421 2	50	3.33	93
醋酸镁	900	50～60	0.421 2	60	3.09	87
草酸镁	700	20～30	0.421 6	25	3.03	85
氢氧化镁	900	50～60	0.421 3	60	2.92	82
氯化镁	900	200	0.421 1	80	2.36	66
硝酸镁	700	600	0.421 1	90	2.08	58
硫酸镁	1 200～1 500	106	0.421 1	30	1.76	50

7.5.5　气氛的影响

烧结气氛一般有氧化、还原和中性，烧结气氛的影响是很复杂的。一般而言，在扩散控制的氧化物烧结中，气氛的影响与扩散控制因素有关，与气孔内气体的扩散和溶解能力有关。例如 Al_2O_3 是由阴离子 O^{2-} 扩散速率控制的烧结过程，在还原气氛烧结时，晶体中的氧从表面脱离，从而在晶格表面产生很多氧离子空位，O^{2-} 扩散系数增大，导致烧结过程加速。

表 7-6 是不同气氛下 $\alpha-Al_2O_3$ 中 O^{2-} 扩散系数与温度的关系。应用于钠光灯管的透明氧化铝必须在氢气炉内烧结，就是利用可以加速 O^{2-} 扩散并且气孔内气体在还原气氛下易于逸出的原理，使材料致密而提高透光度。若氧化物的烧结是由阳离子扩散速率控制的，则应在氧化气氛中烧结，此时晶粒表面积聚了大量氧，使阳离子空位增加，有利于阳离子扩散而促进烧结。

表 7-6　不同气氛下 $\alpha-Al_2O_3$ 中 O^{2-} 扩散系数与温度的关系

温度/℃	不同气氛下的扩散系数/($cm^2\cdot s^{-1}$)	
	氢气	空气
1 400		8.09×10^{-12}
1 450	2.36×10^{-11}	2.97×10^{-12}
1 500	7.11×10^{-11}	2.70×10^{-11}
1 550	2.51×10^{-10}	1.97×10^{-10}
1 600	7.50×10^{-10}	4.90×10^{-10}

进入封闭气孔内气体的原子尺寸愈小愈易于扩散，气孔消除也愈容易，如氩或氮等大分子气体，在氧化物晶格内不易扩散，最终将残留在坯体中；但是如氢或氦等小分子气体，在晶格内可以快速扩散，不会影响烧结的致密化。

如果材料中含有铅、锂、铋等易挥发物质,控制烧结时的气氛更为重要。例如烧结锆钛酸铅时,必须要控制一定分压的铅气氛,以抑制坯体中铅的大量逸出,从而保持材料严格的化学组成,否则将影响材料的性能。

关于烧结气氛的影响经常会出现不同的结论,这与材料组成、烧结条件、外加剂的种类和数量等因素有关,必须根据具体情况慎重选择。

7.5.6 压力的影响

对烧结而言,压力可以分为成型时的压力和烧结时的压力两种。粉料成型时必须施加一定压力,除了使其具有一定的形状和强度外,也给烧结创造了颗粒间紧密接触的条件,使烧结时扩散距离减小。但是成型压力不可以无限增加,通常施加压力的最大值不能超过材料的脆性断裂强度值。

在高温下同时施加外压的烧结方法称为热压烧结,这种方法的烧结机理类似于塑性流动。对大多数氧化物和碳化物的热压烧结研究认为,热压烧结的初始阶段主要是颗粒滑移、重排和塑性变形,此阶段的致密化速率最快,其速率取决于粉体粒度、形状和材料的屈服强度。此后就是塑性流动阶段,由于外加压力的存在,不但可以使得致密化加快,而且可以克服烧结后期封闭气孔中增大的气体压力对表面张力的抵消作用,使烧结得以继续,提高坯体的最终密度。

热压烧结可以在短时间内以较低温度快速烧成;能够达到比无压烧结更高的致密度;由于烧结温度低,晶粒不易长大,可以得到细晶结构的陶瓷材料。图 7-23 是 BeO 在 14 MPa 压力下热压烧结与无压烧结时致密化速率的比较。

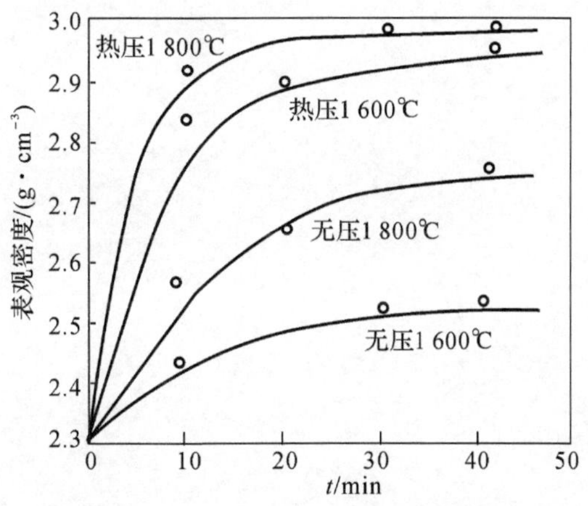

图 7-23 BeO 在热压与无压烧结时的致密化速率

热压烧结现已广泛使用在高熔点氧化物陶瓷、共价键陶瓷和粉末冶金生产中。以共价键结合为主的陶瓷材料如碳化物、氮化物、硼化物等,在正常烧结温度下具有高分解压和低原子迁移率,难以致密化。例如 BN 粉体在等静压力 200MPa 下成型后,在 2 500℃高温下进行无压烧结,相对密度仅为 0.66;而在压力为 25MPa,温度为 1 700℃条件下进行热压烧结,相对密度可达到 0.97。SiC,Si_3N_4 和 BC 等采用热压烧结可获得接近于理论密度的材料。

热压烧结的不足之处在于由于加压方式限制,能够制备的产品形状比较简单,且生产效率较低,因此在产品的品种上和经济上受到一定限制。

影响烧结的因素很多，而且相互之间的关系也很复杂。研究烧结时如果不充分地考虑这些众多的因素，并恰当地加以运用，就不能获得高致密度的材料，从而对烧结体的显微结构以及材料性能产生显著的影响。

思 考 题

1. 分析固相烧结与液相烧结的相同与不同之处。

2. 分析烧结推动力和晶粒生长推动力，比较两者的大小。扩散传质的烧结过程中，使坯体致密的推动力是什么？哪些方法可促进这种烧结？说明原因。

3. 根据 Al_2O_3陶瓷的烧结实验，测得在 1 350℃烧结时间为 10 min 时，收缩率 $\Delta L/L$ 为 4%；烧结时间为 45 min，收缩率为 7.3%。分析这种氧化铝陶瓷烧结的主要传质方式。

4. 当温度为 1 500℃时，Al_2O_3正常晶粒生长期间，晶粒直径在 1 h 内从 0.5 μm 长大到 10 μm。已知晶界扩散激活能为 335kJ/mol，请分析 1 700℃时经过 4 h，晶粒直径是多少？如果加入大约 0.5%的 MgO 杂质，上述直径 0.5 μm 的晶粒在 1 700℃时经过 4 h 烧结，晶粒直径是多少？加入杂质对 Al_2O_3晶粒生长速率有什么影响？($R=8.31\ J\cdot mol^{-1}\cdot K^{-1}$)

第 8 章　晶体生长的物理基础

物质由液态转变为固态的过程称为凝固。液态物质转变为结晶态固体(晶体)的过程称为结晶。无论是凝固还是结晶过程都属于相变过程。

8.1　成 核 理 论

8.1.1　相变驱动力

8.1.1.1　相变驱动力的定义

气相长系统中的过饱和蒸气、溶液系统中的过饱和溶液、熔体系统中的过冷熔体都是亚稳相,而这些系统中生长的晶体却是稳定相。在亚稳系统中晶体可能出现,存在的晶体可能长大,是由于亚稳相和稳定相间存在自由能差值,或者说是由于相变驱动力的存在。

晶体生长过程,实际上是晶体-流体界面向流体中推进的过程,这个过程之所以会自发地进行,是因为流体是亚稳相,其吉布斯自由能较高的缘故,设晶体-流体界面的面积为 A,向流体中推进的垂直距离为 Δx,这个过程中引起系统的吉布斯自由能的改变为 ΔG,作用于界面上单位面积的驱动力为 f,则

$$f=-\frac{\Delta G}{A\,\Delta x}=-\frac{\Delta G}{\Delta V}=-\frac{\rho}{M}\Delta\mu \tag{8-1}$$

式中　ρ—— 晶体的密度;

M—— 晶体的摩尔质量;

$\Delta\mu$—— 生长 1 mol 晶体在系统中引起的吉布斯自由能的变化;

负号表示界面位移(生长)引起系统自由能的变化方向是降低的。

1 mol 晶体中有 N 个原子(生长单元),若一个原子由液体转变为晶体引起系统的吉布斯自由能的降低量为 Δg,则有

$$\Delta\mu=N\Delta g \tag{8-2}$$

于是有

$$f=-\frac{\rho}{M}N\,\Delta g \tag{8-3}$$

对确定的晶体,在一定的温度和压力下,ρ/M 为常数,由式(8-1)和式(8-3)可知,驱动力 f 与 $\Delta\mu$ 和 Δg 成正比。定义 Δg 为驱动力,也有用 $\Delta\mu$ 表示驱动力的,其意义是单个原子由流体相转变为晶体相时引起的系统吉布斯自由能的降低量,或者说使单个原子从流体相变为晶体相的力。

当 $\Delta g<0$ 时,f 为正,表示 f 指向流体,即此时晶体生长;当 $\Delta g>0$ 时,f 为负,表示 f 指

向晶体，即此时晶体溶解或熔化或升华；当 $\Delta g=0$ 时，$f=0$，界面不动，晶体和溶液处于平衡，晶体不长也不溶（熔）。

8.1.1.2　气相生长系统中的相变驱动力

图 8－1 是晶体的饱和蒸气压与温度的关系曲线，曲线上任意一点代表蒸气与晶体两相呈平衡的状态，若系统的状态在 $b(p_0, T_0)$ 点，晶体、蒸气两相平衡，此时的蒸气压 p_0 为饱和蒸气压。若系统的状态在 $a(p_1, T_0)$ 点，由图 8-1 可知，$p_1 > p_0$，即蒸气压大于饱和蒸气压 p_0，此时蒸气为亚稳相，有转变为晶体的趋势，此时的蒸气压 p_1 称为过饱和蒸气压，过饱和蒸气压 p_1 与同温度下的饱和蒸气压 p_0 之比称为饱和比 α，即 $\alpha = p_1 / p_0$，而 $\sigma = \alpha - 1$ 称为过饱和度。

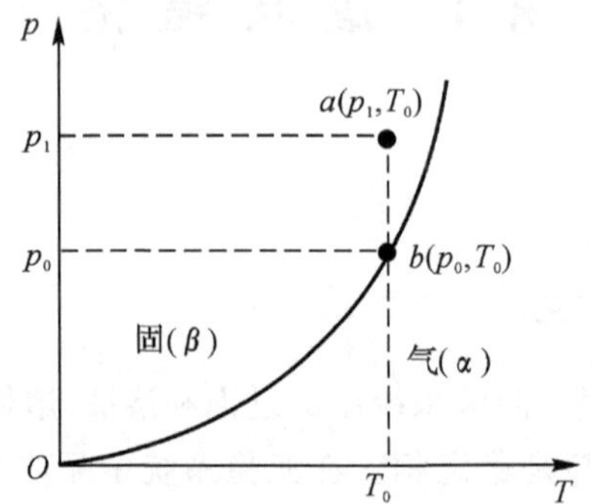

图 8－1　饱和蒸气压与温度的关系曲线

根据热力学原理，可得驱动力 Δg 的表达式：

$$\Delta g = \frac{\Delta \mu}{N} = -kT\ln\frac{p_1}{p_0} = -kT\ln\alpha = -kT\ln\sigma \tag{8-4}$$

式中　k—— 玻耳兹曼常数，$k = R/N$；

T—— 相变时的热力学温度。

由式（8－4）可知，当温度一定时，驱动力 Δg 与过饱和度 σ 成线性关系。

8.1.1.3　溶液生长系统中的相变驱动力

在溶液生长系统中，晶体和溶液两相平衡时，溶液的浓度为饱和浓度 c_0。在相同温度和压力下溶液的过饱和浓度为 c_1，$c_1 > c_0$。而 $\alpha = c_1/c_0$ 称为饱和比，$\sigma = \alpha - 1$ 称为过饱和度。

根据热力学原理，可得温度为 T 的溶液生长系统中驱动力 Δg 的表达式为

$$\Delta g = \frac{\Delta \mu}{N} = -kT\ln\frac{c_1}{c_0} = -kT\ln\alpha = -kT\ln\sigma \tag{8-5}$$

可见，溶液生长系统中驱动力 Δg 的表达式与气相生长系统中驱动力 Δg 的表达式在形式上是相同的。

8.1.1.4　熔体生长系统中的相变驱动力

当温度为熔点 T_m 时，晶体和熔体两相共存，呈热力学平衡，摩尔吉布斯自由能相等（单元系统），两相间无相变驱动力，在这样的系统中晶体不能生长。在通常的熔体生长系统中，其温度 T 略低于熔点 T_m，亦即具有一定的过冷度 $\Delta T = T_m - T$，在这样的系统中，熔体为亚稳相，晶

体和熔体中的摩尔吉布斯自由能不相等，即存在相变驱动力，根据热力学原理，相变驱动力与过冷度 ΔT 的关系为

$$\Delta g = \frac{\Delta G(T)}{N} = -\frac{L_{SL}}{N}\frac{\Delta T}{T_m} = -l_{SL}\frac{\Delta T}{T_m} \tag{8-6}$$

式中　$\Delta G(T)$—— 晶体、熔体中摩尔吉布斯自由能的差值；

L_{SL}—— 晶体生长时系统放出的热量；

l_{SL}—— 单个原子的熔化潜热；

ΔT—— 熔体的过冷度，所起的作用与气相和液相生长系统中的过饱和度相同，亦称为名义驱动力。

8.1.2　弯曲界面的平衡与相变位垒

8.1.2.1　弯曲界面的力学平衡 —— 界面压力

通常，在讨论复相系统的热力学平衡时，总是完全忽略界面效应，但是如果两相的分界面不是平坦的，那么当它发生位移时，一般说来它的面积会发生变化，因而能量也要发生变化，在界面处会导致附加力的出现。从另一个角度来看，两相间如果有弯曲界面存在，表面张力会导致附加力的出现，结果弯曲界面处两相的压力会彼此不等，其差值称为界面压力。

界面压力的大小首先决定于界面的性质，即决定于界面能的大小，其次还和弯曲界面的曲率半径有关，因为具有弯曲相界的复相平衡的条件是温度相等和化学势相等，而压力是不等的，或者说是存在界面压力的。

界面压力的一般表达式为拉普拉斯公式

$$\delta p = p_S - p_L = \gamma_{SF}\left(\frac{1}{r_1} + \frac{1}{r_2}\right) \tag{8-7a}$$

式中　p_S—— 弯曲界面两侧的晶体中的压力；

p_1—— 弯曲界面两侧的流体中的压力；

γ_{SF}—— 晶体-流体界面的比表面能；

r_1, r_2—— 弯曲界面上所考虑的任意一点的主曲率半径。

当曲面为球面时，$r_1 = r_2 = r$，则式(8-7a) 退化为

$$\delta p = p_S - p_L = \frac{2\gamma_{SF}}{r} \tag{8-7b}$$

可见，球状晶体半径 r 愈小，界面压力愈大；反之，当半径 $r \to \infty$ 时，$\delta p = 0$，即 $p_S = p_1$，界面退化为平面。

在式(8-7) 中，假设曲率中心在晶体内，这就规定了 r 的正负号。当曲率中心在晶体中时(界面凸向流体)，r 取正号，$p_S > p_1$，如图 8-2(a) 所示；若曲率中心在流体中时(界面凸向晶体)，r 取负号，$p_S < p_1$，如图 8-2(b) 所示。表面能作用下界面面积有缩小的趋势，这些就产生了附加压力，如图 8-2 中箭头所示。

估计熔体直拉法中固液界面的压力。若凹面或凸面的曲率半径为 1 cm，锗的 $\gamma_{SF} = 1.81 \times 10^{-5}$ J/cm²；铜的 $\gamma_{SF} = 1.77 \times 10^{-5}$ J/cm²；冰的 $\gamma_{SF} = 3.21 \times 10^{-4}$ J/cm²。根据式(8-7b) 可求得界面压强分别为 36.2 Pa，35.4 Pa，6.42 Pa，可见界面压力是可以忽略的。但是在成核问题中，由于新相开始出现的尺寸很小，界面压力将引起不可忽视的效应，例如当核的半径为 1 μm

时，产生的界面压强分别为 $2\times1.81\times10^5$ Pa(锗)，$2\times1.77\times10^5$ Pa(铜)，$2\times0.32\times10^5$ Pa(冰)。

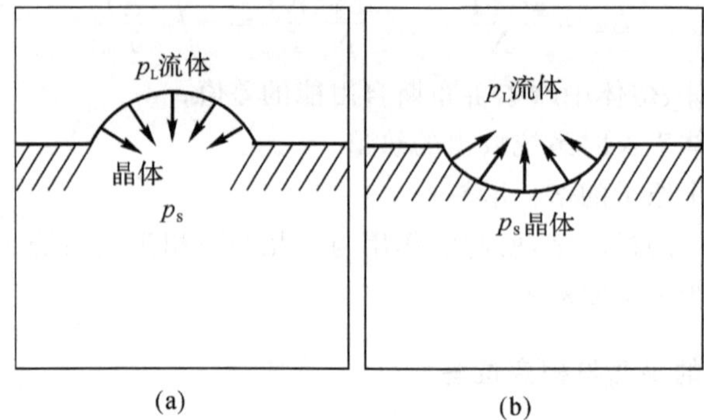

图 8-2　界面压力与曲面半径的正负号

(a) $p_S > p_L$；　(b) $p_S < p_L$

8.1.2.2　弯曲界面的相平衡

在平衡条件下，晶体-流体界面为曲面时，两相中压力不等，故存在界面压力，界面压力与晶体的尺寸和形状有关，实质是界面能 γ 在弯曲界面上的表现。

需要经常注意的是界面为曲面时的平衡参量与界面为平面时的平衡参量间的差异。气相生长系统中注意其平衡蒸气压间的差异，溶液生长系统中注意其平衡浓度的差异，熔体生长系统中注意其平衡温度的差异。

在同一温度下，晶体-流体界面为球面时晶体-流体间相变驱动力 Δg_V 与球面半径 r 之间关系的普遍表达式为

$$\frac{2\gamma_{SF}\Omega_S}{r}=\Delta g_V \tag{8-8}$$

式中　γ_{SF}—— 晶体-流体界面的界面能；

Ω_S—— 晶体的单个原子或分子的体积。

根据相变驱动力 Δg_V 在气相、溶液和熔体生长系统中的表达式，可以得到不同生长系统中曲面平衡参量与平面平衡参量间的关系表达式。

在气相生长系统中，同一温度下，曲面平衡蒸气压 p_e 与平面平衡蒸气压 p_0 间的关系为

$$\frac{2\gamma_{SV}\Omega_S}{r}=kT\ln\frac{p_e}{p_0} \tag{8-9}$$

在溶液生长系统中，同一温度下，曲面平衡浓度 c_e 与平面平衡浓度 c_0 间的关系为

$$\frac{2\gamma_{SL}\Omega_S}{r}=kT\ln\frac{c_e}{c_0} \tag{8-10}$$

在熔体生长系统中，同一温度下，曲面平衡温度 T_e 与平面平衡温度 T_0 间的关系为

$$\frac{2\gamma_{SM}\Omega_S}{r}=l_{SL}\ln\frac{T_0-T_e}{T_0} \tag{8-11}$$

式(8-9)、式(8-10)和式(8-11)中，γ_{SV} 是晶体-气体界面的界面能，γ_{LF} 是晶体-溶液界面的界面能，γ_{SM} 是晶体-熔体界面的界面能，l_{SL} 是单个原子的熔化潜热。

上述各式给出了不同半径的晶体与流体相(气相、溶液相、熔体相)的平衡参量(p_e,c_e,T_e)的关系。单元系统中的这些关系示意地表示于图 8-3 中,虚线表示界面曲率半径 r 对单元系相图的影响。

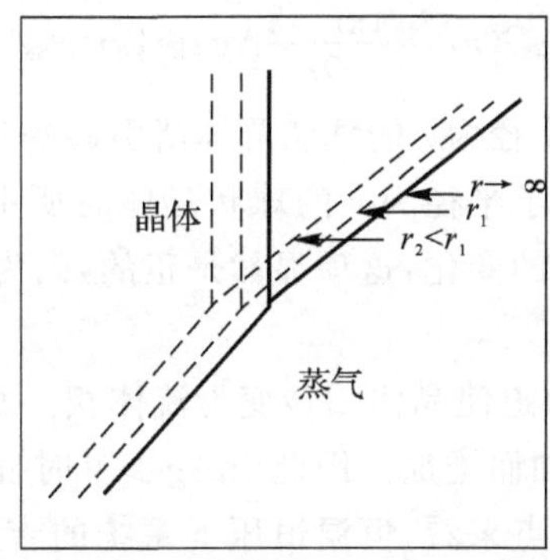

图 8-3　界面曲率半径 r 对单元系相图的影响

8.1.2.3　界面能位垒

在具有一定的过饱和度或过冷度的亚稳相中,能够存在的晶体的最小尺寸(临界半径)是一定的,由式(3-34)、式(3-35)和式(3-36)确定。任何小于该临界半径的晶体是不能存在的。这就给晶体在亚稳相中规定了临界半径尺寸,即如果开始出现的晶体,其尺寸大于或等于此临界尺寸,此晶体就可以存在,并能自动长大,否则即使晶体形成了,也会重新消失。这就是界面能在晶体形成过程中所设置的障碍,称为形成过程中的热力学位垒,而在一定的驱动力下,借助于起伏越过该位垒而形成晶核的过程,称为成核过程。

与此类似,在晶体生长过程中,如果在晶体-流体界面上遇到了某种干扰,界面上出现了凸缘,若凸缘尺寸小于当时的驱动力所规定的晶体能够存在的最小尺寸,则此凸缘就会自动消失,这就是界面能对界面稳定性的贡献,也可称为界面的稳定性被破坏过程中的热力学位垒。

8.1.3　均匀成核

在驱动力作用下,亚稳相终究要转变为稳定相。在亚稳相系统中空间各点出现稳定相的概率都是相同的,称为均匀成核;若稳定相优先地出现在系统中的某些局部区域,称为非均匀成核。

8.1.3.1　晶核的形成能和临界尺寸

在流体相(母相)中,由于能量涨落,可能有少数几个分子联结成“小集团”存在。这些“小集团”可能聚集更多的分子而生长壮大,也可能失掉一些分子从而分解消失,这样的“小集团”称为胚团。胚团是不稳定的,但是在体积达到相当的程度后胚团就能稳定地发展下去而不会消失。这时就称它们为晶核,以区别于不稳定的胚团。在胚团形成之后,它们的单位体积的自由能相对于母相的单位体积的自由能是有变化的。母相处于亚稳态,胚团单位体积的自由能相对于母相单位体积的自由能显然有所降低,系统才趋于向新相过渡。系统中一旦出现了新相,新相和母相之间就会出现分界面,有界面就会有界面能存在,所以胚团出现对系统来说增加了界面能,因而系统总的自由能的变化应当是两部分的和。

若胚团中单个原子或分子的体积为 Ω_S,胚团和流体相界面的单位面积的表面能为 γ_{SF},则在亚稳流体相中形成半径为 r 的球状胚团所引起的吉布斯自由能的改变为

$$\Delta G(r)=\frac{4\pi r^3/3}{\Omega_S}\Delta g+4\pi r^2\gamma_{SF} \tag{8-12}$$

上式表明,在流体相中出现半径为 r 的球状晶体所引起的吉布斯自由能的变化 ΔG 为两项之和。第一项是当流体相中出现了半径为 r 的球状晶体时所引起的体自由能的变化,第二项是在这种情况下所引起的表面能的变化,这项显然是正的,因为晶体一旦出现就总会引起界面能的增加。

当驱动力 $\Delta g>0$ 时,驱动力迫使晶体相转变为流体相。此时,ΔG 中第一项为正,第二项为正,故 ΔG 恒为正,且随 r 的增加而增加。因此当 $\Delta g>0$ 时,晶体相难以出现,即使出现了也要很快地消失。因为从能量的观点来看,恒温恒压下系统的吉布斯自由能的变化总是趋于降低的,而上面讨论的结果说明当 $\Delta g>0$ 时,系统的吉布斯自由能的变化是增加的,故晶体相难以出现,即使出现了也难于存在下去,很快会消失。

当驱动力 $\Delta g<0$ 时,驱动力迫使流体相转变为晶体相。此时,ΔG 中第一项为负,第二项恒为正,但是二者之和 ΔG 有可能随 r 的增加而减小。当 r 很小时,表面能项起主要作用,故 ΔG 随 r 的增加而增加;在 r 超过晶核临界半径 r^* 后,体自由能项起主要作用,r 继续增大,ΔG 很快下降并变成负值,ΔG 随 r 变化,并在 r^* 处有极大值,如图 8-4 所示。

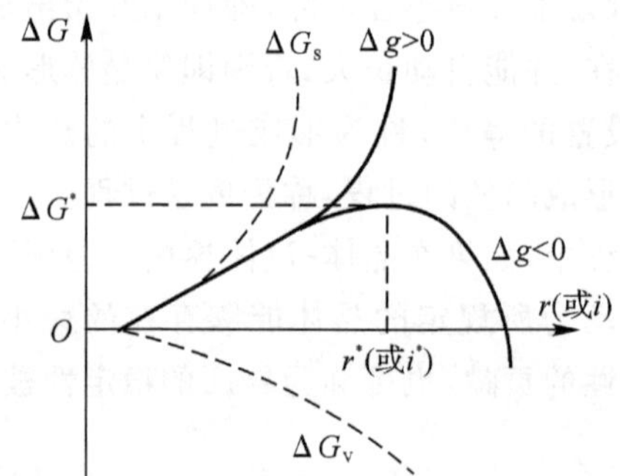

图 8-4　自由能的改变与晶核尺寸的关系

利用求极值的方法,可得临界半径 r^* 为

$$r^*=-\frac{2\gamma_{SF}\Omega_S}{\Delta g} \tag{8-13}$$

平均地说,当胚团半径小于临界值 r^* 时,胚团消失的概率大于长大的概率;当胚团半径大于临界值 r^* 时,胚团长大的概率大于消失的概率,于是 $r>r^*$ 集合体一旦产生,就意味着在流体相中诞生了晶相。因此半径为 r^* 的集合体称为晶核。

晶核的形成能为

$$\Delta G(r^*)=\frac{4}{3}\pi\gamma_{SF}r^*=\frac{1}{3}\,\frac{16\pi\Omega_S^2\gamma_{SF}^3}{\Delta g^2} \tag{8-14}$$

将不同生长系统得 Δg 表达式代入上述临界半径和晶核形成能得表达式,可得气相生长、溶液生长、熔体生长中晶核的半径和形成能的具体表达式。

因此,在亚稳相中欲出现新相,必须首先产生晶核,而晶核的产生又必须具有一定的形成能,因而晶核的产生是较为困难的,即是说新相的产生必须翻越一个热力学位垒,这就是亚稳相能够存在的物理原因,也是新相不能在系统中的全部空间同时产生的原因。在均匀成核的情况下,晶核的形成能由系统的能量涨落供给。

8.1.3.2　复相起伏和晶核的成核率

宏观上任何均匀的系统(固相、液相或气相)中,若以微观尺度观之,不仅存在通常的密度起伏,而且系统中的原子或分子时而聚成胚团,时而离散。鉴于胚团的寿命极短,它的出现在宏观上并不表明在亚稳相中产生了新相,可是胚团又具有和新相完全相同的结构和性能,为区别这种与新相完全无关的密度起伏,称其为复相起伏。必须注意,将复相起伏限制在亚稳系统中是完全不正确的,任何均匀系统不管是平衡态还是亚稳态都存在复相起伏。

系统中半径达到临界半径的胚团称为临界胚团(晶核)。单位体积内的临界胚团数(晶核数)为

$$n(r^*)=n\exp\left[-\frac{\Delta G(r^*)}{kT}\right] \tag{8-15}$$

式中,n 是系统中未参与胚团构成的分子数。

半径为 r^* 的晶核(临界胚团)虽然与周围的过饱和或过冷流体相平衡,然而这种平衡是不稳定平衡,若晶核失去一个或多个原子,就趋于消失;若晶核得到一个或多个原子,就趋于长大成宏观晶体。故定义晶体的成核率为:单位时间、单位体积内能够发展成为晶体的晶核数,并以 I 表示。

晶体的成核率,除了和单位体积内的晶核数成比例外,还和晶核捕获流体相中的原子或分子的概率 B 成比例,晶体的成核率可表示为

$$I=Bn(r^*) \tag{8-16}$$

气相生长系统的成核率

$$I=np\ (2\pi mkT)^{-\frac{1}{2}}4\pi\left[\frac{2\Omega_S\gamma_{SV}}{kT\ln(p/p_0)}\right]^2\exp\left[-\frac{16\pi\Omega_S^2\gamma_{SV}^3}{3k^3T^3\ln(p/p_0)^2}\right] \tag{8-17}$$

式中,m 是原子或分子的质量。

熔体生长系统的成核率

$$I=n\nu_0\exp\left(-\frac{\Delta g}{kT}\right)\exp\left[-\frac{16\pi\Omega_S^2\gamma_{SV}^3}{3kT\ (l_{SL}\Delta T/T_m)^2}\right] \tag{8-18}$$

式(8-17)和式(8-18)表明了在气相生长系统和熔体生长系统中成核率与各种物理参量、几何参量以及驱动力的关系,深入讨论这些关系就能给出控制系统中成核的途径。

在气相生长系统和熔体生长系统中,将成核率 $I=1\ cm^{-3}\cdot s^{-1}$ 时对应的饱和比(过冷度)称为临界饱和比(临界过冷度)。随饱和比的增加,在接近临界饱和比之前成核率大体上保持为零,而达到临界饱和比时,小晶体几乎是以不连续的方式突然出现。在熔体生长中也完全类似,即当熔体的过冷度达到临界值时,晶体也是突然出现的,这是由于成核率与驱动力间满足指数规律的缘故。

8.1.4　非均匀成核

在大气中往往悬浮大量尘埃,这些尘埃能有效地降低云雾中的成核位垒,使在较低的饱和

比下液滴或冰晶能成核于其上。凡能有效地降低成核位垒促进成核作用的物质,称为成核催化剂。在存在成核催化剂的亚稳系统中,空间各点成核的概率不等,在催化剂上将优先成核,这就是所谓非均匀成核或称催化成核。

具体工作中对于非均匀成核(催化成核),在有些场合要尽量降低其影响。例如用籽晶进行单晶生长时,就要求完全防止成核事件的发生;不论是均匀成核还是非均匀成核,用熔盐法进行晶体生长时,理想的工艺是在生长全过程中只产生一个晶核,这样即使坩埚小,也能长出尺寸较大的晶体。而在另一些场合则要突出地利用催化剂的作用。例如,在铸造工业中,为了让铸件的晶粒细化,以改善机械性能,常有意加入某种催化剂;人工降雨也利用催化成核,即是在饱和比不大的不能均匀成核的云雾中撒入碘化银(AgI) 催化剂,以达到人工降雨的目的。

8.1.4.1　催化作用 —— 降低成核的表面能位垒

若在亚稳流体相F中存在催化剂C,催化剂和流体的界面为平面,如图8-5所示。若有球冠状的晶体胚团S成核于催化剂上,此球冠的曲率半径为r(即晶体-流体界面的曲率半径),三相(C,F,S) 交接处的接触角为θ,则系统吉布斯自由能的变化为

$$\Delta G\,(r)_{\text{非均匀}}=\left(\frac{\pi r^3/3}{\Omega_S}\Delta g+\pi r^2\gamma_{SF}\right)(1-m)^2(2+m) \tag{8-19}$$

式中,m 是接触角θ的余弦。

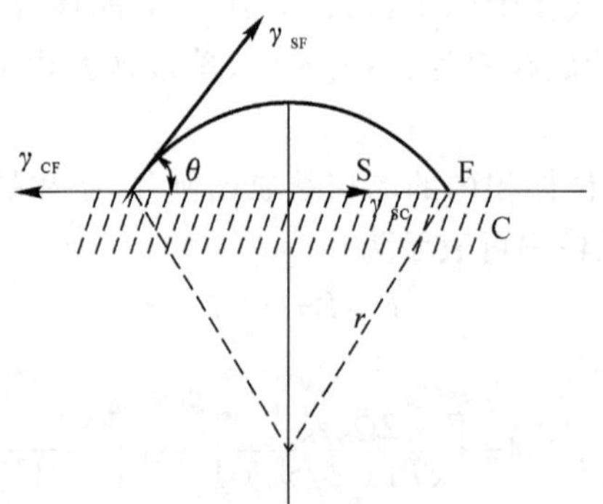

图8-5　催化成核示意图

利用求极值的方法,可得球冠状胚团的临界半径r^*为

$$r^*=-\frac{2\gamma_{SF}\Omega_S}{\Delta g} \tag{8-20}$$

这个结果与均匀成核的结果完全相同,因为两式都是弯曲界面的相平衡条件所得的结果。

晶核的形成能为

$$\Delta G\,(r^*)_{\text{非均匀}}=\frac{16\pi\Omega_S^2\gamma_{SF}^3}{3\Delta g^2}f(m) \tag{8-21}$$

式中

$$f(m)=\frac{(1-m)^2(2+m)}{4} \tag{8-22}$$

比较均匀成核与非均匀成核情况下形成能的表达式发现,二者只差一个因子$f(m)$。若接触角$0^\circ\leqslant\theta\leqslant180^\circ$,则$0\leqslant f(m)\leqslant1$,因而催化剂具有使临界胚团的形成能降低的属性,即催

化剂能降低成核的热力学位垒。

若流体相为蒸气，在催化剂上的成核率为

$$I_{非均匀}=np\ (2\pi mkT)^{-\frac{1}{2}}4\pi\left[\frac{2\Omega_S\gamma_{SV}}{kT\ln(p/p_0)}\right]^2\exp\left[-\frac{16\pi\Omega_S^2\gamma_{SV}^3}{3k^3T^3\ln\ (p/p_0)^2}f(m)\right] \tag{8-23}$$

若流体相为熔体，在催化剂上的成核率为

$$I_{非均匀}=n\nu_0\exp\left(-\frac{\Delta g}{kT}\right)\exp\left[-\frac{16\pi\Omega_S^2\gamma_{SV}^3}{3kT\ (l_{SL}\Delta T/T_m)^2}f(m)\right] \tag{8-24}$$

对同一生长系统，不同的催化剂有不同的接触角 θ，因而有不同的 $f(m)$，而 $0\leqslant f(m)\leqslant 1$，故催化剂总能提高成核率，催化剂的催化作用大小完全可以用接触角 θ 表征。

8.1.4.2　晶体生长系统中成核率的控制

在人工生长单晶的系统中，必须严格控制成核事件的发生，通常采用非均匀“驱动力场”的方法来控制。所谓生长系统中的驱动力场是指生长系统中驱动力按空间的分布场。

设计合理的驱动力场是：只在固体-液体界面邻近驱动力为负，其余各处驱动力为正，并且离固体-液体界面愈远的地方，正的驱动力愈大，同时还要求驱动力场具有轴对称性，在这样的驱动力场中，若用籽晶生长单晶，能保证生长过程中不发生成核事件，若不用籽晶而用一根金属细丝引晶，使其产生很细的缩颈，也能生长出良好的单晶体。

在驱动力场设计不合理的直拉法生长系统中，在引晶阶段有时会在液面上出现“漂晶”。所谓“漂晶”是漂浮在液面上的晶体，这些晶体通常成核在液面或坩埚壁上，这是由于该处的驱动力不能保证正值，故在坩埚或熔体内异质粒子的催化下出现。

其他生长系统对驱动力场的要求原则上与上述相同，同时也是通过温度场或溶质浓度场来控制的，平衡蒸气压或平衡浓度和温度有关，调节温度场能使生长系统中局部区域的蒸气或溶液成为过饱和，即使该处驱动力场最大，而其他区域不发生成核现象。这对通常不用籽晶生长的助熔（溶）剂方法最为重要，因为如不控制成核率，则在坩埚中生长的晶体很多，但尺寸很小，如果在同样的条件下，精确控制成核率，使其只出现少数晶核，这样就能得到尺寸较大的晶体，例如熔盐法生长 YAG 晶体时就希望如此。

通过温度场来改变驱动力场，借以控制生长系统中的成核率，这是在晶体生长工艺中经常应用的方法，然而要正确无误地控制还必须尽量地减少系统中能起催化作用的外来粒子。

8.2　界面的平衡结构

晶体生长过程主要是晶体-流体（蒸气、溶液、熔体）界面向流体不断推移的过程。在这个过程中，晶体-流体界面要吸附分子或基团参与晶体的生长，所以这个界面很关键。因此，要了解晶体生长过程，就必须了解界面的性质，特别是了解界面的结构特性。

8.2.1　晶体的平衡形状

8.2.1.1　表面能极图与晶体的平衡形状

处于晶体内部的质点，其四周为离子所包围，电价饱和，在结晶的时候已经把可以放出的能量全部放出而使晶体具有最小的内能。但是，处于晶体表面的质点，并不是四周都有离子包围，电价就不是饱和的，因此它放出的能量较少，与晶体内部的质点相比有较多的能量，这些较多的能量就构成了晶体的表面能。晶体表面单位面积的表面能称为该晶面的比表面能。

在晶体与环境相(气体、液体、熔体)之间形成新的界面，伴随着能量的消耗，增加了晶体的表面积，使一些原来处于晶体内部的质点变成了表面的质点，这种产生单位表面所消耗的功称为该表面的比表面能，单位为 J/m^2，数值上与表面张力(单位为 N/m) 相等。比表面能不仅取决于晶面本身的结构，而且还取决于环境相的性质。假如界面两边的介质是完全一样的，则此界面的比表面能等于零。一般界面两边的介质结构愈是相近则此表面能愈小，反之则愈大，因此比表面能是许多参数的函数，例如面网密度，质点的种类，介质的成分、温度、结晶学取向等都对比表面能有所影响。

一般晶体的表面能 γ 是结晶学取向 n 的函数，而且还反映晶体的对称性。如果已知表面能与取向的关系，即已知 $\gamma(n)$，可以求得给定晶体在热力学平衡态时的形状。由热力学可知，在恒温恒压下，一定体积的晶体与溶液或熔体处于平衡态时，它所具有的形态(平衡形态) 应使其总的表面能最小。也就是说，在趋于平衡态时晶体将调整自己的形态以便使自己的表面能降低至最小，这就是居里乌尔夫(Curiewulff) 定理。按照这个定理，一定体积的晶体的平衡形态总是其表面能最小的形状，故

$$\Phi_{\min} = \sum A_i \gamma_i \qquad V = 常数 \tag{8-25}$$

式中 Φ—— 总的表面自由能；

γ_i—— 第 i 个晶面的比表面能；

A_i—— 第 i 个晶面的表面积；

V—— 晶体的总体积。

式(8-25) 还可以写成

$$\oiint r(n)\, dA = \min \tag{8-26}$$

液体的表面能是各向同性的，也就是说与晶面的取向无关，故 $\gamma(n) = \gamma =$ 常数。因为总表面能最小就是其表面积为最小，故液体的平衡形状为球形。而晶体所显露的面尽可能是表面能较低的晶面。

根据已知的 $\gamma(n)$ 的关系，可以求出晶体的平衡形状。从原点 O 作出所有可能存在的晶面的法线，取每一条法线的长度比例于该晶面的表面能的大小，即

$$\gamma_1 : \gamma_2 : \gamma_3 \cdots = n_1 : n_2 : n_3 \cdots \tag{8-27}$$

式中，n_i 表示从结晶中心到第 i 个晶面的法线长度。

这些直线族的端点的集合就表示表面能与晶面取向的关系，这种反映表面能与晶面取向关系的图形被称为晶体的表面能极图。图 8-6 所示是具有立方对称的晶体的表面能极图的断面，也可以理解为具有四次轴的二维晶体的表面能极图。

居里乌尔夫定理的另一种表述方法是：在表面能极图上每一点作出垂直于该点矢径的平面，这些平面所包围的最小体积就相似于晶体的平衡形状，亦即是说晶体的平衡形状相似于表面能极图中体积最小的内接多面体。

在表面能极图中相应于表面能较低的方向，能量曲面将出现凹入点，如图 8-6 中 B_1，B_2 端点处。一般说来，在 0 K 时，晶体的所有低指数方向都是凹入点，但当温度较高时，由于热涨

落，许多凹入点消失，只有少数存在。

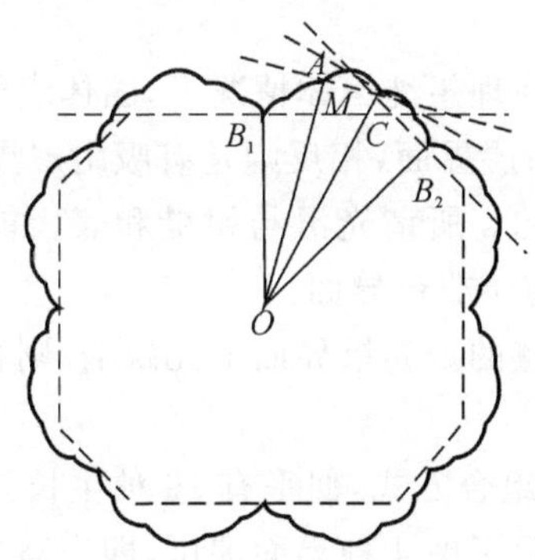

图 8-6　立方晶体的表面能极图

8.2.1.2　奇异面、非奇异面和邻位面

根据晶体的表面能极图，可以对晶面进行较为严格的分类。

表面能极图中能量曲面上出现极小值的点所对应的晶面称为奇异面。在极小值点（凹入点）处能量曲面是不连续的，数学上该点称为奇异点，相应于奇异点的晶面称为奇异面。显然，奇异面是表面能较低的晶面。一般说来，奇异面是低指数面，也是密积面。例如，在简立方晶体中奇异面是{100}面，其次是{110}面，再次是{111}面；面心立方晶体中奇异面是{111}面，其次是{100}面；体心立方晶体中奇异面是{110}面，其次是{112}面。

取向在奇异面邻近的晶面称为邻位面。由于界面能效应，邻位面往往由一定组态的台阶构成，如图 8-7 所示。图中虚线代表与奇异面的偏角为 θ 的邻位面，该邻位面由间距为 λ、高度为 h 的系列台阶构成。其他取向的晶面，称为非奇异面。

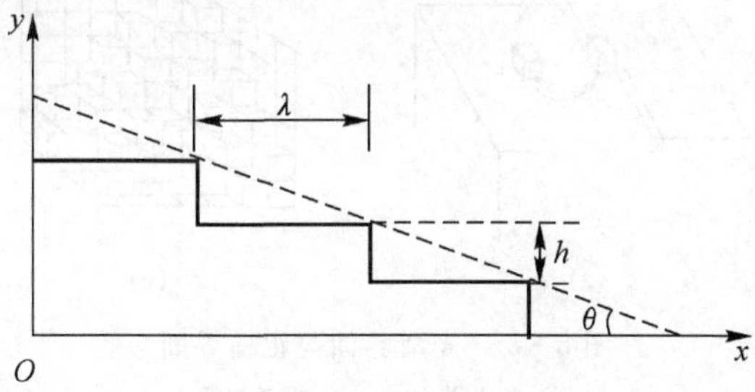

图 8-7　邻位面与奇异面

8.2.2　生长界面结构的基本类型

8.2.2.1　划分界面类型的标准

界面结构与生长环境密切相关，界面的能量状态与界面结构类型有关。划分界面类型的标准有：

(1) 界面是突变的还是渐变的。如果从固体到流体的相变仅发生在一个或两个原子层，则称此固-液界面为突变界面；如果相变发生在两个以上的原子层，则称此固-液界面为渐变界面。

(2) 界面是否存在吸附层。在理想纯熔体情况下，固体表面不存在吸附层(或较高的熔质浓度层)，此种固-液界面是无吸附层界面，相反则是有吸附层界面。

(3) 界面是光滑的还是粗糙的。所谓光滑与粗糙和表面能极图有关，光滑面对应于表面能极图上的奇异面，粗糙面则对应于非奇异面。

(4) 界面是完整的还是非完整的。如果界面上无缺陷，则称为完整界面；如果界面上有缺陷，则称为非完整界面。

以上 4 种分类标准，有 16 种组合方式，似乎有 16 种生长界面，但有不少状态是相同的，因此从微观结构(原子级) 而言，只要考虑 4 种界面即可，即完整光滑突变界面、非完整光滑突变界面、粗糙突变界面和扩散界面。

8.2.2.2 光滑界面与粗糙界面

所谓光滑界面，是指界面在微观上是光滑的，如图 8-8(a) 所示。界面上有台阶，台阶上有扭折，晶面沿法向生长是由于台阶沿界面的切向运动，台阶切向运动是由于扭折沿台阶的运动，扭折沿台阶运动是由于流体原子进入扭折位置。这种界面的生长特征是界面上任意一点只有当台阶或扭折运动通过时，才能不连续地生长一个台阶高度，晶体呈层状生长，这种界面相当于奇异面。

所谓粗糙界面，是指界面在微观上是凹凸不平的，如图 8 - 8(b) 所示。界面上到处是台阶，台阶上到处是扭折，流体原子能附着于界面上任何位置，生长一个台阶高度。因此，这种界面的任何位置都能连续生长，这种界面相当于非奇异面。

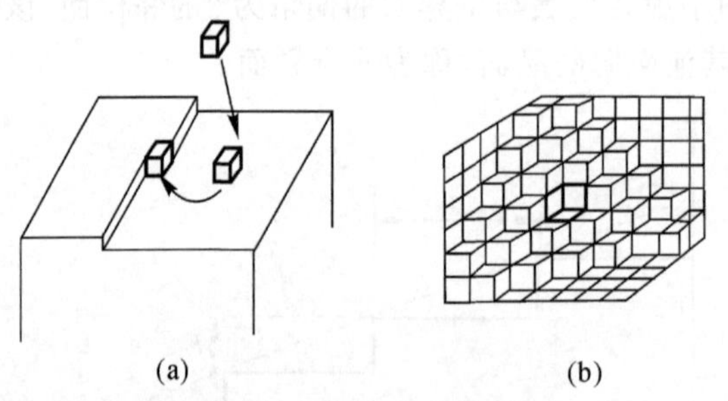

图 8 - 8　光滑界面与粗糙界面

(a) 光滑界面；(b) 粗糙界面

因此，界面的结构不同，其生长方式也不同。粗糙界面能连续地生长，光滑界面的生长却比较困难，当扭折从台阶的一端达到另一端时，台阶前进了，扭折也消失了；要台阶不断地前进，就必须要求台阶不断地产生扭折。同样，当台阶沿界面的一边达到另一边时，晶体生长了，台阶也消失了。要晶体不断地生长，必须要求晶面上不断地产生台阶。

两相成热力学平衡态时，能够自发产生台阶的晶体-流体界面是粗糙界面，反之就是光滑界面。所谓自发产生是指系统过渡到热平衡而产生。

8.2.2.3　邻位面的台阶化

如果邻位面上的原子全部坐落在该面的面指数所确定的几何平面内，如图 8-9(a) 所示，则在距离表面一定深度的范围内，晶体的结构引起很大的畸变，表面能很大。如果该邻位面是由两组或多组奇异面所构成的台阶式的表面，如图 8-9(b) 所示，则晶体表面的畸变被消除，大大地降低表面能，虽然形成台阶式平面后表面积会有所增加，可能在某种程度上提高表面能，但是一般说来，邻位面由平面转变为台阶面时其表面能总是降低的，因为其表面能减小，故邻位面总是表现为台阶式的。近年来，场离子显微镜可以直接分辨出晶体中的原子，用这种显微镜对晶体进行直接观察的结果表明邻位面确实是台阶式的。

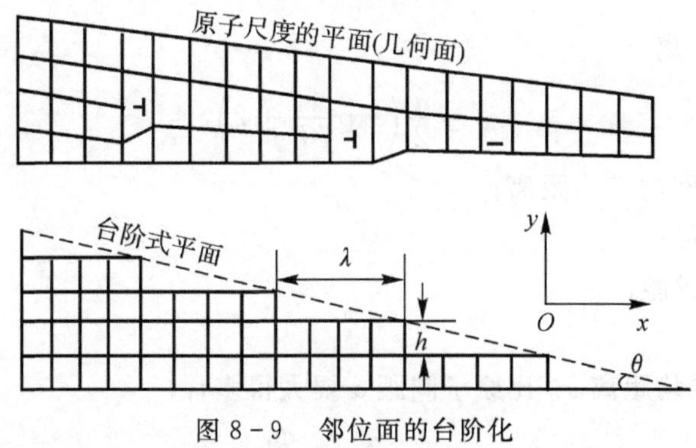

图 8-9　邻位面的台阶化

如图 8-9 所示，邻位面偏离奇异面的角度愈大，台阶化后邻位面上的台阶密度 k 愈大，k 与台阶间距 λ 的关系为

$$k=\frac{1}{\lambda} \tag{8-28}$$

因此，邻位面的斜率 $\tan\theta$ 与台阶密度 k、台阶高度 h 间的关系为

$$\tan\theta=\frac{\partial y}{\partial x}=-hk \tag{8-29}$$

由上式可知，奇异面的台阶密度 $k=0$，因而奇异面是光滑面。当邻位面与奇异面的夹角 θ 增加时，台阶密度 k 也随着增加。当台阶密度很大，台阶间距只有几个原子间距时，台阶的意义就模糊了，这样的表面称为粗糙面，即前述的非奇异面。所以，通常所说的台阶化只能是指邻位面的台阶化。奇异面不可能台阶化，只能是光滑界面。

8.2.3　柯塞尔模型

柯塞尔(Kossel) 首先提出台阶的平衡结构模型，即柯塞尔模型(Kossel Model)，如图 8-10 所示。从晶体生长的观点出发，该模型解释了在生长温度下台阶的平衡结构。

考虑简单立方晶体(001) 面上的[100] 密排方向的台阶，最近邻的原子间的相互作用能(键合能) 为 $2\Phi_1$。在 0 K 时，此台阶是直的，当温度上升时，由于热涨落出现了扭折。扭折的正负定义是：沿着台阶方向前进，规定左边的晶面高于右边，遇到扭折向左拐，扭折为负；向右拐，扭折为正。其中有一些扭折与吸附的单个原子(图中 B 位置) 相联系，有一些与吸附的空位(图中 A 位置) 相联系。

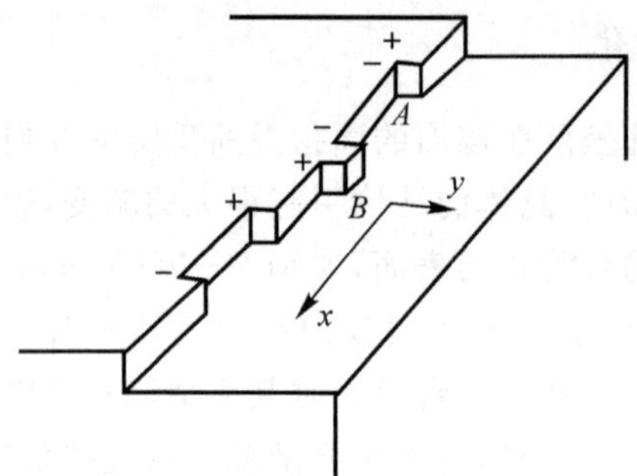

图 8-10　台阶上热涨落产生的扭折

扭折之间的平均距离

$$x_0 = \frac{a}{2}\left(\exp\frac{\Phi_1}{kT} + 2\right) \tag{8-30a}$$

式中　x_0—— 扭折之间的平均距离；

a—— 原子间距；

Φ_1—— 扭折形成能；

T—— 温度。

由于扭折之间的平均距离 x_0 比原子间距 a 要大得多，故

$$x_0 = \frac{a}{2}\exp\frac{\Phi_1}{kT} \tag{8-30b}$$

式(8-30b)说明，当温度接近 0 K 时，扭折间距 x_0 很大，可以认为台阶上没有扭折存在。在晶体生长的温度下，台阶上通常有扭折存在，或者说在有限温度下具有扭折的台阶才是台阶的平衡结构。可以估计台阶上扭折间距的数量级。从蒸气中吸附一个原子到扭折处所释放的能量称为蒸发热，这个能量可以通过实验测定。如图 8-11 所示，从蒸气中吸附一个原子到扭折处将形成三个键，每个键的键合能为 $2\Phi_1$，故所释放的蒸发热为 $6\Phi_1$，而扭折的形成能为 Φ_1，故扭折的形成能为蒸发热的 1/6。通常蒸发热的数量级为 -0.6 eV，因而扭折形成能为 -0.1 eV。根据式(4-17b)，可以估计在 600 K 时，扭折之间的平均距离仅为 4～5 个原子间距，所以在晶体生长过程中扭折的来源不可能限制晶体生长，因为台阶上借助热涨落可以自发地产生台阶。台阶前进虽然要消耗扭折，但是是用之不竭的。

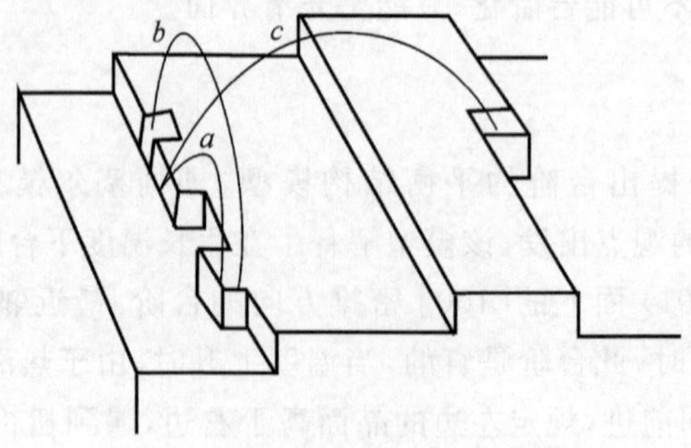

图 8-11　晶体表面的原子过程

邻位面台阶化后可以降低表面能，但是其表面能仍然超过相邻的奇异面的表面能。如果将邻位面理解为具有一定数量台阶的奇异面，则邻位面与相邻的奇异面的表面能的差值就可以理解为台阶的能量。

物体为降低其表面能，将尽可能地减小其表面积，形成了表面张力，相似的台阶也将尽可能减小其长度，降低台阶的能量，形成台阶的线张力。台阶的线张力在数值上等于单位长度台阶所具有的能量。

在温度为 0 K 时，沿密排方向的台阶上是没有扭折存在的。如果在 0 K 时一台阶偏离了密排方向，由于台阶线张力的存在，要求台阶具有最小的长度，故要求台阶为直线。但是，由于此偏离方向上单位长度的台阶具有的能量大于密排方向单位长度的台阶所具有的能量，故该面的表面能较高，因而有自发“台阶化”的倾向，形成由奇异面构成的台阶面。虽然原台阶的长度增加了，但由于台阶侧面为二奇异面所代替，比表面能降低了，所以台阶总能量会降低，从而导致在偏离密排方向的台阶上会出现几何取向所要求的扭折，与密排方向的偏离愈大，因为几何取向所要求存在的扭折愈多。

8.2.4　杰克逊模型

晶体和环境相处于热平衡态时，晶体-流体（蒸气、熔体、溶液）界面在宏观上是静止的，但是从原子角度来看，晶体-流体界面在任何时刻都有大量的生长单元离开界面处的晶格座位，同时又有大量的生长单元从流体相进入界面上的晶格座位，只不过两者的速率相等。

在研究界面的平衡结构之前，首先要区分在晶体-流体界面上的生长单元是属于晶体，还是属于流体。晶体中的原子只能在其平衡位置附近振动，因而对时间取平均值，晶体中原子的位置是固定的，而流体中原子的位置对时间取平均值，其位置是变化的。于是，要区别界面处晶格座位上的原子是属于晶体，还是属于流体，只要考察该原子的位置关于时间的平均值即可。如果该原子的位置关于时间的平均值是固定的，则该原子就属于晶体，否则即使原子暂时占有晶格座位，也属于流体相，因为下一时刻它将离开晶格座位。

杰克逊(Jackson) 提出的界面平衡结构模型，即杰克逊模型(Jackson Model)，从晶体生长的观点出发解释了在生长温度下台阶的平衡结构。

考察一单元系统，假设生长单元就是一个单原子。单元系统中单位质量的晶体与流体相的体积、内能、熵是不同的，因而在界面层的 N 个原子中，属于晶体相的原子成分不同，该界面层所具有的吉布斯自由能也就不同。

杰克逊模型考虑的界面是一种单原子层。假设界面层中原来的 N 个原子座位全为流体相原子所占有，其中有 N_A 个原子转变为晶体相原子，即属于晶体成分为 $X=N_A/N$，属于流体的成分为 $1-X$。如果界面层的 N 个原子座位中有近 50% 的原子座位属于晶体相或流体相，即 $X\approx 50\%$，这类界面称为粗糙界面；如果界面层中有 0% 或 100% 的原子座位属于晶体相，即 $X\approx 0$ 或 $X\approx 100\%$，这类界面称为光滑界面。

流体相原子之间没有相互作用，而晶体相原子与流体相原子之间也无相互作用，只是晶体相原子之间有相互作用，如图 8 - 12 所示。图中，η_0 表示界面层中一个原子在晶体表层中的近邻数(非水平键数)，η_1 表示界面中一个原子在界面层中可能存在的近邻数(水平键数)，若晶体相内部一个原子的近邻数(键数) 为 Z，则 $Z=2\eta_0+\eta_1$。

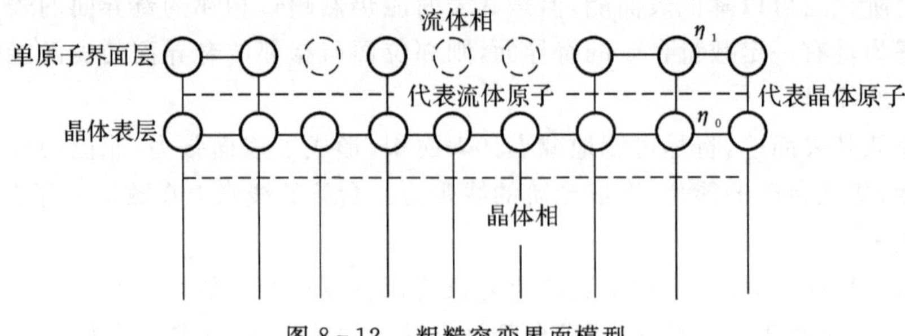

图 8-12　粗糙突变界面模型

界面的吉布斯自由能的变化 ΔG 与界面层中晶体相原子成分 X 的函数关系为

$$\frac{\Delta G}{NkT_e}=\alpha X(1-X)+X\ln X+(1-X)\ln(1-X) \tag{8-31}$$

式中　T_e—— 晶体相与流体相的平衡温度；

α—— 界面相变熵。

$$\alpha=\frac{L_0}{kT_e}\frac{\eta_1}{Z} \tag{8-32}$$

式中　L_0—— 一个流体相原子转变为晶体相原子所引起的内能变化；

η_1—— 界面中一个原子在界面层中可能存在的近邻数(水平键数)；

Z—— 晶体相内部一个原子的近邻数(键数)。

式(8-31)是一个很重要的关系式，适用于气相生长、溶液生长和熔体生长系统。图 8-13 是不同的界面相变熵 α 的 $\Delta G/(NkT_e)$ 随 X 变化的曲线。

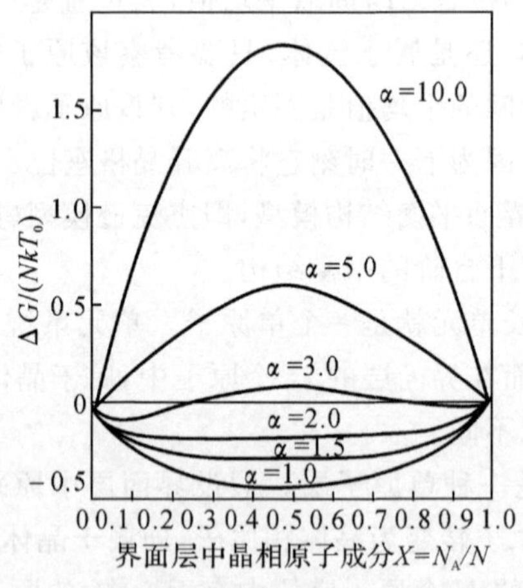

图 8-13　界面层中 $\Delta G/(NkT_e)$ 随 X 变化的曲线

由图 8-13 可以看出，对不同的界面相变熵 α，所对应的自由能曲线 $\Delta G(X)/(NkT_e)$ 的形状很不相同。对给定的 α 值，可以从曲线上找到吉布斯自由能极小时的 X，此 X 值能够表明界面的平衡性质。例如，对 $\alpha=1.0$ 的曲线，当 $X=50\%$ 时，吉布斯自由能最小，也就是说，此时界面的平衡结构是粗糙面。对 $\alpha=10.0$ 的曲线，当 $X=0\%$ 或 100% 时，吉布斯自由能最小，故界面的平衡结构是光滑界面。

自由能关于 X 的曲线可分成两类，一类是界面相变熵 $\alpha>2$ 的生长系统，在这类生长系统中晶体-环境相的界面是光滑界面。界面上不能自发产生台阶，因此这种系统在生长过程中，台阶源可能成为限制晶体生长的主要因素。实验表明，在这种生长系统中所长出的晶体，或者是多面体，或者是在界面上出现小面。通常的气相生长、溶液生长（水溶液法、水热法、助熔剂法、金属溶剂法）属于这类生长系统。

另一类是界面相变熵 $\alpha<2$ 的生长系统，在这类生长系统中晶体－环境相的界面是粗糙界面，晶体生长过程中台阶源不成问题，限制这种系统内生长的主要过程是热量和质量的传输过程。这类生长系统中的相界面在几何上往往是和等温面或等浓度面的形状相似，因而所长出的晶体不会呈现多面体形状，大多数金属晶体的熔体生长属于这类系统。

界面相变熵 α 是一个重要的参量，由式(8-32)可以看出，α 是两个因子的乘积。第一个因子是 $L_0/(kT_e)$，其中 L_0 是单个原子相变时内能的改变，也可以近似地看成是单个原子的相变潜热，T_e 是两相的平衡温度，k 是玻耳兹曼常数。由此可见，L_0/T_e 是单个原子相变时熵的改变，故称为物质相变熵。它取决于相变潜热和两相的平衡温度，即不仅取决于构成系统的物质，还取决于系统中共存的两相的类别。例如，水和铝是不同物质，故其相变熵不同。而同一物质，如水，水-冰的相变熵和水-汽的相变熵也是不同的。

决定 α 的第二因子是 η_1/Z，其中 Z 是晶体内一个原子的近邻数，即配位数，这是一个与晶体结构有关的常数。而 η_1 是界面层中的原子在该单原子界面层中的近邻数，它取决于界面层的面指数。例如，对面心立方晶体，如果只考虑最近邻的相互作用，$Z=12$，若界面为{111} 面，其 $\eta_1=6$，则 $\eta_1/Z=1/2$；若界面为{100} 面，其 $\eta_1=4$，则 $\eta_1/Z=1/3$。因此，对给定的晶体，其结构确定，界面的面指数不同，η_1/Z 就不同，α 也就不同，η_1/Z 称为界面取向因子，故界面相变熵等于物质相变熵与界面取向因子的乘积，显然，界面愈是低指数面，愈是密堆积面，其 η_1/Z 愈大，α 亦愈大。

8.2.5 特姆金模型

特姆金模型(Temkin Model) 即扩散界面模型，又称多层界面模型。这种模型比双层界面(Jackson) 模型右更多的优点。例如，多层界面模型不限制界面的层数，对所有类型的晶体-流体界面都适用，所以更具有一般性。利用这种模型可以确定热平衡条件下界面的层数，并可根据非平衡状态下界面自由能的变化推测出界面相变熵对界面结构的影响。当然，多层界面模型也还存在着局限性。例如，所用的理论推导仍采用统计计算，引用了布喇格-威廉斯(Bragg-Williams) 近似，忽略了原子的偏聚效应。但作为研究界面性质的模型，当前仍为较好的模型。

特姆金模型的基本假设如下：

(1) 简单立方晶体的{001} 面。生长单元分别看成固体块（固体原子）和流体块（流体原子）。晶体由固体块组成，并只考虑最近邻固体块之间的相互作用，每个固体块有 4 个水平键和 2 个垂直键，水平键和垂直键的键能不相等。

(2) 流体看成均匀的连续介质，整个晶-流界面是由固体原子和流体原子相互接触的空间区域，在此区域内的全部原子都位于相当于实际固体的晶格座位上。空间区域由许多层组成，每层由固体原子和流体原子组成，层间距为{001} 面的面间距，用 d_{001} 表示。

(3) 界面层中特定面的层数用 n 表示，如图 8-14 所示，第 n 层所包含的原子座位数为 N，其中坐有 N_S 个固体块和 N_F 个流体块，即 $N=N_S+N_F$。

(4) 定义第 n 层中固体块的成分为 $C_n = N_S/N$，则流体块的成分为 $1-C_n$，而 $-\infty \leqslant n \leqslant +\infty$，边界条件为 $C_{-\infty}=1, C_{+\infty}=0$，即当 $n=-\infty$ 变化到 $n=+\infty$ 时，原子从完全固体相转变为完全流体相。

(5) 固体块只能在固体块上堆积，因而 $C_{n+1} \leqslant C_n$，即在完全的流体块中没有孤立的固体块存在。

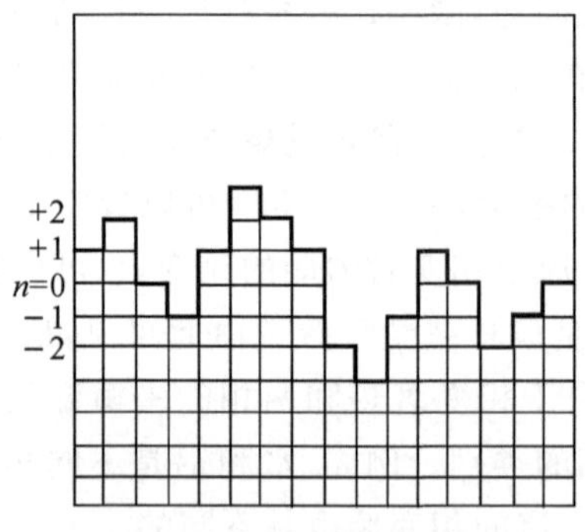

图 8-14　多层界面模型

当界面变粗糙时所引起的界面自由能变化 ΔG 的一般表达式为

$$\frac{\Delta G}{NkT} = \beta\left[\sum_{n=-\infty}^{0}(1-C_n) - \sum_{n=1}^{+\infty}C_n\right] + \alpha\sum_{n=-\infty}^{+\infty}C_n(1-C_n) + \sum_{n=-\infty}^{+\infty}(C_n - C_{n+1})\ln(C_n - C_{n+1}) \quad (8-33)$$

其中

$$\beta = \frac{\Delta\mu}{kT} = \frac{\mu_F - \mu_S}{kT}$$

$$\alpha = \frac{4\varepsilon}{kT}$$

式中　μ_F—— 流体块的化学势；

μ_S—— 固体块的化学势；

ε—— 形成一个固体-流体水平键所获得的能量。

利用求极值的方法，根据上式可以得出界面处于平衡状态时固体块成分的函数关系式

$$\frac{(C_n - C_{n+1})}{(C_{n-1} - C_n)}\exp(-2\alpha C_n) = \exp(-\alpha + \beta) \quad (8-34)$$

式(8-34)无法得到解析形式的结果，只能用数值解法求解，其数值计算结果如图 8-15 所示。图中是在平衡温度下($\beta=0$)，界面处于平衡状态时，对于不同的 α 值，C_n 与 n 的关系。图 8-15 中晶体-流体界面的层数见表 8-1。由式(8-34)和图 8-15 可以得到如下结论：

(1) 在平衡温度下($\beta=0$)，界面的宽度(或厚度)决定于 α 值。当 α 值较小时，界面自由能的极大值和极小值几乎没有差别，界面为扩散界面；当 α 值较大时，界面自由能的极大值与极小值的差别很大，界面为突变界面。

(2) 在过冷状态下($\beta>0$)，式(8-33)右边的第一项起作用，相当于普通参量 β 在界面上施加了附加的驱动力。当附加驱动力较小时，界面自由能的极大值与极小值相差较大；当附加驱动力较大时，不存在界面自由能的极大值和极小值，这样就必然存在着临界 β_C。当 $\beta > \beta_C$ 时，

随着界面的移动，界面自由能趋于降低，界面移动时已不再需要激活能。图 8－16 是过冷状态下的界面 α 与 β 的关系，从图中可以找出 β_C，整个平面分成 A 和 B 两个区域。A 区域自由能 (ΔG) 具有真正的极小值，因而是稳定区，如果原来为光滑面，则生长过程中仍为光滑面。B 区域没有自由能的极小值，因而是不稳定区域，原来光滑的界面转变为粗糙界面。如果 α 值足够大时，即使对应较高的 β 值，界面也可以保持稳定的状态；如果 $\alpha < 1.2$，则不管 β 多大，界面总是粗糙的。

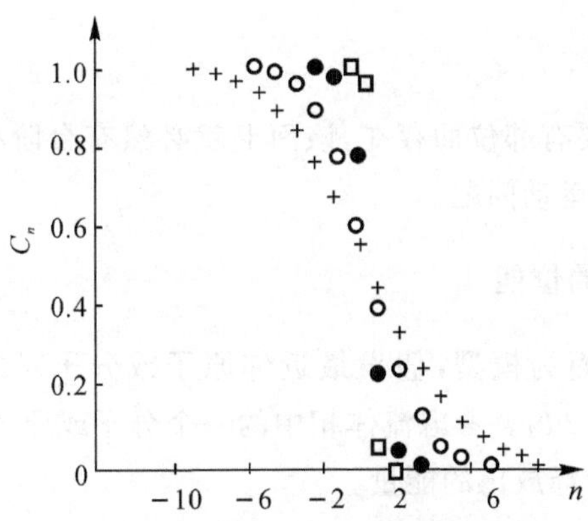

图 8－15　晶体-流体界面的扩散度

表 8－1　晶体-流体界面的层数

α 值	界面层数	在图 8－15 中的记号
0.446	20	+
0.769	12	○
1.889	4	●
3.310	～2	□

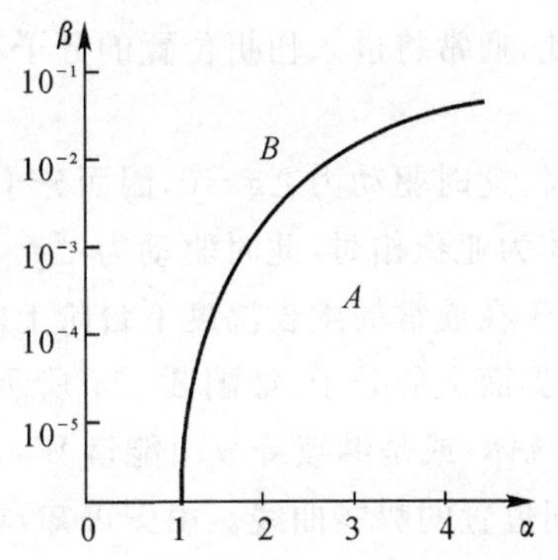

图 8－16　过冷状态下的界面 α 与 β 的关系

8.3 晶体生长动力学

通常，将生长速率 R 和驱动力之间的关系 $R(\Delta g)$ 称为界面动力学规律，它取决于晶体生长的机制，而晶体生长的机制又取决于生长过程中界面的结构，因而界面动力学规律与界面的结构是密切相关的。

8.3.1 邻位面的生长

在晶体生长过程中，只要有邻位面存在，该面上就必然有台阶存在，于是邻位面的生长问题就是台阶在光滑界面上的运动问题。

8.3.1.1 界面上分子的位能

以简单立方晶体{100}面为模型，假设最近邻原子或分子对的交互作用能（键合能）为 $2\Phi_1$，次近邻的交互作用能为 $2\Phi_2$。考虑流体相中的一个分子或原子进入如图 8-17 所示的界面（邻位面）上的不同位置所释放出的能量。

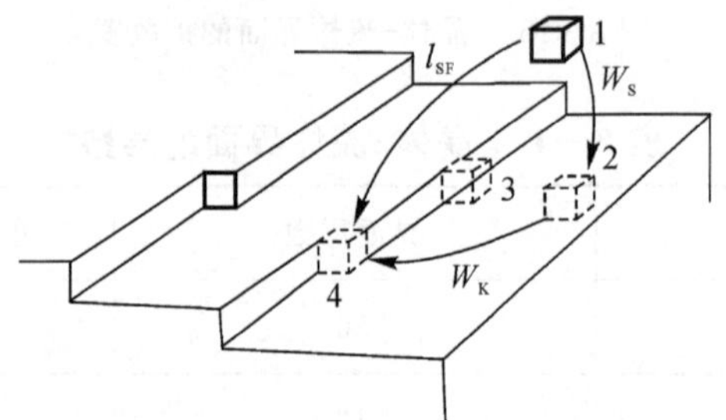

图 8-17 邻位面上吸附分子的不同位置

当流体分子或原子由位置 1 达到位置 2 时，形成了一个最近邻键和 4 个次近邻键，释放的能量为 $W_S=2\Phi_1+8\Phi_2$；流体分子或原子达到位置 3 时，释放的能量为 $4\Phi_1+12\Phi_2$；达到扭折位置 4 时，释放的能量为 $6\Phi_1+12\Phi_2$。由此可见，在这些位置中，到达扭折位置 4 所释放的能量最大，故其位能最低，最稳定。因此，通常将进入扭折位置的分子看成晶体相分子，进入扭折位置所释放的能量为相变潜热 l_{SF}。

当晶体和流体处于平衡态时，此时驱动力 $\Delta g=0$，因而分子吸附到扭折位置上的速率和离开扭折位置的速率相等。当流体为亚稳相时，此时驱动力 $\Delta g<0$，因而分子吸附到扭折位置上的速率较大，故晶体生长。由于在通常的生长温度下台阶上能自发地产生扭折，且扭折密度较高，故生长速率快。而吸附于界面上的分子，如图 8-17 所示的位置 2，其位能较高，较不稳定，或是吸收能量 W_S 重新回到流体；或是继续释放出能量 W_K，通过面扩散达到扭折位置。

图 8-18 所示是界面上不同位置的势能曲线。由图可知，单个分子的相变潜热 l_{SF} 可表示为

$$l_{SF}=W_S+W_K \tag{8-35}$$

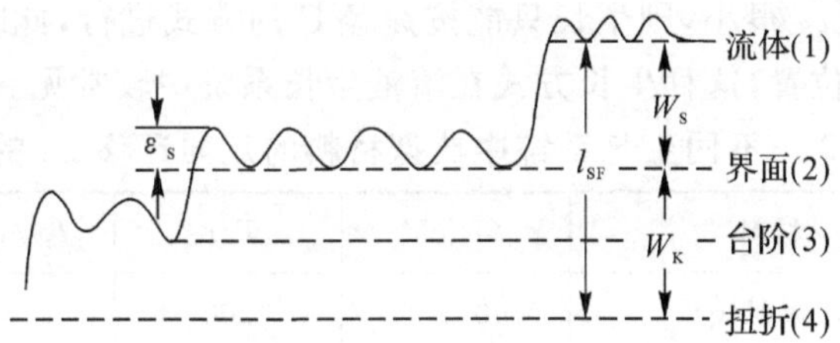

图 8-18　界面上不同位置的势能曲线

因此，晶体生长可能的途径有：

途径 A：流体分子(1) $\xrightarrow{\text{体扩散}}$ 面吸附分子(2) $\xrightarrow{\text{面扩散}}$ 台阶上的分子(3) $\xrightarrow{\text{线扩散}}$ 扭折(4)

途径 B：流体分子(1) $\xrightarrow{\text{体扩散}}$ 扭折(4)

途径 C：流体分子(1) $\xrightarrow{\text{体扩散}}$ 面吸附分子(2) $\xrightarrow{\text{面扩散}}$ 扭折(4)

一般说来，台阶上扭折位置之间的距离 x_0 较小，由台阶上的位置 3 通过一维扩散到达扭折位置比较容易。因此，可以认为凡是到达台阶上的分子都能立即到达扭折位置，故生长过程中流体分子或是通过途径 B 到达扭折位置，或是通过途径 C 到达扭折位置。

8.3.1.2　吸附分子的面扩散

如图 8-17 所示，位置 2 的吸附分子由于热激活可能离开晶面进入流体，但是这个过程需要吸收能量 $W_S=2\Phi_1+8\Phi_2$，因而 W_S 就是吸附分子返回流体需要克服的位垒。吸附分子在热激活下进行面扩散，移向最近邻的晶格座位需要克服的位垒 ε_S 却低得多，如图 8-18 所示，也可以认为 ε_S 是吸附分子能够面扩散所必需的能量，称为面扩散激活能。

当晶体和流体共存时，不断地有流体分子吸附于界面，同时又不断地有吸附分子离开界面。平均地说，一个分子在界面上逗留的时间称为吸附分子的平均寿命。在吸附分子的平均寿命内，无规则的漂移在给定方向的迁移(面扩散距离)x_S 的表达式为

$$x_S=\frac{a}{2}\exp\left(\frac{W_S-\varepsilon_S}{2kT}\right) \tag{8-36}$$

上式是以简单立方晶体的{100}面为晶体模型，但是 x_S 的导出并不依赖于该晶体模型，它对不同结构的晶体的面扩散都是适用的。不同晶体、不同晶面、不同流体相，在不同温度下将有不同的 x_S 值。

对不同结构晶体的研究表明，虽然 W_S，ε_S 不同，但是对任何晶面其差值 $W_S-\varepsilon_S$ 大致等于 0.45 l_{SF}，故

$$x_S=\frac{a}{2}\exp\left(\frac{0.22l_{SF}}{kT}\right) \tag{8-37}$$

用式 8-37 估计了不同生长系统中典型材料吸附分子的定向迁移 x_S，结果如表 8-2 所示。

吸附分子的定向迁移 x_S 的大小对晶体生长的基本过程影响很大。x_S 的大小可以影响到流体分子达到界面上扭折位置的途径。如果 x_S 较大，而界面上台阶的间距以及台阶上扭折位置的距离小于 x_S，这意味着吸附分子在其寿命内就可能和台阶或扭折相遇而被捕获。在这种情况下，界面上的所有吸附分子都对生长有贡献，生长将按途径 B 的方式进行，气相生长就是

这种方式的典型。如果 x_S 很小，则生长只能按途径 C 的方式进行，此时生长只能是流体分子通过扩散直接到达扭折位置，这种生长方式在溶液生长系统中较常见。

表 8-2　不同生长系统中典型材料的定向迁移 x_S 的估计

生长系统	材料	l_{SF}/eV	T/K	l_{SF}/(kT)	x_S(a)
气相生长	水银(Hg)	0.65	200	37	2 500
	镉(Cd)	1.2	573	23	100
	冰	0.53	273	22	75
熔体生长	水杨酸苯酯(Salo1)	0.94	314	35	1 500
	硅(Si)	0.4	1 704	3.3	1
	锡(Sn)	0.07	505	1.6	0.7
溶液生长	明矾	0.29	320	11	6
	ADP	0.09	310	3.5	1
	蔗糖	0.03	273	1.1	0.5

8.3.1.3　台阶动力学

当环境相处在过饱和状态时，吸附分子从环境相向生长界面(光滑界面)移动，再沿着界面到达台阶，通过分子的这种流动促使台阶不断运动。所以，台阶的运动速度取决于吸附分子沿界面的二维扩散流量。

如果吸附分子的扩散是稳态扩散，而且吸附分子的面扩散距离 x_S 远大于扭折间距 x_0，那么单直台阶的运动速率 V_∞ 与名义驱动力(过饱和度 σ 或过冷度 ΔT) 成线性关系。

对于气相生长系统，有

$$V_\infty = A|\Delta g| = (AkT)\sigma \tag{8-38}$$

式中

$$A = 2\frac{x_s \nu_0}{kT}\exp\left(-\frac{l_{SF}}{kT}\right)$$

对于溶液生长系统，有

$$v_\infty = A|\Delta g| = (AkT)\sigma \tag{8-39}$$

式中

$$A = \frac{2\pi D c_0 \Omega}{kT x_0}$$

对于熔体生长系统，有

$$v_\infty = A|\Delta g| = \left(A\frac{l_{SF}}{T}\right)\Delta T \tag{8-40}$$

式中

$$A = \frac{3D}{akT}$$

上述诸式中　D—— 扩散系数；
a—— 晶格常数；
C_0—— 溶液的平衡浓度；
Ω—— 溶质原子的体积；
x_0—— 台阶上扭折的间距；
x_S—— 吸附分子的面扩散距离；
ν_0—— 吸附分子上下振动的频率；
l_{SF}—— 单个分子的相比潜热。

如果存在一系列平行直台阶，为简单起见，假设台阶等间距分开，其间距为 y_0，仍然假设吸附分子的面扩散距离 x_S 远大于扭折间距 x_0，那么在驱动力 Δg 作用下直台阶列的运动速率表达式为

$$U_\infty = V_\infty \tanh \frac{y_0}{2x_S} \tag{8-41}$$

式中，双曲线正切函数总是小于或等于 1，因而等间距平行直台阶列的速度 U_∞ 只能是小于或等于单直台阶的速率 v_∞，即当 $y_0 \leqslant 2x_S$ 时，有

$$\tanh(y_0/2x_S) < 1$$

因而

$$U_\infty < v_\infty$$

当 $y_0 \gg 2x_S$ 时，有

$$\tanh(y_0/2x_S) \to 1$$

因而

$$U_\infty \to V_\infty$$

8.3.1.4　邻位面生长动力学

邻位面上必然有台阶，由于台阶运动，晶体将迅速地生长，甚至在很低的过饱和度或过冷度下生长速率 R 也是很高的。然而，在对界面形状的约束较为松弛的生长系统中，如气相生长或溶液生长，邻位面迅速生长的重要的后果是使邻位面自身消失，从而使界面转变成为光滑界面。但是，在对界面的约束十分强烈的生长系统中，如熔体生长中的提拉法，邻位面可以始终存在于生长的全过程中，邻位面生长机制在这种生长中将起重要作用。

图 8-19 所示是提拉法生长时界面为凹面的情况，界面上出现光滑面和邻位面。由于界面受到温度场的强烈约束，只要不改变温度场，凹界面的曲率总是不会改变的。在这种情况下，邻位面是不会消失的。于是，邻位面为光滑面的生长提供了无限的台阶，称为邻位面生长机制。

如图 8-20 所示，如果邻位面上的台阶高度为 h，台阶间距为 λ，在界面上沿 x 方向单位长度的台阶数为 K，此即台阶密度。一般来说，台阶密度是界面上的位置和时间的函数，即 $K(x,t)$。定义单位时间内通过某点的台阶数为该点的台阶流量 q，并假设台阶流量只是台阶密度的函数，即 $q=q(K)$。于是台阶的运动速率 $v_\infty = q/K$。

光滑面的法向生长速率 $R=hq$，于是当邻位面提供的台阶是平行的等间距的台阶列时，所引起的光滑面(奇异面) 的生长速率为

$$R = hKU_{\infty} \tag{8-42}$$

平行台阶列的运动所引起的邻位面的法向生长速率为

$$v = R\cos\theta = \frac{h}{\sqrt{\lambda^2 + h^2}}U_{\infty} \tag{8-43}$$

由此可见，邻位面生长机制的动力学规律是线性规律，亦即邻位面的法向生长速率 v 与驱动力 Δg（或名义驱动力 σ 或 ΔT）成线性关系。

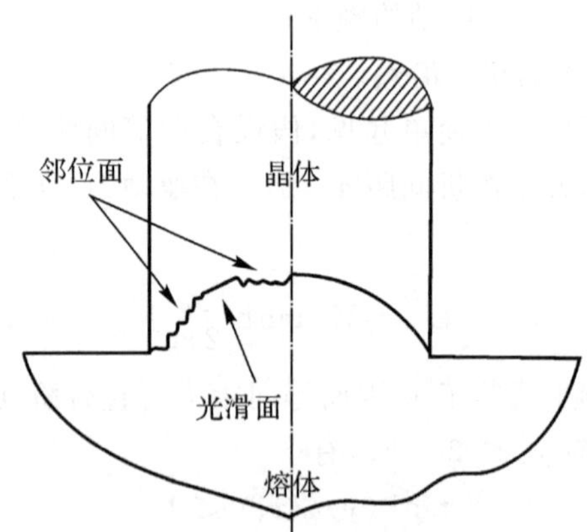

图 8-19　提拉法生长中的凹界面

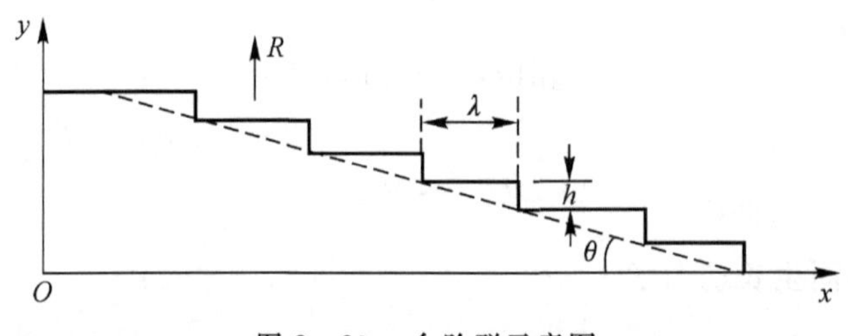

图 8-20　台阶群示意图

8.3.2　光滑界面的生长

光滑界面上不能自发地产生台阶，而在通常情况下，邻位面所具有的台阶在较低驱动力的作用下将很快地运动，最后消失在晶体边缘，于是邻位面就消失了，剩下的是不能自发地产生台阶的光滑面。因此，必须考虑光滑界面的生长机制。

8.3.2.1　二维成核生长机制（完整光滑突变界面的生长）

光滑界面上被吸附的流体原子或分子，可以聚集成二维胚团。二维胚团一旦出现，系统就增加了棱边能，棱边能的作用与界面能的作用完全相似，形成了二维成核的热力学位垒，只有当二维胚团的尺寸达到某临界尺寸时，胚团才能成为自发长大的二维晶核，如图 8-21 所示。

如果单位长度棱边能为 γ_e，单个分子或原子所占面积为 f_0，胚团是半径为 r 的圆，当流体相为亚稳相时，驱动力 Δg 为负，则形成半径为 r 的圆形二维胚团所引起系统吉布斯自由能的变化为

$$\Delta G(r)=-\frac{\pi r^2}{f_0}|\Delta g|+2\pi r\gamma_e \tag{8-44}$$

式(8－44)第一项是光滑界面上出现半径为 r 的二维胚团时，由于亚稳相的流体原子或分子转为稳定相的晶体原子或分子所引起系统的吉布斯自由能的降低，第二项是由于二维胚团形成引起的棱边能的增加。利用求极值的方法，可得二维晶核的临界半径为

$$r_c=\frac{\gamma_e f_0}{|\Delta g|} \tag{8-45}$$

二维晶核的形成能为

$$\Delta G(r_c)=\frac{1}{2}(2\pi r_c\gamma_e) \tag{8-46}$$

式(8－46)表明，二维晶核形成能为二维晶核棱边能的一半。

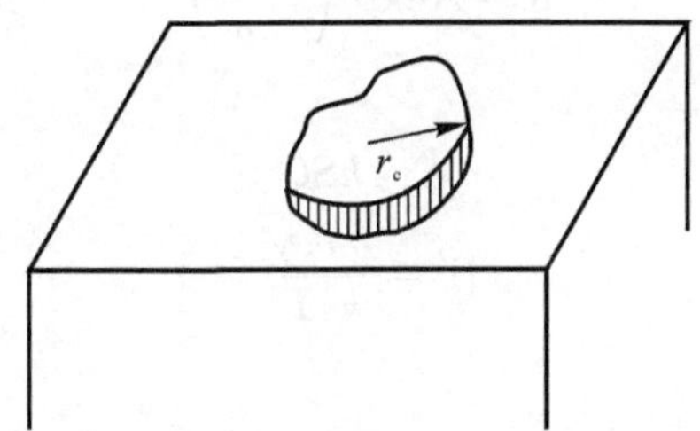

图 8－21　光滑界面上的二维晶体

事实上，棱边能是各向异性的，因而二维晶核的平衡形状应该是二维棱边能极图所确定的内接多边形(由 Curie Wulff 定理给出)。

光滑界面上单位时间、单位面积晶面上形成的二维晶核的数目，称为二维晶核在晶面上的成核率，其表达式为

$$I=C\exp\left[-\frac{\Delta G(r_c)}{kT}\right] \tag{8-47}$$

式中　$\Delta G(r_c)$—— 二维晶核的形成能；

C—— 取决于动力学因素的系数，可近似看成界面上吸附分子的碰撞频率。

如果光滑界面的面积为 S，则单位时间内的成核数为 I_S，连续两次成核的时间间隔(成核周期)t_n 为

$$t_n=\frac{1}{I_S} \tag{8-48}$$

二维晶核一旦形成，台阶在驱动力作用下沿界面运动，扫过整个晶面 S，则晶体生长一层。一个二维晶核的台阶扫过晶面所需的时间(覆盖周期)t_s 为

$$t_s=\frac{\sqrt{S}}{v_\infty} \tag{8-49}$$

1. 单二维核生长

如果 $t_n \gg t_s$，表明二维晶核形成后，在新的二维晶核再次形成前有足够的时间让该核的台阶扫过整个晶面，于是下一次二维晶核将在新的晶面上形成。因此，每一层晶面的生长仅用了一个二维晶核，这样的生长方式称为单二维核生长。

这种情况下，每隔时间 t_n，晶面就增加一个台阶的高度 h，于是晶面的法向生长速率

$$R = A\exp\left(-\frac{B}{\Delta g}\right) \tag{8-50}$$

式中

$$A = hSC$$
$$B = \frac{\pi f_0 \gamma_e^2}{kT}$$

式(8-50)表明，在单二维核生长的情况下，生长速率R和驱动力Δg之间成指数关系。将不同生长系统中的驱动力的表达式代入式(8-50)，即得到不同生长系统中生长速率与名义驱动力的关系。

对气相生长和溶液生长，有

$$R = A\exp\left(-\frac{B'}{\sigma}\right) \tag{8-51}$$

式中

$$A = hSC$$
$$B' = \frac{\pi f_0 \gamma_e^2}{k^2 T^2}$$

对熔体生长，有

$$R = A\exp\left(-\frac{B''}{\Delta T}\right) \tag{8-52}$$

式中

$$A = hSC$$
$$B'' = \frac{\pi f_0 \gamma_e^2 T_m}{kTl_{SF}}$$

研究表明，气相单二维核生长，当过饱和度为100%时，晶体生长速率大约为每月50 nm，这样的生长速率在实验上是无法测量的。

2. 多二维核生长

如果$t_n \ll t_s$，表明单个核的台阶扫过晶面所需的时间远远超过连续二次成核的时间间隔，因而同一层晶面的生长，就需要有两个以上的二维晶核，这样的生长方式称为多二维核生长，如图8-22所示。当所有相邻的二维晶核的台阶在图中虚线处相遇时，台阶消失，晶面就增加一个台阶的高度h。

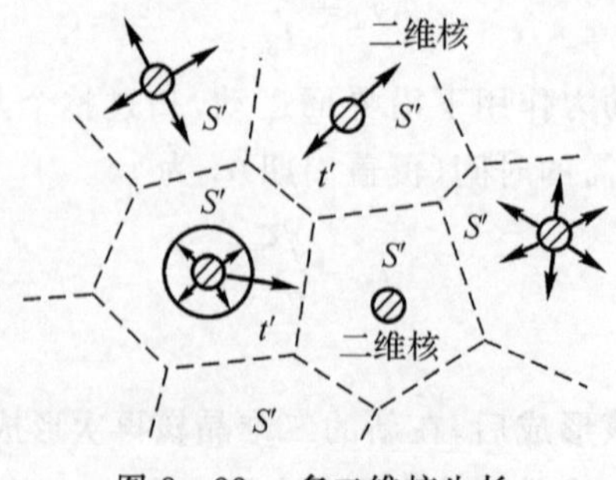

图8-22 多二维核生长

光滑界面上某二维晶核的出现到相邻二维晶核的台阶相遇而消失，这个时间间隔的平均

值称为二维晶核的寿命。因为在二维晶核的平均寿命内，晶体生长一个台阶的高度 h，故多核生长时界面的法向生长速率

$$R = A'' (\Delta g)^{\frac{2}{3}} \exp\left(-\frac{B''}{|\Delta g|}\right) \tag{8-53}$$

式中，A''，B'' 可以根据不同的生长系统中的台阶运动速率的表达式(8－38)、式(8－39)、式(8－40)和二维成核率的表达式(8－47)求得。值得注意的是，两种二维晶核生长过程的生长速率 R 和驱动力 Δg 之间的关系基本上都是指数关系。

对溶液生长系统中，过饱和度为 10% 的情况进行了估算，其生长速率大体上与实验观测的结果相符合。

8.3.2.2　位错生长机制(非完整光滑突变界面的生长)

光滑界面不能自发地产生台阶，因而晶体只能通过二维成核机制不断地产生台阶以维持晶体的持续生长。二维成核需要克服由于棱边能作用而形成的热力学位垒，欲得到可以观测到的生长速率存在一个临界驱动力，低于此临界驱动力几乎无法观测到生长速率。但是，大多数的晶体生长实验表明，即使在很低的驱动力下，晶体仍然以可观察到的一定速率生长着。这说明生长过程中必然也有某些可能消除或减小二维成核的热力学位垒的催化作用存在，如位错的存在就能消除或减小二维成核的热力学位垒。

1. 位错对生长的贡献

晶体中必然存在一定数量的位错。如果一个纯螺型位错和光滑界面正交，就会产生一个高度等于界面间距的台阶，如图 8－23 所示。不管晶面如何生长，这种类型的台阶是永存的。

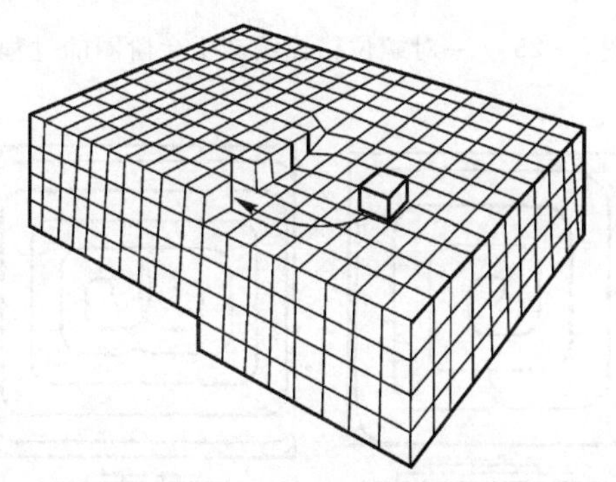

图 8－23　纯螺位错与光滑界面正交所产生的台阶

这是由于晶体中出现了螺位错，晶面已经成为一个连续的螺蜷面，而不再像完整晶体那样是一层一层垛起来的。由于这种因位错产生的台阶永远存在，因而能在生长过程中提供无穷无尽的台阶源，这就完全消除了光滑界面生长的热力学位垒，去除了二维成核的必要性。

因位错产生的台阶把螺位错的端点和晶体的边缘连接起来，在驱动力作用下，当流体原子或分子被吸附在晶体表面并扩散到台阶之后，台阶便向前推进。既然位错端点固定不动，台阶就势必绕着此端点旋转。由于使台阶内端旋转一周比使台阶外端旋转一周所需要的原子少，因此台阶内端部分比台阶外端部分旋转得快，即角速率要大些，因而台阶便成为螺蜷状，如图 8－24 所示。

台阶发展成为螺蜷状之后，台阶内端的角速度不会永远比外端大。因为台阶内端的曲率

半径总比外端的小，所以台阶内端运动速率也就会比外端的小。最后，台阶的形状达到稳定状态时，台阶上各点的角速度都是一样的，这样的生长方式将在光滑界面上形成蜷线式的小丘，称为生长丘。

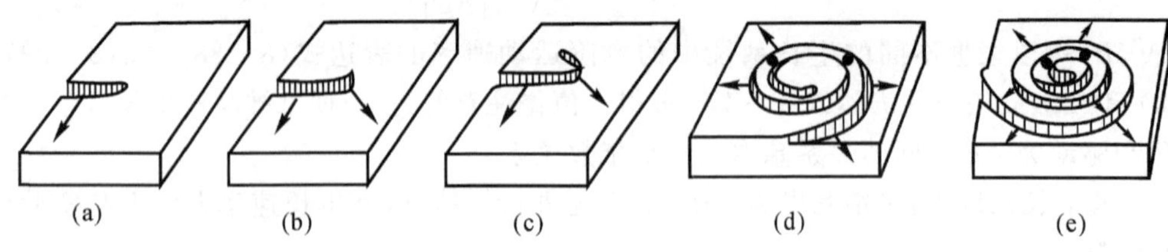

图 8-24　螺蜷状台阶的发展

如果有一对异号螺位错（一个左旋螺位错和一个右旋螺位错）在表面露头，间距大于 $2r_c$（r_c 是二维晶核的临界半径），其间的台阶以类似的方式运动，如图 8-25 所示。由两个中心（位错露头处）传播出来的台阶相遇而消失，便形成一个闭合的台阶传播出去，这样的过程不断重复，也能提供无穷无尽的台阶。值得注意的是，一对异号螺位错所产生的台阶是一层层闭合平台，而单个螺位错所产生的台阶是一个连续螺蜷面式的台阶，如图 8-26 所示。

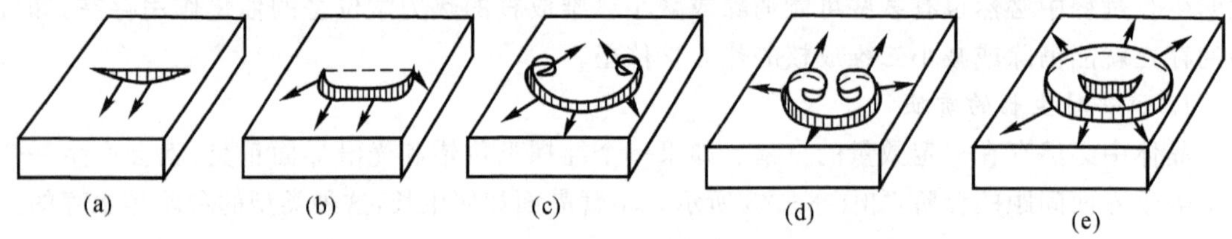

图 8-25　一对螺位错连续产生台阶圈的过程

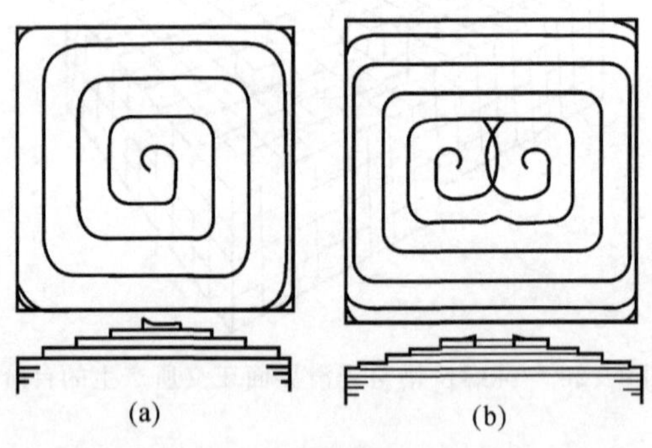

图 8-26　位错产生的生长丘

2. 位错机制的生长速率

在一定的驱动力下，如果螺蜷状台阶已达稳定形状，此后的晶体生长将是此螺蜷状台阶绕位错端点（位错露头）以等角速度旋转（界面上只有一个螺位错露头）。若光滑界面的面间距为 h，则生长速率为

$$R=\frac{h}{4\pi r_c}U_\infty \qquad (8-54)$$

对于气相生长，有

$$R = A\tanh\frac{\sigma_1}{\sigma}\sigma^2 \tag{8-55}$$

式中

$$A = \frac{hkTx_S\nu_0}{2\pi\gamma_e f_0}\exp\left(1-\frac{l_{SF}}{kT}\right)$$

当过饱和度很小时，即 $\sigma \ll \sigma_1$，$\tanh(\sigma_1/\sigma) \approx 1$，故生长速率 R 和过饱和度 σ 之间的关系为抛物线关系，即

$$R = A\sigma^2 \tag{8-56}$$

当过饱和度较大时，即 $\sigma \gg \sigma_1$，$\tanh(\sigma_1/\sigma) \approx \sigma_1/\sigma$，故生长速率 R 和过饱和度 σ 之间的关系为线性关系，即

$$R = A\sigma_1\sigma \tag{8-57}$$

对于溶液生长，结果也具有式(8-55)的形式。但参量 A，σ_1 的表达式稍有不同。同样，当过饱和度较小时，R 与 σ 具有抛物线关系；当过饱和度较大时，R 与 σ 具有线性关系。

气相生长和溶液生长中当过饱和度较小时，都由线性规律退化到抛物线规律，不过其物理原因是不同的。在气相生长中，低过饱和时，由于台阶间距大于面扩散的平均距离，因而界面上的吸附分子或原子不能全部为台阶扭折捕获，有不少分子或原子又重新升华到气相中，故 R 与 σ 的关系由线性规律降低为抛物线规律；而在溶液生长中，不存在界面扩散，当过饱和度降低时，是由于台阶间距的增加而使得单位界面内的扭折数减少了的缘故。

对于熔体生长，由螺位错生长机制导出的生长动力学规律也是抛物线关系，可以表示为

$$R = A(\Delta T)^2 \tag{8-58}$$

位错在界面上的露头，消除了二维成核的热力学位垒，使晶体在低过饱和度下也能生长。因此，当过饱和度较小时，生长速度与名义驱动力的抛物线关系反映了位错生长机制的实质。

上述结论是从一个与界面正交的螺位错推导出来的动力学规律，同样也适用于一对异号螺位错的情况。因为当一个螺位错产生台阶时，在晶面上某处所通过的台阶流量与一对异号螺位错产生台阶时所通过的台阶流量是一样的。

8.3.3　粗糙界面的生长

粗糙界面上到处是台阶、扭折，吸附原子或分子位于粗糙界面上任何位置所具有的位能是完全相等的。粗糙界面上的所有位置都是“生长位置”，因而粗糙界面生长过程中不存在为了产生台阶而需要克服的热力学位垒，也不需要晶体缺陷在生长中起催化作用。大多数晶体的熔体生长都是典型的粗糙界面生长。

当生长系统中生长温度 T 接近平衡温度 T_m，或生长蒸气压 p 接近平衡蒸气压 p_0，或生长时溶液浓度 c 近于平衡浓度 c_0 时，晶体生长速率为

$$R = h\nu\exp\left(-\frac{Q_F}{kT}\right)\frac{|\Delta g|}{kT} \tag{8-59}$$

式中　h—— 界面的面间距；

ν—— 原子的振动频率；

Q_F—— 流体原子穿越界面进入晶格座位必须克服的其近邻流体原子的约束，即激活能；

Δg—— 流体原子转变为晶体原子时吉布斯自由能的降低，即相变驱动力；

T—— 温度。

对熔体生长，代入驱动力的表达式，则

$$R=\frac{h\nu l_{\mathrm{SF}}}{kTT_{\mathrm{m}}}\exp\left(-\frac{Q_{\mathrm{F}}}{kT}\right)\Delta T \tag{8-60}$$

式(8-60)表明熔体生长系统中，晶体的生长速率R与名义驱动力ΔT成线性关系。对气相、溶液生长系统同样可得生长速率R与过饱和度σ的线性关系。

8.3.4 晶体生长动力学统一理论

界面结构决定了生长机制，而不同的生长机制表现出不同的动力学规律，因而界面结构对生长动力学的影响比生长系统对生长动力学的影响起着更加本质的作用。

完全光滑界面的生长是通过台阶的产生和台阶运动而进行的。界面上任意一点只有当台阶通过该点时，该点的界面才能前进一个晶面的间距，因而光滑界面以不连续的方式生长。又因为台阶是沿着界面运动的，故光滑界面的生长又称为侧向生长或沿面生长或层状生长。

完全粗糙的界面上到处都是台阶、扭折，晶体生长不存在克服热力学位垒的问题。在一定的驱动力下，流体原子近于连续地进入界面上的晶格座位，界面能连续地生长，故粗糙界面的生长称为连续生长或法向生长。表8-3总结了界面结构、生长机制和生长动力学规律。

表8-3 界面结构、生长机制和生长动力学规律

<table>
<tr><th rowspan="2">界面结构</th><th rowspan="2" colspan="3">生长机制</th><th colspan="3">生长动力学规律</th></tr>
<tr><th>动力学规律</th><th colspan="2">熔体生长中动力学系数的估计</th></tr>
<tr><td rowspan="2">光滑界面
(奇异面)
$\alpha>2$</td><td rowspan="2">层状生长</td><td>完整晶体</td><td>二维成核机制</td><td>指数规律
$R=A\exp\left(\frac{-B}{|\Delta g|}\right)$</td><td>$R=A\exp\left(\frac{-B}{\Delta T}\right)$</td><td>10 cm/s $<A<10^4$ cm/s
$1℃^2<B<10^4℃^2$</td></tr>
<tr><td>缺陷晶体</td><td>位错机制</td><td>抛物线规律
$R=A\,|\Delta g|^2$</td><td>$R=A\Delta T^2$</td><td>10^4 cm/(s·℃^{2}) $<A<10^{-2}$ cm/(s·℃^{2})</td></tr>
<tr><td>粗糙界面
$\alpha<2$</td><td colspan="3">连续生长</td><td>线性规律
$R=A|\Delta g|$</td><td>$R=A\Delta T$</td><td>1cm/(s·℃) $<A<10^3$ cm/(s·℃)</td></tr>
</table>

8.3.5 晶体生长形态学

一方面，晶体的形态不仅取决于晶体的本性，而且还取决于晶体的生长条件。因此，了解晶体形态的形成过程，也就了解了晶体生长的动力学过程。另一方面，不同品种的晶体往往各自具有特殊的形态，因此晶体形态可以作为鉴别晶体的一个特征。从研究不同条件下形成的晶体外形上的差异，可以了解这些条件对晶体生长的影响。

8.3.5.1 影响晶体形态的因素

晶体呈现多面体形状取决于其界面生长速率的各向异性，而界面生长速率的各向异性又取决于其微观结构。一般说来,在低的驱动力作用下,粗糙界面生长得快,有位错存在的光滑界面次之,完全光滑的界面生长得慢。如果认识到了引起界面生长速率各向异性的原因,即找到了影响晶体形状的因素,从而可以人为、有效地控制晶体生长的形状。

首先是物质相变熵的影响。若物质相变熵很小($\alpha < 2$),界面是粗糙的,在均匀的驱动力场下各晶面都按线性动力学规律生长,故生长速率是各向同性的,这种情况下晶体不表现多面体形状。如大多数金属的熔体生长。若物质相变熵较大($\alpha \geqslant 2$),同一晶体可能某些面是光滑的,某些面是粗糙的。不同类型的面按不同的动力学规律生长,粗糙面生长速率较大,光滑面生长速率较小,于是粗糙面隐没,光滑面显露,晶体呈现由光滑面所构成的多面体形状,如气相生长、溶液生长中大多数是这种情况。值得注意的是,即使同为光滑面,如果界面相变熵不同,则界面上台阶、扭折的形成能不同,其生长速率也不同,也会表现出生长速率的各向异性。这种情况下,生长速率较低的光滑面显露,生长速率较高的光滑面仍隐没。

一般而言,氧化物、半导体、金属的物质相变熵是顺次减小的,因而其出现多面体形状的可能性也将顺次减小。物质相变熵还取决于生长系统,同一物质在气相生长系统中相变熵较大,在熔体生长系统中较小,因而气相生长系统中易呈现多面体形状。

其次是表面能的影响。表面能最小面的台阶不易出现,台阶棱边能最大,二维成核热力学位垒最高,生长速率最小。因此,在生长过程中表面能小的界面显露出来,反之则易隐没。

不仅生长系统的物性参量影响晶体形态,工艺参量也影响晶体形态。

一般说来,驱动力较小时,界面的结构近于平衡结构,因而界面相变熵或表面能决定了晶体形态。而当驱动力较大时,光滑界面有转变为粗糙界面的趋势,生长速率亦趋于转变为各向同性,因而不易呈现出多面体的形态。如果驱动力进一步增加,界面稳定性可能遭到破坏,则可能出现枝晶形态或胞状界面。

若生长系统中存在杂质,而杂质在界面的吸附往往妨碍晶面上台阶的运动,因而也将减小该晶面的生长速率。杂质的吸附往往是选择性吸附,即不同的晶面吸附杂质的概率不同,于是杂质的选择性吸附会改变晶面的生长速率,因此能有效地改变晶体的形态。

晶体中的位错能对晶体生长起催化作用,能提高光滑界面的生长速率,因而将减少该界面的显露面积,从而改变晶体的形态。

8.3.5.2　小面生长

如果在自由生长系统中,各晶面所受的驱动力(过冷度)是相同的,光滑界面的生长速率较低,生长速率的各向异性将表现出来,晶体可能长成光滑界面所构成的多面体。然而,在强制生长系统中,则要求界面上各晶面的生长速率相等,因而在粗糙界面上要求过冷度较小,在光滑界面上要求过冷度较大。只有如此,光滑界面和粗糙界面才能具有同样的生长速率。这个要求在强制生长系统中是能够自动被满足的。

提拉法生长系统是典型的强制生长系统。该系统中要求固液界面上任何晶面的生长速度在提拉方向的分量必须相同,而且必须等于提拉速率。如果晶体生长开始时固液界面上各晶面具有同样的过冷度,则各晶面处于同一温度的等温面上。如果在该过冷度下粗糙界面的生长速率正好等于提拉速率,则在恒速提拉过程中所有粗糙界面的位置保持不变。而在同样的过冷度下,光滑界面的生长速率小于粗糙界面的速率,因而也小于提拉速率,于是光滑界面的位置将向上移动。随着光滑界面的位置向上位移,光滑界面上的过冷度便增加,光滑界面的法向生长速率也随之增加，直到光滑界面的生长速率等于提拉速率时，光滑界面的位置才不再变化。此时，界面上不同类型的晶面的生长速率都等于提拉速率，但是不同类型晶面上的过冷度不同，固液界面上就会出现偏离等温面的平坦区域，如图 8－27 所示。这个偏离等温面的平坦区域称为小晶面(Facet)，简称小面。

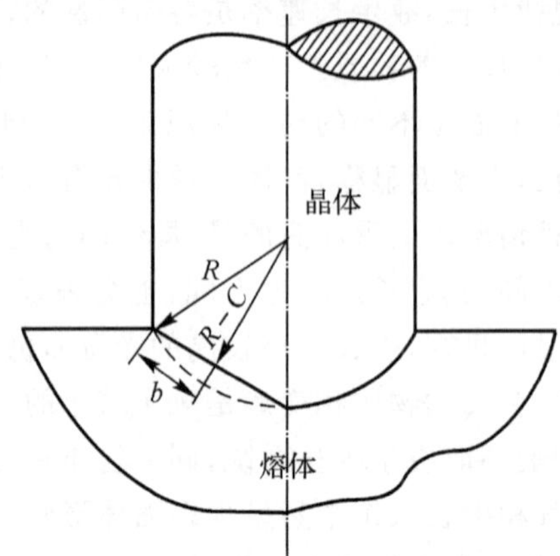

图 8－27　小面形成的动力学解释

由于界面的结构不同，在强制生长系统中表现为小面，而在自由生长系统中可表现为多面体。但是产生小面和多面体的物理原因都是相同的。

在固液界面上出现小面后，虽然小面和周围的粗糙界面以同样的速率生长，但是小面上的过冷度较大，而且其生长机制和周围的粗糙界面完全不同。因此，小面区域所长出的晶体和周围的晶体在物理性能上存在着差异。例如，在小面生长区域内会出现溶质浓度异常、品质参数异常，并伴随出现弹性畸变。因此，通常将晶体中的小面生长区域称为内核。内核的出现破坏了晶体物理性能的均匀性，因此在生长工艺上是要力图避免的。

假设固液界面的曲率半径为 R，小面的半径为 b，几何参量 C 的意义如图 8－27 所示，由几何关系可得

$$b^2 = C(2R - C) \tag{8-61a}$$

当 $R \gg C$ 时，有

$$b^2 \approx 2RC \tag{8-61b}$$

若固液界面邻近的温度梯度为 G，小面中心相对于周围粗糙面的相对过冷度为 ΔT，有

$$\Delta T = GC \tag{8-62}$$

因此

$$b^2 \approx \frac{2R\Delta T}{G} \tag{8-63}$$

式中，相对过冷度 ΔT 取决于小面和周围界面的生长动力学规律的差异。固液界面的曲率半径 R 和界面附近的温度梯度可以通过工艺手段调节，要减小小面的尺寸，可以减小曲率半径尺和增加温度梯度 G，不过不能根本消除小面。但是，如果适当地选择籽晶取向以及同时调节固液界面的曲率半径，使光滑界面不出现在固液界面上，就能完全避免小面的出现。

思　考　题

1. 在多组元材料结晶界面上为什么会发生溶质的分凝？用什么参数可以描述平衡状态下的分凝特性？该参数是如何定义的？

2. 用图示意描述一维单向平界面结晶的试样中，分凝因数 $k<1$ 和 $k>1$ 的元素沿晶体长度的分布规律。

3. Jackson 关于结晶界面的单原子层模型对光滑界面和粗糙界面是如何定义的？

4. 光滑界面的生长机制有哪几种？粗糙界面连续生长时生长速率与生长驱动力(用过冷度 ΔT 表示)之间有什么关系？

第 9 章　晶体生长的方法与技术

人工晶体品种繁多，不同晶体根据技术要求可采用一种或几种不同的方法生长，这就造成人工晶体生长方法的多样性及生长设备和生长技术的复杂性。

9.1　气相生长法

9.1.1　气相生长的方法和原理

在晶体生长方法中，从气相中生长单晶材料是最基本和常用的方法之一。由于这种方法包含有大量变量使生长过程较难控制，所以用气相法生长大块单晶通常仅适用于那些难以从液相或熔体生长的材料。例如Ⅱ～Ⅵ族化合物和碳化硅等。

气相生长的方法大致可以分为三类：

9.1.1.1　升华法

升华法是将固体在高温区升华，蒸气在温度梯度的作用下向低温区输运结晶的一种生长晶体的方法。有些材料具有如图 9－1 所示的相图，在常压或低压下，只要温度改变就能使它们直接从固相或液相变成气相，并能还原成固相，此即升华。一些硫属化物和卤化物，例如 CdS，ZnS 和 CdI_2，HgI_2 等可以采用这种方法生长。

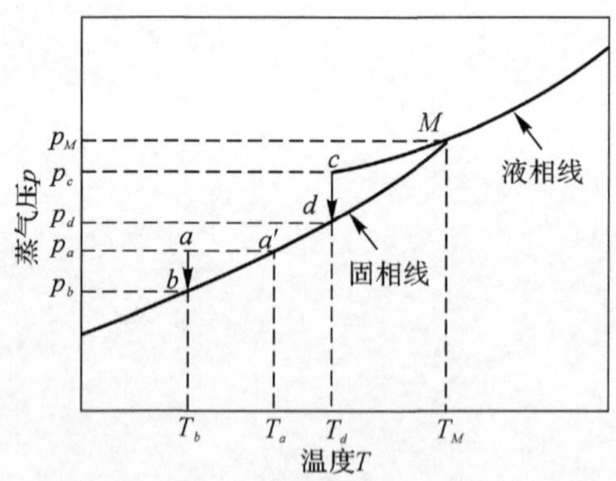

图 9－1　从液相或气相凝结成固相的蒸气压-温度关系图

9.1.1.2　蒸气输运法

蒸气输运法是在一定的环境（如真空）下，利用运载气体生长晶体的方法，通常用卤族元素来帮助源的挥发和原料的输运，可以促进晶体的生长。例如当有 WCl_6 存在时，用电阻加热直径不均匀的钨丝时，钨丝会变得均匀，即钨从钨丝较粗的（较冷的）一端输运到较细的（较热的）

一端，其反应为 $W+3Cl_2=WCl_6$。

许多硫属化物(例如氧化物、硫化物和碲化物)以及某些磷属化物(例如氮化物、磷化物、砷化物和锑化物)可以用卤素输运剂从热端输运到冷端，从而生长出适合单晶研究用的小晶体。

需要指出的是，蒸气输运并不局限于二元化合物，碘输运法也能生长出 $ZnIn_2S_4$，$HgGa_2S_4$ 和 $ZnSiP_2$ 等三元化合物小晶体。

9.1.1.3　气相反应法

气相反应法利用气体之间的直接混合反应生成晶体的方法。例如，GaAs 薄膜就是用气相反应来生长的。目前，气相反应法已发展成为工业上生产半导体外延晶体的重要方法之一。

气相生长的基本原理可概括成：对于某个假设的晶体模型，气相原子或分子运动到晶体表面，在一定的条件(压力、温度等)下被晶体吸收，形成稳定的二维晶核。在晶面上产生台阶，再俘获表面上进行扩散的吸附原子，台阶运动、蔓延横贯整个表面，晶体便生长一层原子高度，如此循环往复即能长出块状或薄膜状晶体。

9.1.2　气相生长中的输运过程

气相生长中原料的输运主要靠扩散和对流来实现，实现对流和扩散的方式虽然较多，但主要还是取决于系统中的温度梯度和蒸气压力或蒸气密度。

9.1.2.1　输运过程理想的条件

总体说来，如果满足下列条件，输运过程就比较理想。

(1)反应产生的所有化合物都是挥发性的。

(2)有一个在指定温度范围内和所选择的气体种类分压内，所希望的相是唯一稳定的固体产生的化学反应。

(3)自由能的变化接近于零，反应容易成为可逆的，并保证在平衡时反应物和生成物有足够的量；如果反应物和生成物的浓度太低，将很难造成材料从原料区到结晶区的适当的流量。在通常所用的闭管系统内尤为如此，因为该系统中输运的推动力是扩散和对流。在很多情况下，还伴随有多组分生长的问题，如组分过冷、小晶面效应和枝晶现象。

(4)固体的摩尔溶解热(焓)ΔH 不等于零。这样，在生长区，平衡朝着晶体的方向移动，而在蒸发区，由于两个区域之间的温度差，平衡被倒转。因此，ΔH 决定了温度差 ΔT。ΔT 不可过小，否则温度控制比较困难；但也不能太大，太大了虽有利于对流输运，但动力学过程将受到妨碍，影响晶体的质量。因此，需要选择一个合适的 ΔT。

(5)控制成核，要求有在合理的时间内足以长成优质晶体的快速动力学条件。适当选择输运剂，输运剂与输运元素的分压应与化合物所需要的理想配比的比率接近。

9.1.2.2　输运的阶段

在气相系统中，通过可逆反应生长时，输运可以分成三个阶段：

(1)在原料固体上的复相反应。

(2)气体中挥发物的输运。

(3)在晶体形成处的复相逆向反应。

9.1.2.3 输运的方式

气体输运过程因其内部压力不同而主要有三种可能的方式：

(1)当压力小于10^2Pa时，气相中原子的平均自由程接近或者大于典型设备的尺寸，那么原子或分子的碰撞可以忽略不计，输运速度主要决定于原子的速度。如果输运过程是限制速度，根据气体分子运动论，对于确定的输运气体，当温度保持不变时，输运速度与总压力成正比；当总压力保持不变时，输运速度与温度成反比。

(2)在$10^2 \sim 3\times10^5$Pa之间的压力范围，分子运动主要由扩散确定，菲克定律可描写这种情况。若浓度梯度不变，扩散系数随总压力的增加而减小。

(3)当压力大于3×10^5Pa时，热对流对确定气体运动极其重要。由扩散控制的输运过程到由对流控制的输运过程的转变范围常常取决于设备的结构细节。

在大多数的实际气相晶体生长中，输运过程由扩散机制决定，而输运过程又限制着生长速度。

9.1.3 气相生长晶体的质量

对于气相生长，如果系统的温场设计比较合理，生长条件掌握比较好，仪器控制比较灵敏精确的话，长出的晶体质量是很好的，外形比较完美，内部缺陷也比较少，是制作器件的好材料。但是如果生长条件选择不合适，温场设计不理想等，生长出的晶体就不完美，内部缺陷如位错、枝晶、裂纹等就会增多，甚至长不成单晶而是多晶。因此，严格选择和控制生长条件是气相生长晶体的关键。

9.2 溶液生长法

从溶液中生长晶体的历史最为悠久，应用也很广泛。这种方法的基本原理是将原料（溶质）溶解在溶剂中，采取适当的措施造成溶液的过饱和状态，使晶体在其中生长。

广义的溶液法生长范畴包括水溶液、有机溶剂和其他无机溶剂的溶液、熔盐（高温溶液）以及水热溶液等。狭义的溶液法生长指的是从水溶液中生长晶体的方法。

9.2.1 溶解度、溶解度曲线和晶相

9.2.1.1 溶液和熔体

由两种或两种以上物质所组成的均匀混合体系称为溶液。广义的溶液包括气体溶液、液体溶液和固体溶液，溶液由溶质和溶剂组成。溶质和溶剂没有严格的定义，但通常把溶液中含量较多的那个组分称为溶剂。本节中所涉及的溶液是指溶剂为液体、溶质为固体的溶液。

许多物质在常温下是固体，但温度升到熔点以上时就熔化为液体。这种常温下是固态的纯物质的液相称为熔体。但在一般的应用中，通常把两种或两种以上在冷却时凝固的均匀液态混合物也称为熔体。例如液态的α-萘酚（熔点96℃）是熔体，α-萘酚和β-萘酚（熔点122℃）的均匀液态混合物也称为熔体，但α-萘酚、β-萘酚和乙醇的液体混合物却不能称为熔体，而应称为溶液。

溶液和熔体、溶解和熔化、溶质和溶剂有时是很难严格区分的。例如，KNO_3在少量水的存在下，在远低于其熔点的温度下可化为液体，这样形成的液体就很难判断是溶液还是熔体，因为如果把它看成 KNO_3溶于水的溶液时，则溶剂又太少，如若称为水在 KNO_3 中的溶液时又不符合习惯。在这种情况下，通常把该体系看作熔体，即 KNO_3"熔化"在少量的水中。

由此可见，熔体和溶液是连续的，所以熔化和溶解在本质上是一样的。可以把熔化看成是被溶解所液化的特殊情况。当水是溶液的一个组分时，一般总是看成溶质(盐类)溶在一定温度的水中，而不是从水的存在使盐的熔点降低这个角度来看问题。习惯上把水多时称为溶解，而水很少时看成熔化。

9.2.1.2　溶解度

溶解度是从溶液中生长晶体的最基本的参数，溶解度可以用在一定条件(温度、压力)下饱和溶液的浓度来表示。溶质在溶液中的浓度(溶液成分)有下列几种表示方法：

(1) 体积摩尔浓度 n:1 L 溶液中所含溶质的摩尔数。

(2) 当量浓度 N:1 L 溶液中所含溶质的当量数。

(3) 质量摩尔浓度 μ:1 000 g 溶剂中所含溶质的摩尔数。

(4) 摩尔分数 x:溶质摩尔数与溶液总摩尔数之比。

(5) 质量分数:100 g 或 1 000 g 溶液中所含溶质的克数。

(6) 质量比 f:100 g 或 1 000 g 溶剂中所含溶质的克数。

不同的浓度表示方法适合于不同的场合。在实验中使用体积摩尔浓度和当量浓度很方便，但是由于其和溶液体积有关，易受温度影响(某一给定的 n 和 N 随温度的升高而减小)，因此在溶解度数据中，经常使用其他浓度表示法。最常用的表示方法是质量比和摩尔分数，后者特别适合表示多组分混合物的成分。

9.2.1.3　溶解度曲线

表示温度与浓度关系的曲线称为溶解度曲线。图 9-2 给出了一些水溶性晶体的溶解度曲线。溶解度曲线是选择从溶液中生长晶体的方法和生长温度区间的重要依据。对于溶解度温度系数为正且较大(溶解度随温度的升高而增大)的物质，采用降温法生长比较理想；对于溶解度温度系数比较小或为负(溶解度随温度的升高而减小)的物质，则宜采用蒸发法生长，例如碘酸锂($LiIO_3$)晶体的生长。对于有些在不同条件下有不同相的物质，则要求选择稳定的温度区间进行生长。

温度对溶解度的影响可以用 Vant Hoff 公式表示：

$$\frac{\mathrm{dln}\,X}{\mathrm{d}T}=-\frac{\Delta H}{RT^2} \tag{9-1}$$

式中　x—— 溶质的摩尔分数；

ΔH—— 固体的摩尔溶解热(焓)；

T—— 绝对温度；

R—— 普适气体常数。

在理想情况下，上式可以演变为

$$\lg X=-\frac{\Delta H}{2.303R}\left(\frac{1}{T}-\frac{1}{T_0}\right) \tag{9-2}$$

式中，T_0 为晶体的熔点。

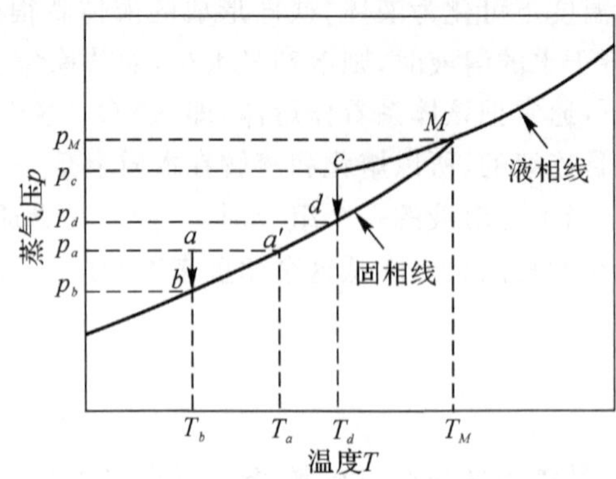

图 9-2　一些水溶性晶体的溶解度曲线

1— 酒石酸钾钠(OKNT)；2— 酒石酸钾(DKT)；3— 酒石酸乙二铵(EDT)；
4— 磷酸二氢铵(ADP)；5— 硫酸甘氨酸(TGS)；6— 碘酸锂(LI)；
7— 磷酸二氢钾(KDP)；8— 硫酸锂(LS)

从式(9-2)可以看出：

(1) 对于大多数的晶体，溶解过程是吸热过程，ΔH 为正，温度升高，溶解度增大；如果溶解过程是放热过程，则 ΔH 为负，温度升高，溶解度减小。

(2) 在一定温度下，高熔点晶体的溶解度小于低熔点晶体的溶解度。

式(9-2)还可以简化为

$$\lg X = -\frac{a}{T} + b \tag{9-3}$$

式中，a，b 是常数。

9.2.1.4　晶相

在水溶液中，溶解度高的材料会形成几种不同成分或结构的相，这些相具有界限分明的热力学稳定区域。根据相律可知，对于两种组元和三个相的系统，只有一个自由度。假如压力固定，系统就不变，因此两种固相能与溶液平衡共存的温度只有一个。当处于任何其他温度时，一定有一个固相是不稳定的，它将转变成另一个固相。但是，由于反应速度慢，一种相的成核会受到抑制，于是晶体可以在其热力学不稳定的区域内生长。当然在这样的区域内生长时，晶体的质量可能不会好，因为任何人为的因素都会引起相转变。

通过测量饱和温度与成分关系的曲线可以得到不同相的稳定边界线，如图 9-3 所示，KH_2PO_4的温度系数是较低的，因此它不能用降温法生长；但是对三水合物却具有大的正温度系数，所以容易生长；而六水合物的溶解度曲线显示异常的特征，即从正温度系数变到负温度系数时，没有溶解度极大值，因为它发生在亚稳区。

氘化的磷酸二氢钾 $K(D/H)_2PO_4$能以两种晶相存在，即具有相同组元的单斜和四方晶体结构。这里，存在具有两个自由度的三种相和三种组元。但是，当压力和温度固定时，系统就成为不变的，这时只有一种成分(氘化比)可变，在该成分下有两种固相可与溶液平衡共存。假如两种晶型以任何其他成分存在，那么一种晶型将溶解，而另一种则长大。

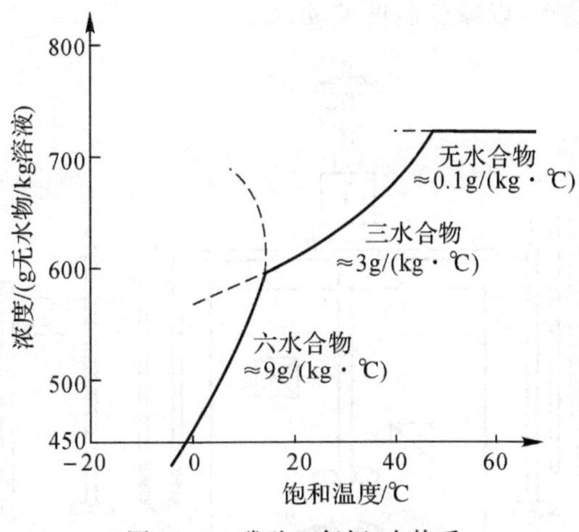

图 9-3　磷酸二氢钾-水体系

当然，这并不排除在非常接近边界的某个成分处生长亚稳态晶体的可能性，因为晶体生长实际就是一种非平衡态过程，两种晶型都可能生长，只不过是以不同的饱和度生长而已。

9.2.2　从溶液中生长晶体的方法

从溶液中生长晶体的最关键因素是控制溶液的过饱和度。使溶液达到过饱和状态，并在晶体生长过程中始终维持其过饱和度的途径有：

(1)根据溶解度曲线，改变温度。

(2)采取各种方法(如蒸发、电解等)减少溶剂，改变溶液成分。

(3)通过化学反应来控制过饱和度。由于化学反应的速度和晶体生长的速度差别很大，因此要做到这点是很困难的，需要采取一些特殊的方式，如用凝胶扩散使反应缓慢进行等。

(4)用亚稳相来控制过饱和度。即利用某些物质的稳定相和亚稳相的溶解度差别，控制一定的温度，使亚稳相不断溶解，稳定相不断生长。

根据晶体的溶解度与温度的关系，从溶液中生长晶体的具体方法主要有以下几种。

9.2.2.1　降温法

降温法是从溶液中生长晶体的最常用的方法。这种方法适用于溶解度和温度系数都较大的物质，并需要一定的温度区间。这一温度区间是有限的，温度上限由于蒸发量过大而不宜过高，温度下限太低，对晶体生长也不利。一般来说，比较合适的起始温度是 50～60℃，降温区间以 15～20℃为宜，典型的生长速率为每天 1～10 mm，生长周期为 1～2 个月。

降温法的基本原理是利用物质较大的正溶解度温度系数，在晶体生长的过程中逐渐降低温度，使析出的溶质不断在晶体上生长。用这种方法生长的物质溶解度温度系数最好不低于 1.5 g/(kg·℃)。降温法生长晶体的装置有多种，不过基本原理都相同，图 9-4 所示为其原理示意图。

不管哪种装置，都必须严格控制温度，按一定程序降温。实验证明，微小的温度波动都会造成某些不均匀区域，影响晶体的质量。目前，温度控制精度已达±0.001℃。另外，在降温法生长晶体过程中，由于不再补充溶液或溶质，因此要求育晶器必须严格密封，以防溶剂蒸发和外界污染，同时还要充分搅拌，以减少温度波动。

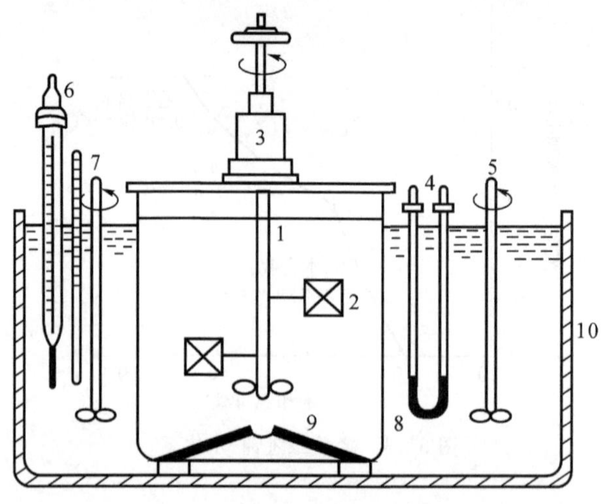

图 9-4　降温法育晶装置示意图

1—籽晶杆；2—晶体；3—密封装置；4—加热器；5—搅拌器；
6—控制器；7—温度计；8—育晶器；9—有孔隔板；10—水槽

9.2.2.2　流动法(温差法)

流动法(温差法)生长晶体的装置如图 9-5 所示，由生长槽 A、溶解槽 B 和过热槽 C 组成。三槽之间的温度是槽 C 高于槽 B，槽 B 又高于槽 A。原料在溶解槽 B 中溶解后经过滤器进入过热槽 C，过热槽温度一般高于生长槽温度约 5～10℃，可以充分溶解从槽 B 中流入的微晶，提高溶液的稳定性。经过热后的溶液泵入生长槽 A，此时溶液处于过饱和状态，析出溶质使晶体生长。析晶后变稀的溶液从生长槽 A 溢流入槽 B，重新溶解原料至溶液饱和，再进入过热槽，溶液如此循环流动，晶体便不断生长。

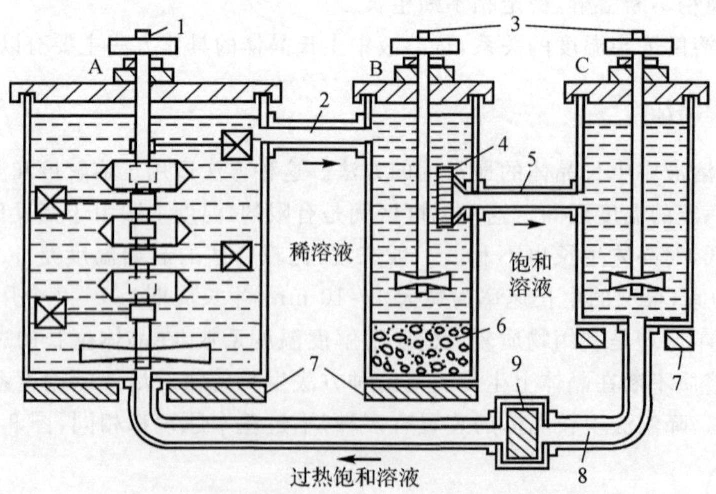

图 9-5　流动法(温差法)育晶装置示意图

A—生长槽；B—溶解槽；C—过热槽；1—籽晶杆；2—连接管；3—搅拌器；
4—过滤器；5—连接管；6—原料；7—底座；8—连接管；9—循环泵

流动法(温差法)晶体生长的速度受溶液流动速度和 B,A 两槽温差的控制。该方法的优点是生长温度和过饱和度都固定,使晶体始终在最有利的温度和最合适的过饱和度下生长,避免了因生长温度和过饱和度变化而产生的杂质分凝不均和生长带等缺陷,使晶体完整性更好。此方法的突出优点是能够培养大单晶。已用该方法生长出重达 20 kg 的 ADP($NH_4H_2PO_4$)优质单晶。这种装置还用来进行晶体生长动力学研究。

流动法(温差法)的缺点是设备比较复杂,调节三槽之间的温度梯度和溶液流速之间的关系需要有一定的经验。

9.2.2.3　蒸发法

蒸发法生长晶体的基本原理是将溶剂不断蒸发减少,从而使溶液保持在过饱和状态,晶体便不断生长。这种方法比较适合于溶解度较大而溶解度温度系数很小或为负值的物质。蒸发法生长晶体是在恒温下进行的。

蒸发法的装置和降温法的装置基本相同,不同的是在降温法中,因为需要严格密封,育晶器中蒸发的冷凝水全部回流,而在蒸发法中则是部分回流,有一部分被取走了。降温法是通过控制降温来保持溶液的过饱和度,而蒸发法则是通过控制溶剂的蒸发量来保持溶液的过饱和度。

蒸发法生长晶体的装置有许多种,图 9-6 是其原理示意图。

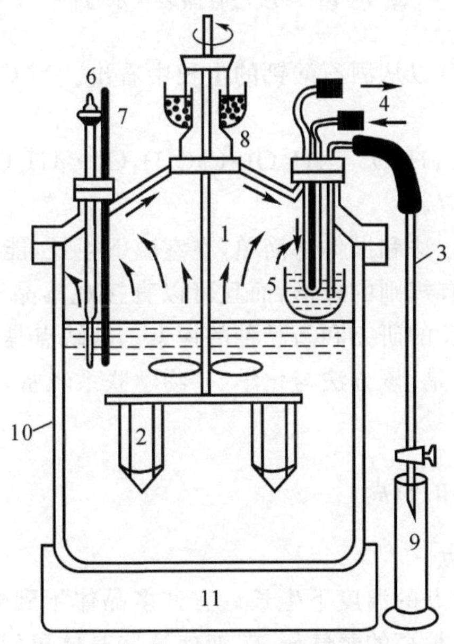

图 9-6　蒸发法育晶装置图

1—籽晶杆;2—晶体;3—虹吸管;4—冷却水管;5—冷凝器;6—控制器;
7—温度计;8—水封装置;9—量筒;10—育晶缸;11—加热器

对于降温法和蒸发法生长,除了注意上面所讲到的一些原理和措施以外,在生长过程中还应注意以下几点:

(1)晶体在溶液中最好能做到既能自转也能公转,以避免晶体发育不良。

(2)正确调整溶液的酸碱度,使晶体发展完美。

(3)生长速度不能过大,随时防止除晶体以外其他位置成核。

9.2.2.4 凝胶法

凝胶法是以凝胶(常见硅胶)作为扩散和支持介质,使一些在溶液中进行的化学反应通过凝胶扩散缓慢进行,从而使溶解度较小的反应物在凝胶中逐渐形成晶体的方法。因此,凝胶法也就是通过扩散进行的溶液反应法,该法适用于生长溶解度十分小的难溶物质的晶体。由于凝胶生长是在室温条件下进行的,所以此法也适用于生长对热很敏感(如分解温度低或在熔点下有相变)的物质的晶体。图 9-7 是凝胶法生长晶体的原理示意图。

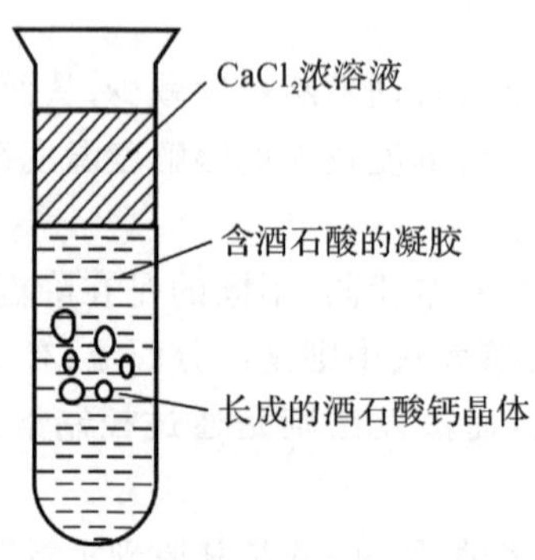

图 9-7 凝胶法育晶装置示意图

凝胶法生长的基本原理可以从酒石酸钙的生长中看出。当 $CaCl_2$ 溶液进入含有酒石酸的凝胶时,发生的化学反应为

$$CaCl_2 + H_2C_4H_4O_6 + 4H_2O \rightarrow CaC_4H_4O_6 \cdot 4H_2O \downarrow + 2HCl$$

这种反应属于复分解反应。

凝胶法生长的优点在于方法和操作都简单,在室温下生长,能生长一些难溶的或对热敏感的晶体。生长的晶体一般具有规则的外形,而且可以直接观察晶体生长过程和宏观缺陷的形成,还可以掺杂,便于晶体生长的研究和新品种的探索。其缺点是生长速度小、周期长、体的尺寸小、难以获得大块晶体。但是,该方法与化学、矿物学联系较密切,因此仍有不可忽视的实用价值。

9.2.3 溶液法生长晶体的特点

溶液法生长具有以下优点:

(1)晶体可在远低于其熔点的温度下生长。有许多晶体不到熔点就分解或发生不希望有的晶型转变,有的在熔化时有很高的蒸气压,溶液使这些晶体可以在较低的温度下生长,从而避免了上述问题。此外,在低温下使晶体生长的热源和生长容器也较易选择。

(2)降低黏度。有些晶体在熔化状态时黏度很大,冷却时不能形成晶体而成为玻璃体,溶液法采用低黏度的溶剂则可避免这一问题。

(3)容易长成大块的、均匀性良好的晶体,并且有较完整的外形。

(4)在多数情况下,可以直接观察晶体生长过程,便于晶体生长动力学研究。

溶液法生长的缺点是组分多,影响晶体生长因素比较复杂,生长速度慢,周期长(一般需要数十天乃至一年以上)。另外,溶液法生长晶体对控温精度要求较高,在一定的温度(T)下,温度波动(ΔT)对晶体生长的影响取决于 $\Delta T/T$,若维持 $\Delta T/T$ 数值不变,则在低温下 ΔT 应当小。经验表明,为培养高质量的晶体,温度波动一般不宜超过百分之几度,甚至是千分之几度。

9.3　水热生长法

9.3.1　温差水热结晶法

晶体的水热生长法,是在高温高压下的过饱和水溶液中进行结晶的方法。此种方法的历史比较悠久,至今仍然广泛采用。现在用水热法可以合成水晶、刚玉、方解石、氧化锌以及一系列的硅酸盐、钨酸盐和石榴石等上百种晶体。

目前,较普遍采用的是温差水热结晶法。结晶或生长是在特别的高压釜内进行的,其装置如图 9-8 所示,原料放在高压釜底部的溶解区,籽晶悬挂在温度较低的上部生长区。在生长区和溶解区之间,放入一块有合适开口面积的金属挡板,以获得均匀的生长区域。高压釜外面有加热炉,加热炉提供所需要的工作温度和温度梯度。可用高压釜周围保温层的不同厚度来调节温度梯度,或用一台具有合适的绕组分布或绕组可分别加热的管式炉来提供所要求的温度梯度。

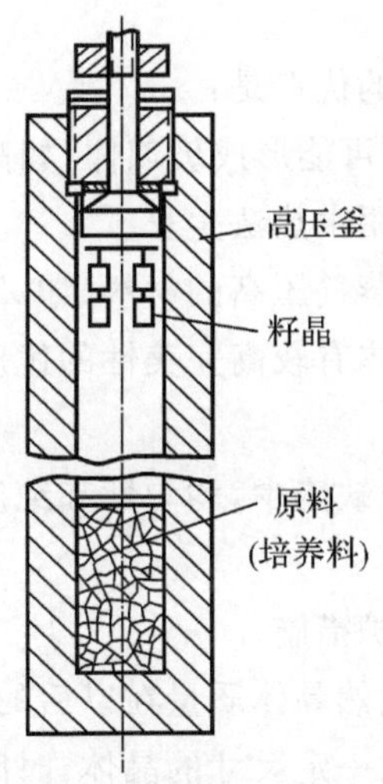

图 9-8　水热法生长装置

晶体生长时,由于容器内部上、下部分溶液之间的温差而产生对流,将高温的饱和溶液带至籽晶区形成过饱和溶液而结晶。过饱和度的大小取决于溶解区与生长区之间的温差以及结晶矿物的溶解度温度系数,而高压釜内过饱和度的分布则取决于最后的热流。通过冷却析出部分溶质后的溶液又流向下部,溶解培养料,如此循环往复,使籽晶得以连续不断地生长。

在高压釜中,除了原料和籽晶外,还有按一定的“充满度”放入的矿化剂溶液。实验证明,矿化剂的选取对晶体生长非常重要。这是因为它不仅可以增大原料的溶解度和溶解度温度系数,而且还影响着晶体的结晶习性和生长速度。另外,当加入某种添加剂时,对晶体的生长速率和性能也能产生影响,可以提高晶体的结晶速率。

高压釜是水热法生长单晶体的关键设备，既要在高温高压下工作，又要耐酸碱腐蚀，所以要求制作高压釜的材料的机械性能、化学稳定性、结构密封性等都要良好、可靠。具体地说，对高压釜的要求应满足下列条件：

(1)制作材料，要求在高温高压下有很高的强度，在温度为 200～1 100℃范围内，能耐压 $(2\sim100)\times10^7$ Pa，耐腐蚀，化学稳定性好。

(2)釜壁的厚度不能低于理论公式的计算值，当温度高于 4 000℃时，还应考虑蠕变和持久强度。

(3)密封结构良好。高压釜的密封结构可分为自紧式和非自紧式两大类。

(4)高压釜的直径与高度比。一般对于内径为 100～200 mm 的高压釜来说，内径与高度之比为 1∶16 左右。内径增加，上述比例也相应增大。作为溶解度试验用的高压釜，其内径与高度比取 1∶5 就可以了。

(5)耐腐蚀，特别是耐酸碱腐蚀。一般采用惰性材料制成的内衬管来防腐蚀。

9.3.2 水热法生长晶体的特点

通常，水溶液中水热生长晶体的典型条件是温度为 300～700℃，压强为 $(5.05\sim30.3)\times10^7$ Pa。一般说来，水热法的温度介于大气压下从水溶液中生长晶体与熔体法生长晶体或从熔盐法生长晶体的温度之间。

与熔体法和熔盐法比较，水热法的优点是：

(1)由于存在相变(如 α-石英)或可能形成玻璃体(如高黏滞度、结晶很慢的硅酸盐)，当温度等于熔点时，不稳定的结晶相可以用水热法生长。

(2)可以用来生长在接近熔点时蒸气压高的材料(如 ZnO)或要分解的材料(如 VO_2)等。

(3)适用于要求比熔体生长的晶体有较高完美性的优质大晶体或在理想配比困难时，要更好地控制成分的材料生长。

(4)生长出的晶体热应力小，宏观缺陷少，均匀性和纯度也较高。

水热法的主要缺点是：

(1)需要特殊的高压釜和安全保护措施。

(2)需要适当大小的优质籽晶，虽然晶体质量在以后的生长中能够得到改善。

(3)整个生长过程不能观察；生长一定尺寸的晶体，时间较长。

9.4 熔盐生长法

熔盐生长法，又称助熔剂法或高温溶液法，简称熔盐法，是在高温下从熔融盐溶剂中生长晶体的方法，生长晶体的过程与自然界中矿物晶体在岩浆中的结晶过程十分相似。熔盐法是古老的生长晶体的经典方法，至今已有 100 多年的历史。随着生长技术的不断改进，用熔盐法不仅能够生长出金红石、祖母绿等宝石晶体，而且能够生长出大块优质的 YIG，KTP，BBO，KN，$BaTiO_3$等重要晶体。

熔盐法胜过熔体法生长的主要优点在于可以借助高温溶剂，使溶质相在远低于其熔点的温度下进行生长。它的适用范围很广泛，因为对于任何材料原则上说都能找到一种溶剂，但是在实际生长中要找到合适的溶剂却是熔盐法生长的一个既困难又很关键的问题。

9.4.1　生长机理

熔盐法生长晶体的过程与从水溶液中生长晶体相类似，并且在所有情况下都可以应用同样的理论。在无籽晶加助熔剂熔体中生长晶体的过程，仍然是在较高的过饱和度下先成核，晶核长大，随着生长的进行、溶质的消耗，过饱和度就降低，达到平衡时，晶体稳定生长。根据 BCF 理论处理，晶体的线生长速率 v 与相对过饱和度 σ 的关系为

$$v=\frac{C\sigma^2}{\sigma_1}\tanh\frac{\sigma_1}{\sigma} \tag{9-4}$$

式中　C—— 常数；

σ_1—— 临界过饱和度。

当 $\sigma \ll \sigma_1$ 时，式(9-4) 可以近似表示为

$$v=\frac{C\sigma^2}{\sigma_1} \tag{9-5}$$

当 $\sigma \gg \sigma_1$ 时，式(9-4) 可以近似表示为

$$v=C\sigma \tag{9-6}$$

由于 C 和 σ_1 的复杂性，二者都包含有难以定性的因素，即使是数量级大小也难以估计，因此目前要验证上述公式对熔盐法生长的正确性只能依靠经验数据。

9.4.2　助熔剂的选择

助熔剂的种类很多，为生长给定的材料挑选最合适的助熔剂的详细理论还未建立。由于缺乏相图数据和诸如黏滞度和蒸气压等重要参量的数据，挑选能够使用的助熔剂变得更加困难。

选择助熔剂时必须首先考虑助熔剂的物理和化学性质。理想的助熔剂应具备下述的物理化学特性：

(1)对晶体材料必须具有足够大的溶解度，其质量分数一般为 10%～50%。在生长温度范围内，还应有适度的溶解度的温度系数。该系数太大时，生长速率不易控制，温度稍有变化就会引起大量的结晶物质析出，不但造成生长速率的较大变化，还常常引起大量的自发成核，不利于大块优质单晶的生长。该系数太小时，则生长速率很小。一般而言，在 10%左右的范围内较为合适。

(2)在尽可能大的温度压力等条件范围内与溶质的作用应是可逆的，不会形成稳定的其他化合物，而所要的晶体是唯一稳定的物相，这就要求助熔剂与参与结晶的成分最好不要形成多种稳定的化合物。但经验表明，只有二者组分之间能够形成某种化合物时，溶液才具有较高的溶解度。

(3)助熔剂在晶体中的固溶度应尽可能小。为避免助熔剂作为杂质进入晶体，应选用那些与晶体不易形成固熔体的化合物作助熔剂，还应尽可能使用与生长晶体具有相同原子的助熔剂，而不使用性质与晶体成分相近的原子构成的化合物。

(4)具有尽可能小的黏滞性，以利于溶质和能量的输运，从而有利于溶质的扩散和结晶潜热的释放，这对于生长高完整性的单晶极为重要。

(5)有尽可能低的熔点，尽可能高的沸点。这样才有较宽的生长温度范围供选择。

(6)具有很小的挥发性和毒性。由于挥发会引起溶剂的减少和溶液浓度的增加，从而使体系的过饱和度增大，生长难于控制。此外，助熔剂多少都有些毒性，挥发性大的助熔剂会对环境造成污染，对人体造成损害。

(7)对铂或其他坩埚材料的腐蚀性要小。否则，助熔剂不仅会损坏坩埚，还会污染溶液。

(8)易溶于对晶体无腐蚀作用的某种液体溶剂中，如水、酸或碱性溶液等，以便于生长结束时晶体与母液的分离。

(9)在熔融态时，助熔剂的比重应与结晶材料相近，否则上下浓度不易均一。

实际上很难找到一种能同时满足上述条件要求的助熔剂。在实际使用中，一般采用复合助熔剂来尽量满足这些要求，因为复合溶剂成分可以变化，可以进行协调，例如在溶解度和挥发性之间进行协调。倘若所需要的材料要结晶成稳定相，最合适的选择常常是低共熔成分。但复合助熔剂的组分过多，又常常使溶液体系的物相关系复杂化，扰乱待长晶体的稳定范围。因此，对复合助熔剂的使用也必须慎重考虑。为一些新材料选择助熔剂时，一方面是根据上述原则并参考已发表的相图，挑选出适当的成分；另一方面则是查阅已经成功地使用在与所需要的化合物相类似的化合物生长的助熔剂文献。实际上已有几种助熔剂被用在多种材料的生长上，如生长 YAG，使用的助熔剂为 PbO/PbF_2，熔点为 494℃，熔质是 $Y_3Al_5O_{12}$。目前，使用最广泛的是以 PbO 和 PbF_2 为主的助熔剂。常用的助熔剂和生长的晶体见表 9-1。

表 9-1　常用的助熔剂和生长的晶体

助熔剂	熔点(低共熔点)/℃	室温时的溶剂	溶质的例子
BaO/B_2O_3	870	HNO_3	$Ba_2Zn_2Fe_{12}O_{22}$，YIG
$BaO/Bi_2O_3/B_2O_3$	600	HNO_3	$NiFe_2O_4$，$ZnFe_2O_4$
$Bi_6Y_3O_{17}$	大约 900	HNO_3	Cr_2O_3，Fe_2O_3
Li_2O/MoO_3	532	H_2O	BaO，$ZnSiO_4$
$Na_2B_4O_7$	741	HNO_3	$NiFe_2O_4$，Fe_2O_3
$Na_2W_2O_7$	620	H_2O	$CaWO_4$，CoV_2O_4
PbF_2	840	HNO_3	Al_2O_3，$MgAl_2O_4$
PbO/B_2O_3	500	HNO_3	In_2O_3，$YFeO_3$
PbO/PbF_2	494	HNO_3	$GdAlO_3$，$Y_3Fe_5O_{12}$
$PbO/PbF_2/B_2O_3$	大约 494	HNO_3	Al_2O_3，$Y_3Al_5O_{12}$
$Pb_2P_2O_7$	824	HNO_3	Fe_2O_3，$GaPO_4$
$Pb_2V_2O_7$	720	HNO_3	Fe_2TiO_5，YVO_4

9.4.3　设备及操作方法

用于熔盐法的晶体生长炉一般是长方形或立式圆柱形的马福炉，设计比较简单。发热元件是碳化硅等导电陶瓷材料。炉子设计的主要标准是保温好，坩埚进出方便，对助熔剂蒸气浸蚀发热元件有防护作用等。图 9－9 是熔盐法生长装置示意图。

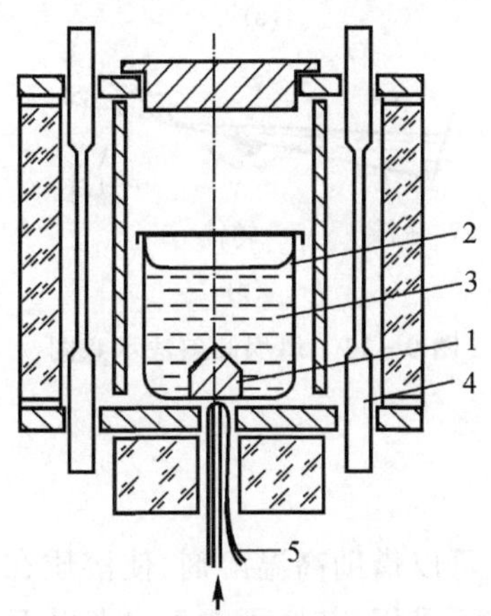

图 9－9　熔盐法生长装置示意图

1—晶体；2—坩埚；3—高温溶液；4—加热器；5—热电偶

比较满意的坩埚材料是铂。铂的寿命在氧化性气氛下比较长，但是要特别注意避免一定量的金属铅、铋、铁的影响，它们会与铂生成低共熔物。当使用铅基助熔剂时，加入少量 PbO，可以增加坩埚的寿命。

熔盐法生长中精确控制温度是稳定生长所必须的条件。

熔盐法生长晶体，在停止生长后，值得注意的问题是如何把晶体与残余物的溶液分离开。一般采用的方法有：

(1)如果晶体生长在坩埚壁上，就在固化前把过量的溶液倾倒出来，留下晶体再立刻放回炉中慢慢降至室温。

(2)把晶体和溶液连同坩埚一起冷却到室温，然后将溶剂溶解在某些含水的试剂中，而晶体在这些试剂中是不溶解的，这种溶解过程可能要几星期，特别是对于大坩埚。

(3)上述两种方法都会使晶体产生应力，为减少应力，可以在坩埚底部开孔，让溶液自动流出而不将坩埚从炉中取出；也可以将坩埚密封倒转，如图 9－10 所示。这两种方法的操作比较复杂，而且是高温操作，应特别注意。还可以倾斜坩埚使晶体与余液分离，如图 9－11 所示。

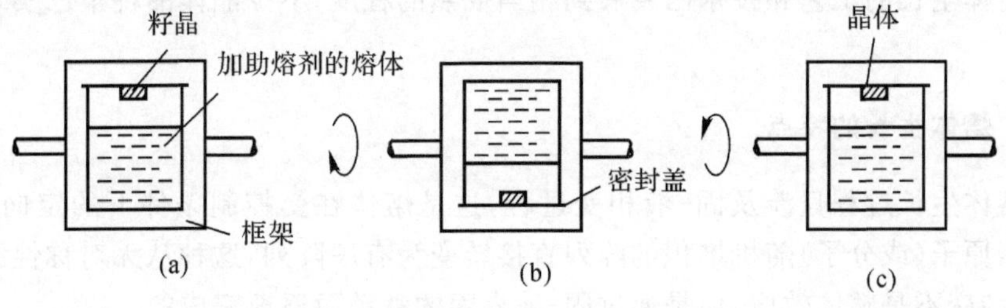

图 9－10　坩埚倒转法示意图

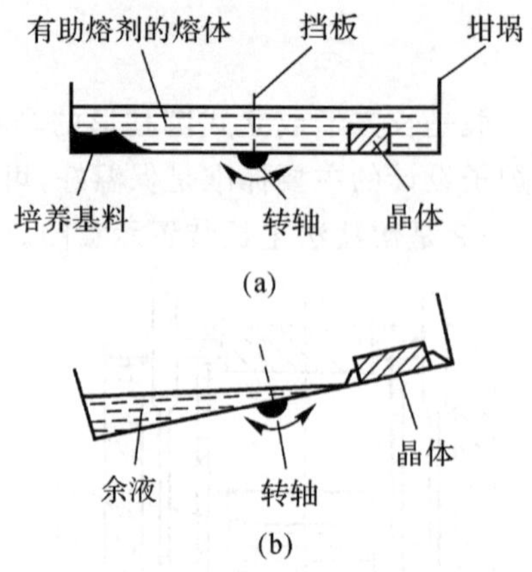

图 9-11　坩埚倾斜法示意图

9.4.4　熔盐法生长的特点

熔盐法生长的主要优点在于可以借助高温溶剂，使溶质在远低于其熔点的温度下进行生长。熔盐法至今还备受瞩目并广泛采用，其原因在于它有以下几方面的优点：

(1)可以生长熔点很高而现有设备达不到要求的材料。

(2)适用于生长不同成分熔化，或会在某一较低温度下出现相变，引起严重应力或破裂的材料。

(3)适用于生长由于一种或几种组分有高蒸气压，使材料在熔化时成为非理想配比的材料。

(4)生长出的晶体质量好，不仅能够培育小晶体，而且也能够生长优质的大晶体。

熔盐法生长的缺点是生长过程不能直接观察，精确控温比较困难，有腐蚀性蒸气排出，对设备和环境有一定影响。

9.5　熔体生长法

从熔体中生长晶体的历史悠久，目前仍然是制备大尺寸单晶体和特定形状晶体的最常用也是最重要的方法。电子学、光学等现代技术应用中所需要的单晶材料，大部分是用熔体生长方法制备的，例如 Si，Ge，GaAs，GaP，$LiNbO_3$ 以及一些碱金属和碱土金属的卤化物等。与其他方法相比，熔体生长具有生长快、晶体的纯度高、完整性好等优点。

目前，熔体生长的工艺和技术已发展到相当成熟的程度，不少晶体品种早已实现工业化规模的生产。

9.5.1　熔体生长的特点

通常，熔体生长过程只涉及固-液相变过程，这是熔体在受控制条件下的定向凝固过程。在该过程中，原子(或分子)随机堆积的阵列直接转变为有序阵列，这种从无对称性结构到有对称性结构的转变不是整体效应，而是通过固-液界面的移动而逐渐完成的。

在熔体生长过程中，热量的传输对晶体的生长起着支配作用。在晶体生长中，首先要形成一个单晶核,然后在晶核和熔体的交界面上不断进行原子或分子的重新排列而形成单晶体。只有当晶核附近熔体的温度低于凝固点时,晶核才能继续发展。因此,要求生长着的界面必须处于过冷状态。然而,为了避免出现新的晶核和避免生长界面的不稳定性,过冷区必须集中在界面附近狭小的范围内,而熔体的其余部分则应处于过热状态。在这种情况下,结晶过程中释放出来的潜热不可能由熔体传输,必须由生长着的晶体传输。通常,一方面使生长着的晶体处于较冷的环境之中,由晶体的传导和表面辐射传输热量。随着界面向熔体发展,界面附近的过冷度将逐渐趋近于零,为了保持一定的过冷度,生长界面必须向着低温方向不断离开凝固点等温面,只有这样,生长过程才能继续进行下去。另一方面,为使熔体保持适当的温度,还必须由加热器不断供应热量。上述的热传输过程在生长系统中建立起一定的温场,并决定了固-液界面的形状。因此,在熔体生长过程中,热量的传输对晶体的生长起着支配作用。

此外,对于那些掺杂的或非同成分熔化的化合物,在界面上会出现溶质分凝问题。分凝问题由界面附近溶质的浓度所支配,而后者又取决于熔体中溶质的扩散和对流传输过程。因此,溶质的传输问题也是熔体生长过程中的重要问题。

从熔体中生长晶体,一般有两种类型。一种是晶体与熔体有相同的成分,纯元素和同成分熔化的化合物属于此类。这类材料实际上是单元体系,在生长过程中,晶体和熔体的成分均保持恒定,熔点也不变。这类材料容易得到高质量晶体,例如 Si,Ge,Al_2O_3,YAG 等,也允许有较高的生长率。第二种是晶体与熔体成分不同,掺杂的元素或化合物以及不同成分熔化的化合物属于此类。这类材料实际上是二元或多元体系,在生长过程中晶体和熔体的成分均在不断变化,熔点(或凝固点)也在随成分的变化而变化。熔点和凝固点不再是一个确定的值,而是由一条固相线和一条液相线所表示。这类材料要得到均匀的单晶就困难得多。有些可以形成连续固熔体,但多数只形成有限固熔体,一旦超过固溶限,就将会出现第二相沉淀物,甚至出现共晶或包晶反应,使单晶生长受到破坏。

此外,熔体生长过程中不仅存在着固-液平衡问题,还存在着固-气平衡和液-气平衡问题。那些蒸气压或离解压较高的材料(如 GGG,GaAs),在高温下某种组分的挥发将使熔体偏离所需要的成分,而过剩的气体组分将成为有害杂质,生长这类材料将增加技术上的困难。

还有,晶体生长完毕后,必须由高温降至室温。有些材料在这一温度范围内有固态相变(包括脱溶沉淀和共析反应),这也将给晶体生长带来很大困难。

因此,只有那些没有破坏性相变,又有较低的蒸气压或离解压的同成分熔化的化合物(包括纯元素)才是熔体生长的理想材料,可以获得高质量的单晶体。不能满足上述条件的材料,虽然难于生长,但随着生长技术和理论的发展,有许多品种也已获得了优质晶体。

9.5.2　熔体生长方法

从熔体中生长单晶体的典型方法大致有以下几种:

9.5.2.1　正常凝固法

这类方法的特点是在晶体开始生长时,全部材料处于熔融态(引入的籽晶除外)。在生长过程中,材料体系由晶体和熔体两部分组成,生长时不向熔体添加材料,而是以晶体的长大和熔体的减少而告终。属于此类的方法有晶体提拉法、坩埚移动法、晶体泡生法、弧熔法。

1. 晶体提拉法

晶体提拉法是熔体生长中最常用的方法，该方法制备了许多重要的实用晶体。改进的晶体提拉法能顺利生长 GaP 等易挥发的化合物，以及一些特定形状的晶体，如管状宝石和带状硅单晶等。

1918 年，J. Czochralski 最早提出了晶体提拉法。提拉法的生长装置如图 9－12 所示，材料在坩埚中被加热到熔点以上。坩埚上方有下端有夹头并可以旋转和升降的提拉杆，其上装有籽晶。降低提拉杆，使籽晶插入熔体中，只要熔体的温度适中，籽晶既不熔解，也不长大，然后缓慢向上提拉和转动籽晶杆，同时缓慢降低加热功率，籽晶逐渐长粗。小心地调节加热功率，就能得到所需直径的晶体。整个生长装置安放在外罩里，以保证生长环境有所需要的气体和压力。通过外罩的窗口可以观察到生长的状况。用这种方法已成功地生长出了半导体、氧化物和其他绝缘体等大晶体。

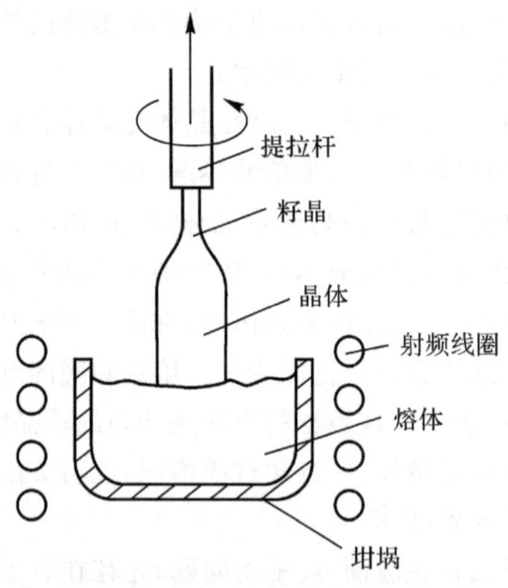

图 9－12　提拉法生长装置示意图

提拉法生长晶体的加热方法一般采用电阻加热和高频感应加热，在无坩埚生长时可采用激光加热、电子束加热和等离子体加热等方式。

电阻加热的优点是成本低，可使用大电流、低电压的电源，并可以制成各种形状的加热器。对电阻加热来说，当温度高于 1 500℃时，通常采用圆筒石墨或钨加热器，它们需要保护气氛。当工作温度较低时，可以采用电阻丝、硅碳棒或管作为加热器，可以不要保护气氛。

高频加热可以提供较干净的环境，时间响应快，但成本高。高频加热中，坩埚本身常常就是加热器，在高温时多采用铱金坩埚，当温度在 1 500℃以下时常采用铂金坩埚，加热频率为几百千赫。

在提拉法生长晶体过程中，温度起伏会引起晶体直径的起伏，二者的关系为

$$\Delta T = C^* \Delta d \tag{9-7}$$

同样的温度起伏对不同的生长系统引起的直径起伏是不同的，C^* 愈大，直径起伏 Δd 就愈小。C^* 被称为直径惯性，是反映生长系统综合性能的物理量。

在固液界面以下一定深度 δT 下，熔体的温度恒为平均温度 T_m，而在此深度 δT 之内，温度逐渐降到临界温度 T_m，这个深度 δT 被称为温度边界层，如图 9－13 所示。如果晶体的转速为

ω,温度边界层厚度的近似表达式为

$$\delta T \propto \omega^{-\frac{1}{2}}$$

则晶体的直径控制方程为

$$\Delta T_{BL} = \frac{2K_S^{\frac{1}{2}} \varepsilon^{\frac{1}{2}} \theta_m \delta T}{K_L d^{\frac{2}{3}}} \Delta d = C^* \Delta d \tag{9-8}$$

式中　K_S—— 晶体的导热系数;

K_L—— 熔体的导热系数;

ρ—— 晶体的密度;

ε—— 热交换系数;

d—— 晶体的直径;

v—— 晶体生长的速度。

其中

$$\theta_m = T_m - T_0$$

式中,T_0 是炉膛的环境气氛的温度。

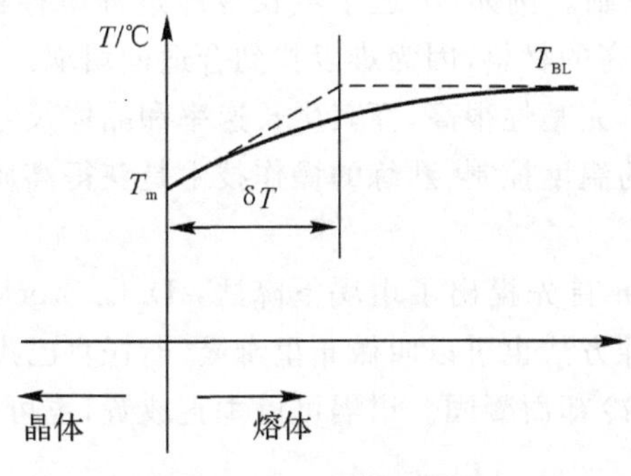

图 9-13　温度边界层

可以看出,直径惯性 C^* 越大,对同样的温度系统,直径的变化 Δd 就越小,这正是生长阶段所要求的。

提拉法生长晶体直径的控制方法很多,有人工直接用眼睛观察进行控制,也有自动控制。自动控制的方法目前一般有利用弯月面的光反射、晶体外形成像法、称重法等。

提拉法生长晶体的主要设备有单晶炉、加热器、控制器和坩埚等。单晶炉的型号较多,可以根据需要选择。加热器有石墨和硅碳棒、硅碳管等。控制器主要为精密数字控温仪。坩埚材料对熔体生长关系重大,坩埚材料的选择应遵从如下原则:

1) 坩埚材料不溶或仅仅微溶于熔体。

2) 尽可能地不含有能输运到熔体中去的杂质。

3) 容易清洗,使任何表面杂质都能除去。

4) 在正常使用条件下,必须有高的强度和物理稳定性。

5) 有低的孔隙率以利于排气。

6) 有易于加工或制成所需形状的坩埚。

最常用的坩埚材料有石英、铂、铱、钼和石墨。石英除了与镁、钙、钡、锶、铝、硅稀土元素和氟化物以外,对许多元素和化合物来说是惰性的。石墨除了与硅、硼、铝和铁会形成碳化物而

外，对大多数金属来说是惰性的。清洗石墨坩埚的最好方法是在真空中焙烧 1 500～2 000℃。铂、铱对大多数物质来说是很稳定的。生长 YAG 晶体用钼或铱坩埚。如果没有合适的坩埚装熔体，则应采用无坩埚技术。

提拉法生长晶体的主要优点是：

1）在生长过程中，可以直接观察晶体的生长状况，这为控制晶体外形提供了有利条件。

2）晶体在熔体的自由表面处生长，而不与坩埚相接触，能够显著减小晶体的应力并防止坩埚壁上的寄生成核。

3）可以方便地使用定向籽晶的和“缩颈”工艺，得到不同取向的单晶体，降低晶体中的位错密度，减少镶嵌结构，提高晶体的完整性。

提拉法的最大优点在于能够以较快的速率生长较高质量的晶体。例如，提拉法生长的红宝石与焰熔法生长的红宝石相比，具有较低的位错密度、较高的光学均匀性，也没有嵌镶结构。

提拉法的缺点是：

1）一般要用坩埚做容器，导致熔体有不同程度的污染。

2）当熔体中含有易挥发物时，则存在控制组分的困难。

3）适用范围有一定的限制。例如，不适于生长冷却过程中存在固态相变的材料，也不适于生长反应性较强或熔点极高的材料，因为难以找到合适的坩埚。

总之，提拉法生长的晶体完整性很高，而其生长速率和晶体尺寸也是令人满意的。设计合理的生长系统、精确而稳定的温度控制、熟练的操作技术是获得高质量晶体的重要前提条件。

2. 坩埚下降法

1925 年，P. W. Bridgman 首先提出了坩埚下降法，D. C. Stockbarger 对这种方法的发展作出了重要的推动，因此这种方法也可以叫做布里奇曼-斯托克巴杰方法，简称 B－S 法。该方法的特点是使熔体在坩埚中冷却而凝固。坩埚可以垂直放置，也可以水平放置(使用“舟”形坩埚)，如图 9－14 所示。

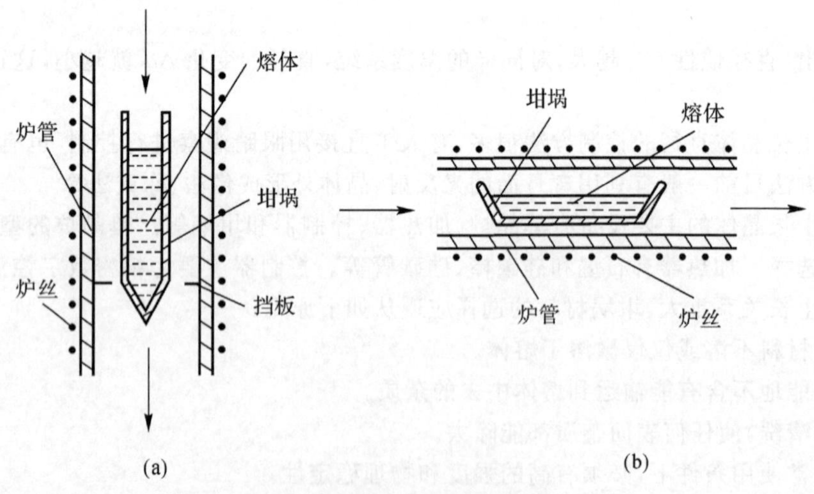

图 9－14　坩埚下降法示意图

(a)垂直式；(b)水平式

生长时，将原料放入具有特殊形状的坩埚里，加热使之熔化。通过下降装置使坩埚在具有一定温度梯度的结晶炉内缓缓下降，经过温度梯度最大的区域时，熔体便会在坩埚内自下而上地结晶为整块晶体。这个过程也可以让坩埚不动，结晶炉沿着坩埚上升，或坩埚和结晶炉都不动，而是通过缓慢降温来实现生长。生长装置中尖底坩埚可以成功地得到单晶，也可以在坩埚底部放置籽晶。对于挥发性材料要使用密封坩埚。为防止晶体黏附于坩埚壁上，可以使用石墨衬里或涂层。

坩埚下降法所使用的结晶炉通常由上、下两部分组成，上炉为高温区，原料在高温区中充分熔化，下炉为低温区。为造成上、下炉之间有较大的温度梯度，上、下两炉一般分别独立控温，还可以在上、下炉之间加一块散热板。炉体设计合理，是保证得到足够的温度梯度以满足晶体生长需要的关键。

采用坩埚下降法进行晶体生长的情况较为复杂，只能在简化模型的基础上加以讨论。为简便起见，假设晶体的生长速度可以近似看成是热量在一维空间上的传导，则由热传导连续方程可以推导得出

$$v = \frac{\Delta T(K_S - K_F)}{\rho_m L} \tag{9-9}$$

式中　ΔT—— 固液界面处的温度梯度；

K_S—— 晶体的热导率；

K_F—— 熔体的热导率；

ρ_m—— 熔点附近熔体的密度；

L—— 生长单位质量的晶体所释放出的结晶潜热。

由上式可以看出，温度梯度 ΔT 越大，生长速度 v 也就越大。从经济省时的角度出发，v 越大越好，但若要考虑晶体的质量，情况就较为复杂。

固液界面处的温度梯度 ΔT 是由高温区和低温区之间的温差造成的，如果增加温度梯度，就要提高高温区的温度或降低低温区的温度。高温区的温度过高，可能导致熔体的剧烈挥发、分解和污染，影响晶体的质量；而低温区的温度过低，生长的晶体在短距离内经受很大的温差，会造成较大的热应力。若坩埚的热膨胀系数比晶体大，冷却时坩埚的收缩也比晶体大，坩埚就要挤压晶体，使晶体产生比较大的压应力。低温区温度越低，这种压应力就越大，甚至引起晶体炸裂。因此，斯托克巴杰认为下降法生长晶体，理想的轴向温度分布是：

(1) 高温区的温度应高于熔体的熔点，但不要太高，以避免熔体的剧烈挥发。

(2) 低温区的温度应低于晶体的熔点，但不要太低，以避免晶体炸裂。

(3) 熔体结晶应在高温区和低温区之间温度梯度大的区间进行，即在散热板附近。

(4) 高温区和低温区内部要求有不大的温度梯度。这样既避免了在熔体上部结晶，又避免了在低温区晶体内产生较大的内应力。

下降法一般采用自发成核生长晶体，获得单晶体的依据就是晶体生长中的几何淘汰规律，其原理如图 9-15 所示。

在坩埚底部有三不同晶向的晶核 A，B，C，其生长速度由于晶向的不同而不同。假设晶核 B 的最大生长速度方向与坩埚壁平行，晶核 A 和 C 则与坩埚壁斜交。由图 9-15 中可以看到，在生长过程中，A 核和 C 核的成长空间受到 B 核的排挤而不断缩小，一段时间以后就完全被 B 核所湮没，最终只剩下取向良好的 B 核占据整个熔体而发展成单晶体，这一现象即为几何淘汰规律。

图 9-15 几何淘汰规律

为了充分利用几何淘汰规律，提高成品率，设计了各种各样的坩埚，如图 9-16 所示。目的是让坩埚底部通过温度梯度最大的区间时，在底部形成尽可能少的晶核，这些晶核再经过几何淘汰，剩下取向优异的单核发展成晶体。经验表明，坩埚底部的形状也因晶体类型不同而有所差异。

下降法生长晶体的优点如下：

(1)可以把原料密封在坩埚里，减少了挥发造成的泄漏和污染，使晶体的成分容易控制。

(2)可以生长大尺寸晶体，可生长的晶体品种很多，操作简单，易实现程序化生长。

(3)每个坩埚中的熔体都可以单独成核，可以在结晶炉中同时放入若干个坩埚，或者在大坩埚里放入多孔的柱形坩埚，每个孔都可以生长晶体，而它们共用一个圆锥底部进行几何淘汰，这样可以大大提高成品率和工作效率。

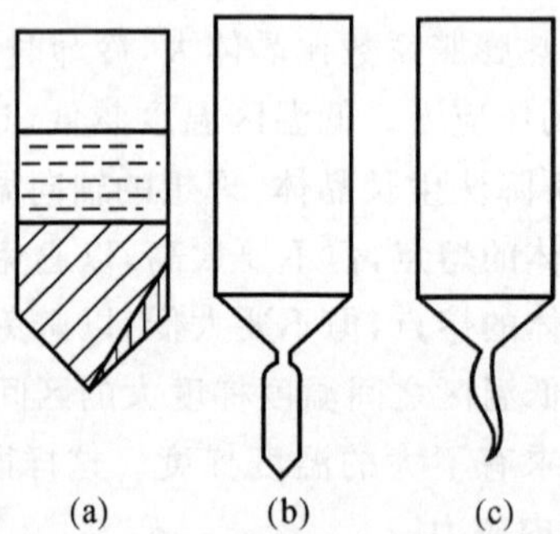

图 9-16 各种形状的生长晶体的坩埚

下降法生长晶体的缺点如下：

(1)不适宜生长在冷却时体积增大的晶体(具有负膨胀系数的材料)。

(2)生长过程中晶体直接与坩埚接触，可能在晶体中引入较大的内应力和较多的杂质。

(3)在晶体生长过程中难于直接观察，生长周期比较长。

(4)采用籽晶时，籽晶在高温区既不完全熔融，又必须部分熔融才能进行完全生长，这一技术问题比较难解决。

总之,坩埚下降法的最大优点是能够生长大直径晶体(直径达 200 mm),主要缺点是晶体和坩埚壁接触容易产生应力或寄生成核。该方法主要用于生长碱金属和碱土金属的卤族化合物晶体,例如 CaF_2,LiF,NaI 等;以及半导体化合物晶体,例如 HgCdTe,CdZnTe,HgMnTe,CdMnTe 等。

3. 晶体泡生法

1926 年,S. Kyropoulos 首次提出了晶体泡生法。该方法是将冷的籽晶与熔体接触,如果界面温度低于凝固点,则籽晶开始生长。为了使晶体不断长大,需要逐渐降低熔体的温度,同时旋转晶体以改善熔体的温度分布;也可以缓慢地或分阶段地提拉晶体,以扩大散热面。晶体在生长过程中或生长结束时不与坩埚壁接触,从而大大减少了晶体的应力。但是当晶体与剩余熔体脱离时,通常会产生较大的热冲击。图 9－17 是该方法的生长装置示意图。

9.5.2.2　逐区熔化法

逐区熔化法的特点是固体材料中只有一段区域处于熔融态,材料体系由晶体、熔体和多晶原料三部分组成。体系中存在着两个固-液界面,一个界面上发生结晶过程,而另一个界面上发生多晶原料的熔化过程,熔区向多晶原料方向移动。尽管熔区的体积不变,实际是不断地向熔区中添加材料。生长过程将以晶体的长大和多晶原料的耗尽而告终。

1. 水平区熔法

1952 年,W. G. Pfann 最早提出了区熔法。这种方法主要用于材料的物理提纯,但也常用来生长晶体。该方法与水平坩埚下降法相似,不过熔区是被限制在狭窄的范围内,而绝大部分材料处于固态。随着熔区沿着料锭由一端向另一端缓慢移动,晶体的生长过程也就逐渐完成。与正常凝固法相比,该方法的优点是减小了坩埚对熔体的污染(减少了接触面积),降低了加热功率,区熔过程可以反复进行,从而可以提高晶体的纯度或使掺杂均匀化。图 9－18 是该方法的生长装置示意图。

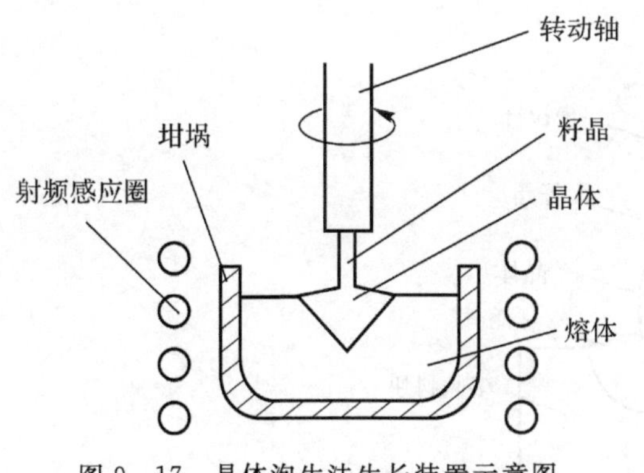

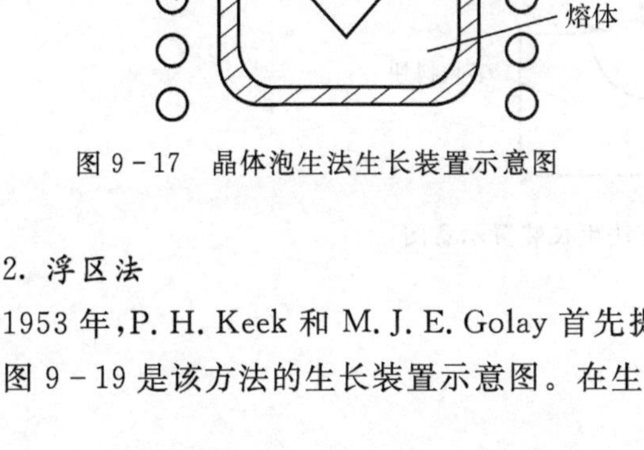

图 9－17　晶体泡生法生长装置示意图

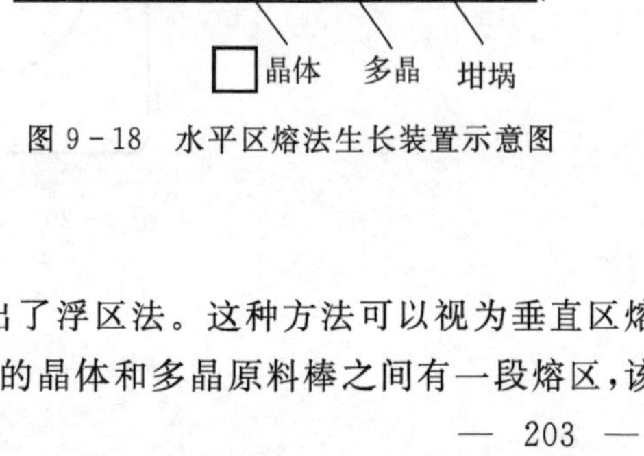

加热器
熔区
炉管
晶体
多晶
坩埚

图 9－18　水平区熔法生长装置示意图

2. 浮区法

1953 年,P. H. Keek 和 M. J. E. Golay 首先提出了浮区法。这种方法可以视为垂直区熔法。图 9－19 是该方法的生长装置示意图。在生长的晶体和多晶原料棒之间有一段熔区,该熔区由表面张力所支持。通常,熔区自上而下移动,以完成结晶过程。该方法也属于无坩埚技术,主要优点是不需要坩埚,避免了坩埚造成的污染,常用于生长 Si 等半导体材料。由于加热温度不受坩埚熔点的限制,可以生长熔点极高的材料,例如熔点达 3 400℃的 W 单晶。熔区的稳定是靠表面张力与重力的平衡来保持,因此材料要有较大的表面张力和较低的熔体密度。这种方法对加热技术和机械传动装置的要求比较严格。

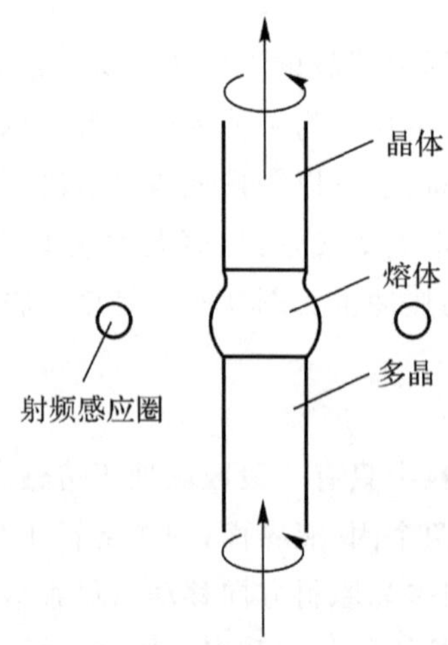

图 9-19　浮区法生长装置示意图

3. 基座法

基座法与浮区法基本相同。熔区仍由晶体和多晶原料来支持,不同的是多晶原料棒的直径远大于晶体的直径。图 9-20 是该方法的生长装置示意图。将大直径多晶材料的上部熔化,降低籽晶使其接触这部分熔体,然后向上提拉籽晶以生长晶体。该方法也属于无坩埚技术,用这种方法曾成功地生长了无氧硅单晶(通常使用 SiO_2 坩埚,Si 熔体将受到氧的污染)。

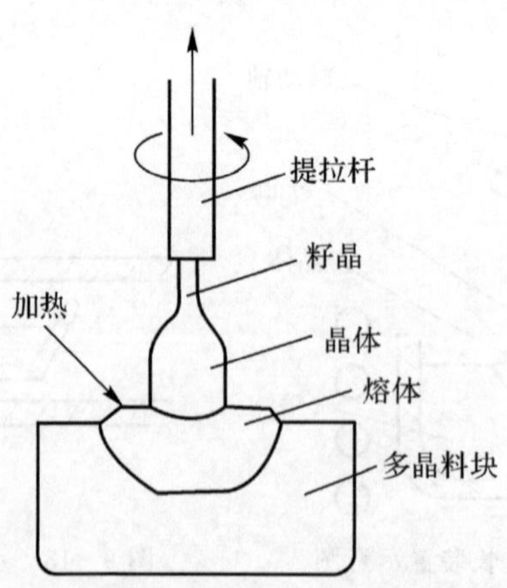

图 9-20　基座法生长装置示意图

思　考　题

1. 简介常见晶体生长的方法、特点和使用范围。

2. 实现晶体生长的热力学条件是什么？

3. 在溶液法、熔体法和气相法晶体生长过程中可以分别采用哪些可测定的参数表征晶体生长的驱动力大小？

4. 溶液法晶体生长的原理是什么？有哪些途径可以获得过饱和溶液？对于规定的晶体，常用溶液法生长是按照什么条件选择溶剂？

第10章 薄膜沉积的方法与技术

采用一定方法,使处于某种状态(气态、液态或固态)的一种或几种物质(原材料)的基团以物理或化学的方法附着于衬底材料表面,在衬底材料表面形成的一层新的物质就是薄膜,简而言之,薄膜是由离子、原子或分子的沉积过程形成的二维材料。

10.1 物理气相沉积蒸发法

物理气相沉积(PVD)指的是利用某种物理的过程,如物质的热蒸发或在受到粒子束轰击时物质表面原子的溅射等现象,实现物质从源物质到薄膜的可控的原子转移过程。这种薄膜制备方法相对于下面还要介绍的化学气相沉积方法而言,具有以下几个特点:

(1)需要使用固态的或者熔化态的物质作为沉积过程的源物质。

(2)源物质要经过物理过程进入气相。

(3)需要相对较低的气体压力环境。

(4)在气相中及衬底表面并不发生化学反应。

物理气相沉积技术中最为基本的两种方法就是蒸发法和溅射法。一方面,在薄膜沉积技术发展的最初阶段,由于蒸发法相对溅射法具有一些明显的优点,包括较高的沉积速度、相对较高的真空度,以及由此导致的较高的薄膜质量等,因此蒸发法受到了相对较大程度的重视。但另一方面,溅射法也具有自己的一些优势,包括在沉积多元合金薄膜时化学成分容易控制,沉积层对衬底的附着力较好等。同时,现代技术对于合金薄膜材料的需求也促进了各种高速溅射方法以及高纯靶材、高纯气体制备技术的发展,这些都使得溅射法制备的薄膜质量得到了很大的改善。

如今,不仅上述两种物理气相沉积方法已经大量应用于各个技术领域之中,而且为了充分利用这两种方法各自的特点,还开发出了许多介于上述两种方法之间的新的薄膜沉积技术。

10.1.1 物质的热蒸发

10.1.1.1 物质的蒸发速度

在一定的温度下,每种液体或固体物质都具有特定的平衡蒸气压。只有当环境中被蒸发物质的分压降低到了它的平衡蒸气压以下时,才可能有物质的净蒸发。单位源物质表面上物质的净蒸发速率应为

$$\Phi=\frac{\alpha N_A(p_e-p_h)}{\sqrt{2\pi MRT}} \tag{10-1}$$

其中,系数 α 介于 0 ~ 1 之间;p_e 和 p_h 分别是该物质的平衡蒸气压和实际情况下的分压。当 α

$=0$，并且 $p_h=0$ 时，Φ 取得最大值。上式的另一种形式为

$$\Gamma=\alpha(p_e-p_h)\sqrt{\frac{M}{2\pi RT}} \tag{10-2}$$

式中，Γ 为单位物质表面的质量蒸发速度。

由于物质的平衡蒸气压随着温度的上升增加很快，因而对物质蒸发速度影响最大的因素是蒸发源的温度。

10.1.1.2　元素的蒸气压

克劳修斯-克莱普朗(Clausius - Clapeyron)方程指出，物质的平衡蒸气压 p 随温度的变化率可以定量地表达为

$$\frac{\mathrm{d}p}{\mathrm{d}T}=\frac{\Delta H}{T\Delta V} \tag{10-3}$$

式中　ΔH—— 蒸发过程中单位摩尔物质的热焓变化，它将随着温度的改变而改变；

　　ΔV—— 相应过程中物质体积的变化。

蒸发时，气相的体积显著大于相应的固相或液相，因而 ΔV 近似地等于气相的体积 V。根据理想气体的状态方程，有

$$\frac{\mathrm{d}p}{\mathrm{d}T}=\frac{p\Delta H}{RT^2} \tag{10-4}$$

作为近似，可以利用物质在某一温度时的汽化热 ΔH_e 代替 ΔH，从而得到物质蒸气压的两种近似表达方式：

$$\ln p\approx-\frac{\Delta H_e}{RT}+I \tag{10-5a}$$

$$p=B\mathrm{e}^{-\frac{\Delta H_e}{RT}} \tag{10-5b}$$

式中　I—— 积分常数；

　　B—— 相应的系数。

由于使用了近似条件 $\Delta H_e\approx\Delta H$，因而上式只是在某一温度区间才是严格成立的，要想更准确地描述物质平衡蒸气压随温度的变化情况，需要在式(10-4)中代入实际的 $\Delta H(T)$ 函数形式。例如，液态 Al 的平衡蒸气压应满足的关系式为

$$\lg p=\frac{15\,993}{T}+14.533-0.999\lg T-3.52\times10^{-6}T \tag{10-6}$$

式(10-6)与式(10-5a)的区别只在于多出来了最后的两项，而这两项一般均比较小。因此，在描述物质的平衡蒸气压随温度变化的图中，$\ln p$ 与 $1/T$ 之间基本上呈现为一条直线，如图 10-1 所示。图 10-2 是各种半导体薄膜材料的平衡蒸气压随温度的变化曲线。

纯元素多是以单个原子，但有时也可能是以原子团的形式蒸发进入气相的。根据物质的蒸发特性，物质的蒸发模式又可被划分为两种类型。一类物质在固态情况下，即使是当温度达到其熔点时，其平衡蒸气压也低于 10^{-1} Pa。在这种情况下，要想利用蒸发方法进行物理气相沉积，就需要将物质加热到其熔点以上。大多数金属的蒸发属于这种情况。另一些物质，如 Cr，Ti，Mo，Fe，Si 等，在熔点附近的温度下，固相的平衡蒸气压已经相对较高。这时，可以直接利用由固态物质的升华，实现物质的气相沉积。

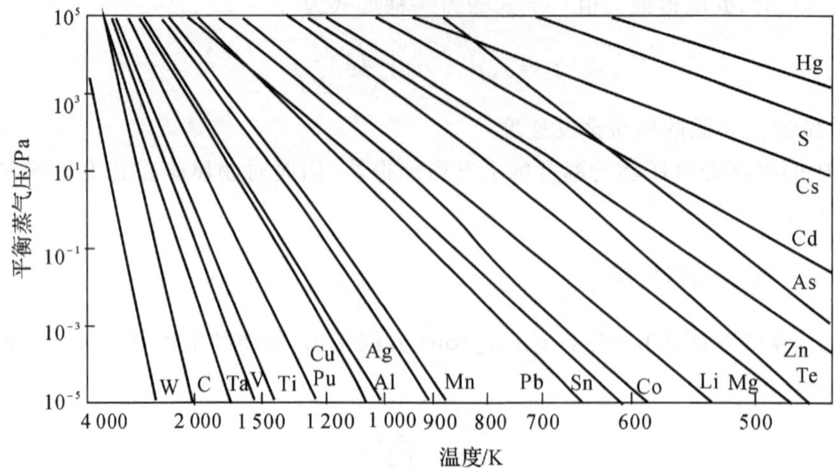

图 10－1　元素的平衡蒸气压随温度的变化曲线

（曲线上的点标明的是相应元素的熔点）

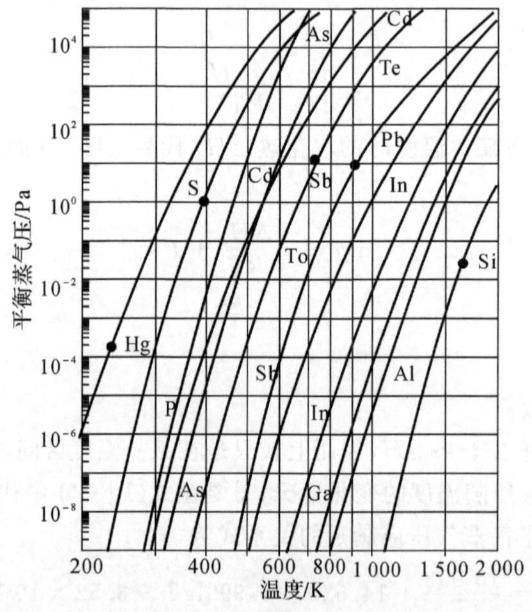

图 10－2　半导体材料的平衡蒸气压随温度的变化曲线

（图中标注的点为相应元素的熔点）

10.1.1.3　化合物和合金的蒸发

在化合物的蒸发过程中，蒸发出来的蒸气可能具有完全不同于其固态或液态的成分。另外，在气相状态下，还可能发生化合物各组元间的化合与分解过程。上述现象的一个直接后果是沉积后的薄膜成分可能偏离化合物正确的化学组成。表 10－1 总结了化合物蒸发过程中可能发生的各种物理化学过程。

合金在蒸发的过程中也会发生成分偏差。但合金的蒸发过程与化合物有所区别。这是因为，合金中原子间的结合力小于化合物中不同原子间的结合力，因而合金中各元素原子的蒸发过程实际上可以被看做是各自相互独立的过程，就像它们在纯元素蒸发时的情况一样。

另一方面，合金的蒸发过程可以由热力学定律来描述。当 AB 二元合金的两组元 A－B 原子间的作用能与 A－A 或 B－B 原子间的作用能相等时，合金即是一种理想溶液，由理想溶液的拉乌尔(Raoult)定律，合金中组元 B 的平衡蒸气压 p_B将小于纯组元 B 的蒸气压 $p_B(0)$，并与它在合金中的摩尔分数 x_B成正比，即

$$p_B = x_B p_B(0) \tag{10-7}$$

表 10－1　化合物蒸发时的物理化学过程

反应类型	化学反应	例　子	注　释
无分解蒸发	MX(s 或 l) MX(g)	SiO_2，B_2O_3，GeO SnO，AlN，CaF_2	薄膜成分与原始成分相同
固态分解蒸发	MX(s) M(s)＋(1/2)X_2(g) MX(s) M(l)＋(1/n)X_n(g)	Ag_2S，Ag_2Se Ⅲ～Ⅴ化合物	沉积物化学成分偏离；需要使用分别的蒸发源
气态分解蒸发 A. 硫属化合物 B. 氧化物	MX(s) M(g)＋(1/2)X_2(g) MO_2(s) MO(g)＋(1/2)O_2	CdS，CdSe，CdTe SiO_2，GeO_2，TiO_2 SnO_2，ZrO_2	同上 沉积物缺氧；可在氧气氛下沉积

因此，即使是对于 A－B 二元理想溶液来讲，A，B 两组元的蒸气压之比 $p_A/p_B = x_A p_A(0)/x_B p_B(0)$ 或者下面所求的元素的蒸发速度之比 Φ_A/Φ_B 都将不同于合金中的元素比。而且，一般的合金均不是理想溶液，因而组元的蒸气压之比将更加偏离合金的原始成分。当组元 B 与合金间的吸引作用较小时，它将拥有较高的蒸气压；反之，其蒸气压将相对较低。用活度 α_B 代替式(10－7) 中的浓度 x_B，应有

$$p_B = \alpha_B p_B(0) \tag{10-8}$$

其中

$$\alpha_B = \gamma_B x_B \tag{10-9}$$

而 γ_B 为元素 B 在合金中的活度系数。将式(10－1)、式(10－8)、式(10－9) 相结合后，得到合金组元 A，B 的蒸发速率之比为

$$\frac{\Phi_A}{\Phi_B} = \frac{\gamma_A x_A p_A(0)}{\gamma_B x_B p_B(0)} \sqrt{\frac{M_B}{M_A}} \tag{10-10}$$

因此，当需要制备的薄膜成分已知时，由上式就可以确定所需要使用的合金蒸发源的成分。例如，已知在 1 350 K 的温度下，Al 的蒸气压高于 Cu，为了获得 Al－2％Cu(质量分数)成分的薄膜，需要使用的蒸发源的大致成分应该是 Al－13.6％Cu(质量分数)。

但是应该同时指出，对于初始成分确定的蒸发源来说，由上式确定的物质蒸发速率之比将随着时间变化而发生变化。这是因为，易于蒸发的组元的优先蒸发将造成该组元的不断贫化，进而造成该组元蒸发速率的不断下降。解决这一问题的办法之一是使用较多的蒸发物质作为蒸发源，即尽量减小组元成分的相对变化率；其二是采用向蒸发容器中每次只加入少量被蒸发物质的方法，使不同的组元能够实现瞬间的同步蒸发。第二种方法现在用得比较普遍，即利用加热至不同温度的双源或多源的方法，分别控制和调节每一组元的蒸发速率。

10.1.2 薄膜沉积的厚度均匀性和纯度

10.1.2.1 薄膜沉积的方向性和阴影效应

在物质蒸发的过程中，蒸发原子的运动具有明显的方向性。并且，由于被蒸发原子的运动具有方向性，因而沉积薄膜本身的均匀性以及其微观组织也将受到影响。

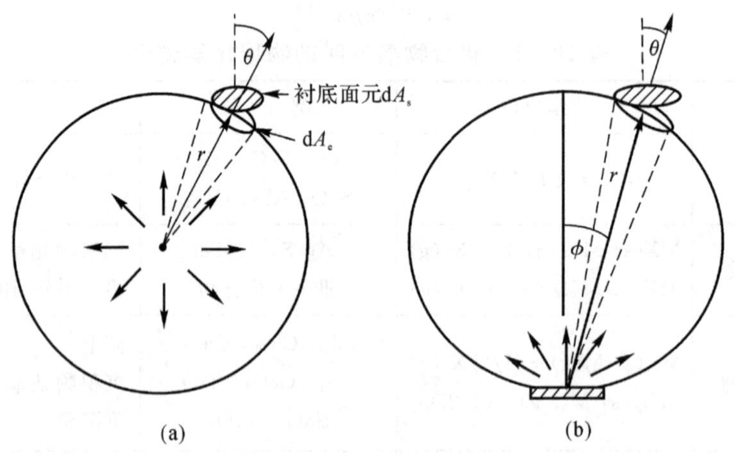

图 10-3 蒸发源示意图

(a)点蒸发源；(b)面蒸发源

物质的蒸发源可以有不同的形状。其中，点蒸发源是最容易进行数学处理的一种，而相对衬底距离较远。尺寸较小的蒸发源都可以被认为是相当于点蒸发源。设被蒸发物质是由面积为 A_e 的小球面上均匀地发射出来，如图 10-3(a) 所示。这时，蒸发出来的物质总量 M_e 为

$$M_e = \iint \Gamma \mathrm{d}A_e \mathrm{d}t = \Gamma A_e t \tag{10-11}$$

式中 Γ—— 由式(10-2) 确定的蒸发物质的质量蒸发速度；

$\mathrm{d}A_e$—— 蒸发源的表面积元；

t—— 时间。

在上述的蒸发总量中，只有那些运动方向处在衬底所在空间角内的原子才会落在衬底上。由于已经假设蒸发源为一点源，因而衬底面积元 $\mathrm{d}A_s$ 上沉积的物质量取决于其对应的空间角大小，即衬底上沉积的原子质量密度为

$$\frac{\mathrm{d}M_s}{\mathrm{d}A_s} = \frac{M_e \cos\theta}{4\pi r^2} \tag{10-12}$$

式中 θ—— 衬底表面与空间角法线方向的偏离角度；

r—— 蒸发源与衬底之间的距离。

同样，由此可以进一步求出物质的质量沉积速度和厚度沉积速度。显然，薄膜的沉积速率将与距离 r 的平方成反比，并与衬底和蒸发源之间的方向夹角 θ 有关。当 $\theta=0$，r 较小时，沉积速率较大。

在蒸发方法中经常使用的克努森盒(Knudsen cell)是在高温坩埚的上部开一个小口，它所形成的蒸发源相当于一个面蒸发源，如图 10-3(b) 所示。这种蒸发源的特点是，在蒸发源

内物质的蒸气压近似等于其平衡蒸气压，而蒸发源外仍可保持真空室的高真空度。在这种情况下，可以求出图中衬底面积元 dA_s 上接受的沉积物质量为

$$\frac{dM_s}{dA_s}=\frac{M_e\cos\theta\cos\phi}{\pi r^2} \tag{10-13}$$

其中，影响沉积速度的参数又增加了一个与蒸发源平面法线间的夹角 ϕ，如图 10-3(b) 所示。

式(10-13) 是在假设了物质蒸发的方向性遵从余弦关系，即蒸发物质密度分布正比于 $\cos\phi$ 的条件下求出的。图 10-4 所示为物质沉积速度随衬底方向与蒸发面法线间夹角口的变化情况。图中不仅包括了与 $\cos\phi$ 对应的曲线，还包括了一系列 $\cos^n\phi$ 曲线，其中 n 是一系列的整数值。实际情况是，蒸发沉积薄膜厚度的分布往往与 $n>1$ 的情况相吻合。这是由于被蒸发的物质往往处于蒸发容器的内部，因而造成被蒸发出来的物质流具有了更强的方向性。

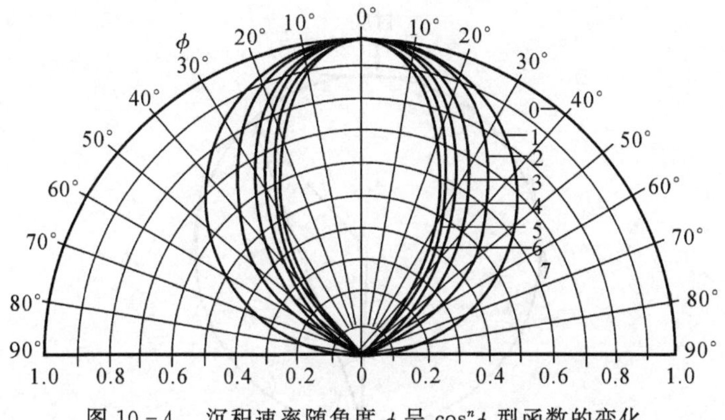

图 10-4　沉积速率随角度 ϕ 呈 $\cos^n\phi$ 型函数的变化

薄膜沉积的厚度均匀性是一个经常需要考虑的问题。而且，需要同时沉积的面积越大，则沉积的均匀性越难得到保证。图 10-5 所示为对于点蒸发源和面蒸发源计算得出的沉积厚度随衬底尺寸大小的变化情况。由图中的曲线可以看到，点蒸发源所对应的沉积均匀性稍好于面蒸发源的情况。

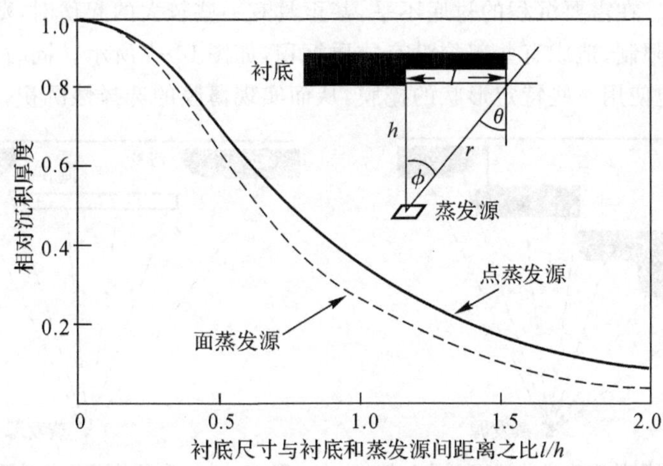

图 10-5　点蒸发源与面蒸发源情况下薄膜相对沉积速率与衬底大小的关系

在同时需要蒸发沉积的样品数较多而每个样品的尺寸相对较小的时候，经常可以采用如

图 10-6 所示的实验布置来改善样品之间的厚度均匀性。其原理是当面蒸发源和衬底表面同处在一个圆周上时，有

$$\cos\phi = \cos\theta = (1/2) r_0 / r$$

其中，r_0 为相应圆周的半径。

这时，式(10-13) 简化为

$$\frac{dM_s}{dA_s} = \frac{M_e}{4\pi r_0^2} \tag{10-14}$$

即由于与蒸发源较远的衬底处于较为有利的空间角度，而较近的衬底处于不利的角度位置，因而使得薄膜的沉积厚度变得与角度 θ 或 ϕ 无关。利用衬底的转动还可以进一步地改进蒸发沉积厚度的均匀性。

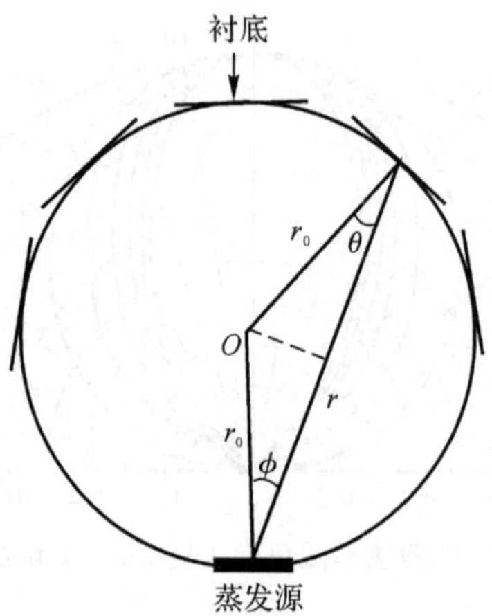

图 10-6 为提高蒸发沉积的厚度均匀性采取的衬底放置方法

由上述分析可知，当蒸发源与衬底之间存在某种障碍物的时候，物质的沉积将会产生阴影效应，即蒸发来的物质将被障碍物阻挡而未能沉积在衬底上。蒸发沉积的阴影效应可能破坏薄膜沉积的均匀性。在需要沉积的衬底不平，甚至具有一些较大的起伏时，薄膜的沉积将会受到蒸发源方向性的限制，造成有些部位没有物质沉积，如图 10-7 所示。同时，也可以在蒸发沉积的时候，有目的地使用一些特定形状的掩膜，从而实现薄膜的选择性沉积，如图 10-8 所示。

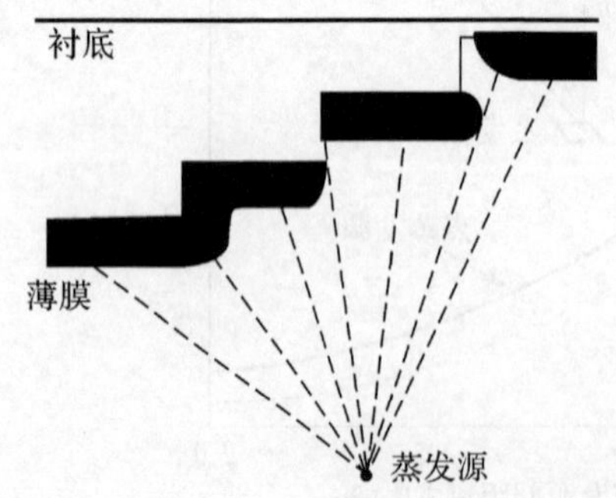

图 10-7 阴影效应造成的沉积不均匀性

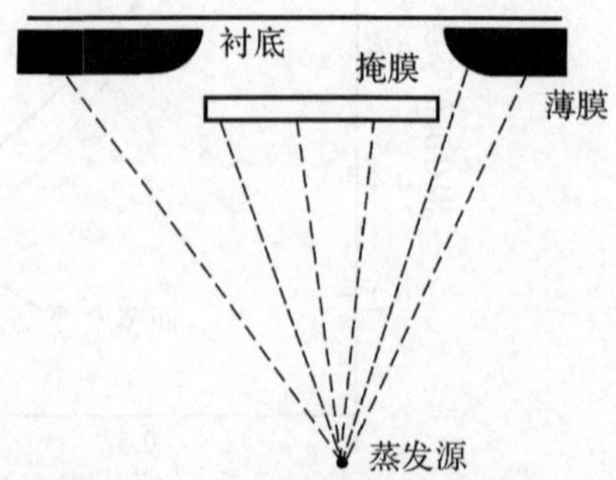

图 10-8 利用掩膜进行选择性沉积

10.1.2.2　蒸发沉积薄膜的纯度

蒸发沉积薄膜的纯度是人们制备几乎所有薄膜材料时都十分关心的问题，它取决于：

(1) 蒸发源的纯度；

(2) 加热装置、坩埚可能造成的污染；

(3) 真空系统中的残留气体。

前两个因素的影响可以依靠使用高纯物质作为蒸发源以及改善实验装置得到改善，而第三个因素则需要从改善真空条件入手加以解决。

下面分析一下在一定的真空条件下，残余气体对于蒸发沉积薄膜的污染情况。在沉积过程中，残余气体的分子和蒸发物质的原子将分别射向衬底，并同时沉积在衬底上。蒸发物质原子的沉积速率为

$$G=\frac{\rho N_A s}{M_A} \tag{10-15}$$

其量纲为原子数 /($cm^2\cdot s$)。式(10-15)中，ρ 为沉积物质的密度，s 为厚度沉积速度。

因此，可求出气体杂质在沉积物中的浓度为

$$c=\frac{pM_A}{\rho s N_A\sqrt{2\pi M_g RT}} \tag{10-16}$$

式中　M_A—— 蒸发物质的相对原子质量；

M_g—— 残余气体的相对原子质量；

p—— 残余气体的压力。

由式(10-16)可以看出，沉积物中杂质的含量与残余气体的压强成正比，与薄膜的沉积速度 s 成反比。表 10-2 给出了计算得出的氧杂质含量随沉积速度和真空度的变化情况。在计算中假设了运动至衬底处的 O_2 分子均会被沉积在薄膜之中。

表 10-2　计算得出的氧杂质含量随沉积速度和背底真空度的变化情况

真空中的氧分压/Pa	沉积速度/($nm\cdot s^{-1}$)			
	0.1	1	10	100
10^{-7}	10^{-3}	10^{-4}	10^{-5}	10^{-6}
10^{-5}	10^{-1}	10^{-2}	10^{-3}	10^{-4}
10^{-3}	10	1	10^{-1}	10^{-2}
10^{-1}	1 000	100	10	1

由表中数据可以看到，要想制备高纯的薄膜材料，一方面需要改善沉积的真空条件，另一方面需要提高物质的蒸发以及薄膜的沉积速度。由于真空蒸发方法易于做到上述两点，例如，沉积速度可以达到 100 nm s^{-1}，真空度可以优于 10^{-6} Pa，因而它可以制备出纯度极高的薄膜材料。与蒸发法相比，溅射法制备的薄膜纯度一般较低。这是因为在溅射法中，沉积的速度一般要比蒸发法低一个数量级以上，而真空度往往要相差五个数量级左右。

10.1.3 真空蒸发装置

真空蒸发所采用的设备根据其使用目的不同可能有很大的差别，从最简单的电阻加热蒸镀装置到极为复杂的分子束外延设备，都属于真空蒸发沉积的范畴。在蒸发沉积装置中，最重要的组成部分就是物质的蒸发源，根据其加热原理可以将其分为以下各种类型。

10.1.3.1 电阻式加热装置

应用较多的一种蒸发加热方法即是电阻加热。对于电阻材料来讲，它需要满足的条件包括能够使用到足够高的温度并且在高温下具有较低的蒸气压，不与被蒸发物质发生化学反应，无放气现象和其他污染，并具有合适的电阻率等，上述这些要求导致了实际使用的电阻加热材料一般均是一些难熔金属。如 W，Mo，Ta 等。

将钨丝绕制成各种等直径或不等直径的螺旋状，即可作为物质的加热源。在熔化以后，被蒸发物质或与钨丝形成较好的浸润，靠表面张力保持在螺旋钨丝之中，或与钨丝完全不浸润，被钨丝螺旋所支撑。显然，钨丝一方面是起着加热器的作用，另一方面也起着支撑被加热物质的作用，如图 10－9(a)所示。

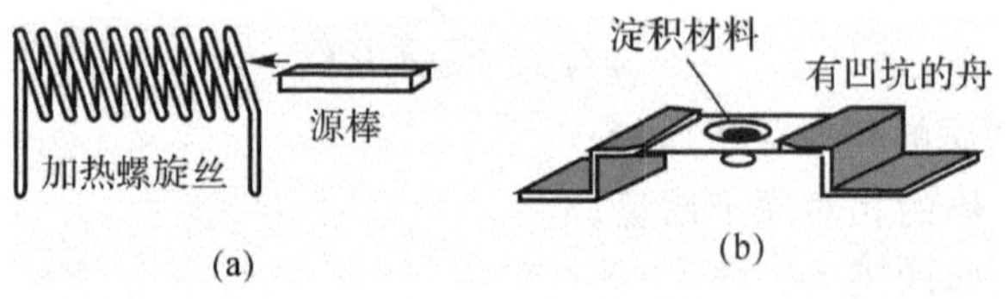

图 10－9 电阻式蒸发装置

(a)简单装置； (b)正规装置

对于不能用钨丝装置加热的物质，如一些材料的粉末等，可以考虑采用难熔金属板制成的电阻加热装置，难熔金属板可以做成各种不同的形状以装入被加热材料，如图 10－9(b)所示。对于可以在固态升华的物质来说，也可以采用难熔金属制成升华用的专用容器。加热时不仅需要考虑加热与支撑作用，还要考虑被加热物质的放气过程可能引起的物质飞溅。

应用各种材料，如高熔点氧化物、高温裂解 BN、石墨、难熔金属等制成的坩埚也可以作为蒸发容器。这时，对被蒸发物质的加热可以采取两种方法，即普通的电阻加热法和高频感应法。前者依靠缠于坩埚外的电阻丝实现加热，而后者用通水的铜制线圈作为加热的初级感应线圈，它靠在被加热的物质中或在坩埚中感生出感应电流来实现对蒸发物质的加热。显然，在后者的情况下，需要被加热的物质或坩埚本身具有一定的导电性。

10.1.3.2 电子束加热装置

电阻加热方法的局限性包括来自坩埚、加热体以及各种支撑部件的可能的污染。另外，电阻加热法的加热功率或温度也受到了一定的限制。因此电阻加热法不适用于高纯或难熔物质的蒸发。电子束蒸发方法正好克服了电阻加热方法的上述两个不足，因而它已成为蒸发法高速沉积高纯物质薄膜的一种主要的加热方法。

如图 10－10 所示，在电子束加热装置中，被加热的物质被放置在水冷的坩埚中，电子束只轰击到其中很少的一部分，而其余的大部分在坩埚的冷却作用下仍处于很低的温度，即它实际上成了蒸发物质的坩埚材料。因此,电子束蒸发沉积可以做到避免坩蜗材料的污染。在同一蒸发沉积装置中可以安置多个坩埚,可以同时或分别对多种不同的材料进行蒸发。

图 10-10 中,由加热的灯丝发射出的电子束受到数千伏的偏置电压的加速,并经过横向布置的磁场线圈偏转 270°后到达被轰击的坩埚处。这样的实验布置可以避免灯丝材料对于沉积过程可能存在的污染。电子束蒸发的缺点是电子束能量的绝大部分要被坩埚的水冷系统所带走,因而其热效率较低。

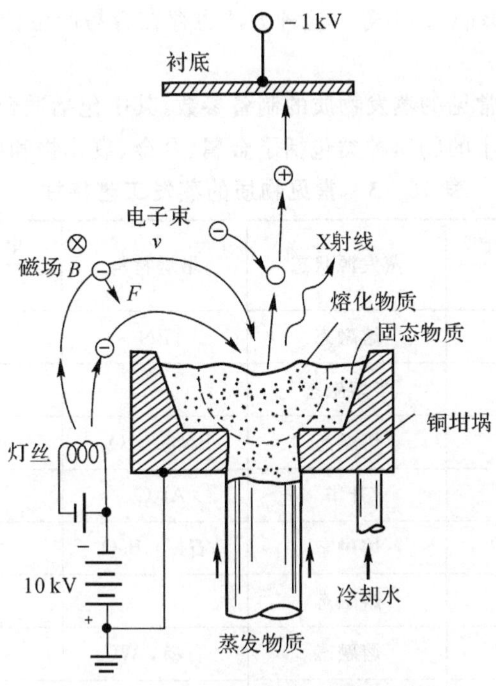

图 10-10　电子束蒸发装置的示意图

10.1.3.3　电弧加热装置

与电子束加热方式相类似的一种加热方法是电弧放电加热法。它也具有可以避免加热丝或坩埚材料污染,加热温度较高的特点,特别适用于熔点高,同时具有一定导电性的难熔金属的蒸发沉积。同时,这一方法所用的设备比电子束加热装置简单,因而是一种较为廉价的蒸发装置。

在这种方法中,使用欲蒸发的材料制成放电电极。在薄膜沉积时,依靠调节真空室内电极间距的方法来点燃电弧,而瞬间的高温电弧将使电极端部产生蒸发,从而实现薄膜的沉积。控制电弧的点燃次数就可以沉积出一定厚度的薄膜。电弧加热方法既可以采用直流加热法,又可以采用交流加热法。这种方法的缺点是在放电的过程中容易产生微米量级大小的电极颗粒飞溅,从而会影响沉积薄膜的均匀性。

10.1.3.4　激光加热装置

使用高功率的连续或脉冲激光束作为能源进行薄膜的蒸发沉积的方法被称为激光沉积法。显然,这种方法也具有加热温度高,可避免坩埚污染,材料的蒸发速率高,蒸发过程容易控制等特点。同时,由于在蒸发过程中,高能激光光子将能量直接转移给被蒸发的原子,因而激光蒸发法的粒子能量一般显著高于其他的蒸发方法。

在激光加热方法中,需要采用特殊的窗口材料将激光束引入真空室中,并要使用透镜或凹面镜等将激光束聚焦至被蒸发的材料上。针对不同波长的激光束,需要选用具有不同光谱透过特性的窗口和透镜材料。

激光加热方法特别适用于蒸发那些成分比较复杂的合金或化合物材料,例如近年来研究比较多的高温超导材料 $YBa_2Cu_3O_7$等。这种方法也存在容易产生微小的物质颗粒飞溅,影响薄膜均匀性的问题。

表 10-3 总结了一些常见的蒸发物质的制备参数,其中包括适合的加热方式、加热温度以及适用的坩埚材料等。表中的物质种类包括了金属、合金、氧化物和各种化合物材料。

表 10-3 常见物质的蒸发工艺特性

物质	最低蒸发温度①/℃	蒸发源状态	坩埚材料	电子束蒸发时的沉积速率/$nm \cdot s^{-1}$
Al	1 010	熔融态	BN	2
Al_2O_3	1 325	半熔融态		1
Sb	425	熔融态	BN, Al_2O_3	5
As	210	升华	Al_2O_3	10
Be	1 000	熔融态	石墨, BeO	10
BeO		熔融态		4
B	1 800	熔融态	石墨, WC	1
B_4C		半熔融态		3.5
Cd	180	熔融态	Al_2O_3, 石英	3
CdS	250	升华	石墨	1
CaF_2		半熔融态		3
C	2 140	升华		3
Cr	1 157	升华	W	1.5
Co	1 200	熔融态	Al_2O_3, B_2O_3	2
Cu	1 017	熔融态	石墨, Al_2O_3	5
Ca	907	熔融态	石墨, Al_2O_3	
Ge	1 167	熔融态	石墨	2.5
Au	1 132	熔融态	BN, Al_2O_3	3
In	742	熔融态	Al_2O_3	10
Fe	1 180	熔融态	Al_2O_3, B_2O_3	5

续表

物质	最低蒸发温度① ℃	蒸发源状态	坩埚材料	电子束蒸发时的沉积速率 $nm \cdot s^{-1}$
Pb	497	熔融态	Al_2O_3	3
LiF	1 180	熔融态	Mo，W	1
Mg	327	升华	石墨	10
MgF_2	1 540	半熔融态	Al_2O_3	3
Mo	2 117	熔融态		4
Ni	1 262	熔融态	Al_2O_3，B_2O_3	2.5
玻莫合金	1 300	熔融态	Al_2O_3	3
Pt	1 747	熔融态	石墨	2
Si	1 337	熔融态	B_2O_3	1.5
SiO_2	850	半熔融态	Ta	2

注：①蒸气压为 1.33×10^{-2} Pa 时的温度。

蒸发沉积的特点是蒸发和参与沉积的物质粒子能量较低。表 10-4 列出了蒸发法涉及的粒子能量的典型值以及其与物质键合能的比较。显然，与物质的键合能相比，蒸发法获得的粒子能量很低，在物质沉积过程中所起的作用较小。因而，有时需要采用某些方法以提高入射到衬底表面的粒子能量，这些方法包括激光蒸发法、溅射法，以及在蒸发法基础上对粒子采用电离法或较高能量入射离子束辅助的方法等。

表 10-4　蒸发粒子的能量及与物质键合能的比较

能量项		能量/eV
蒸发粒子动能	300 K 时	0.038
	2 200 K 时	0.28
物质的键合能	Si-Si 固体键合能	3.29
	N-N 气体分子键合能	9.83

10.2　物理气相沉积溅射法

溅射法也是薄膜物理气相沉积方法，它利用带有电荷的离子在电场中加速后具有一定动能的特点，将离子引向欲被溅射的靶电极。在离子能量合适的情况下，入射的离子将在与靶表面的原子的碰撞过程中使后者溅射出来。这些被溅射出来的原子将带有一定的动能，并且会沿着一定的方向射向衬底，从而实现存衬底上薄膜的沉积。在溅射过程中，离子的产生过程与等离子体的产生或气体的辉光放电过程密切相关。

10.2.1 辉光放电与等离子体

在图 10-11 所示的真空系统中，作为阴极的靶材是需要溅射的材料，相对于作为阳极的衬底加有数千伏的电压。阳极可以是接地的，也可以是处于浮动电位或是处于一定的正、负电位。在对系统预抽真空以后，充入适当压力的惰性气体，例如 Ar 作为气体放电的载体，压力一般处于 0.1～10 Pa 的范围内。

在正负电极高压的作用下，极间的气体原子将被大量电离，电离过程使 Ar 原子电离为 Ar^+ 和可以独立运动的电子，其中电子飞向阳极，而带正电荷的 Ar^+ 则在高压电场的加速作用下高速飞向作为阴极的靶材，并在与靶材的撞击过程中释放出其能量。离子高速撞击使大量的靶材原子获得了相当高的能量，可以脱离靶材的束缚而飞向衬底。

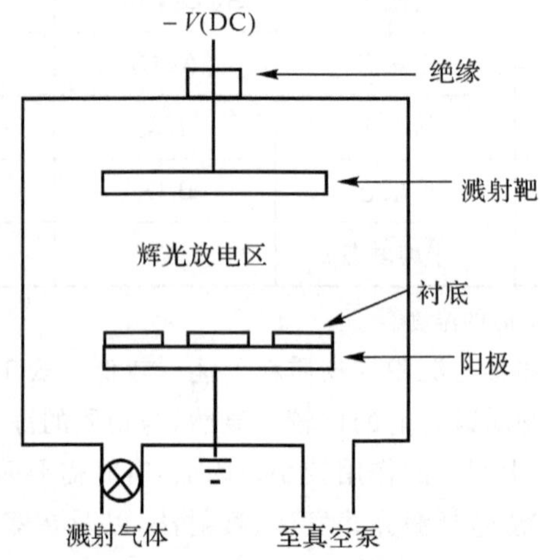

图 10-11 直流溅射沉积装置的示意图

在上述这种溅射过程中，还可能伴随有其他粒子，如二次电子、离子、光子等从阴极的发射。相对而言，溅射过程比蒸发过程要复杂得多，其定量描述也团难得多。

10.2.1.1 气体辉光放电的物理基础

直流气体放电系统如图 10-12 所示，电极之间由电动势为 E 的直流电源提供电压 V 和电流 I，并以电阻 R 作为限流电阻。系统满足关系

$$V=E-IR \tag{10-17}$$

真空容器中 Ar 的压力保持为 1 Pa，逐渐提高两个电极间的电压。开始时电极之间几乎没有电流通过，因为这时气体原子大多仍处于中性状态，只有极少量的原子受到了高能宇宙射线的激发产生了电离，它们在电场作用下作定向运动，在宏观上表现出极微弱的电流，如图 10-13中曲线的开始阶段所示。

随着电压的逐渐升高，电离粒子的运动也随之加快，即放电电流随电压增加而增加。当这部分电离粒子的速度达到饱和时，电流不再随电压升高而增加，即电流达到了一个饱和值，它取决于气体中原来已经电离的原子数。

当电压继续升高时，离子与阴极之间以及电子与气体分子之间的碰撞变得重要起来。在碰撞趋于频繁的同时，外电路转移给电子与离子的能量也在逐渐增加。电子碰撞开始导致气

体分子电离，同时离子对于阴极的碰撞也将产生二次电子发射，这些均导致产生出新的离子和电子，即碰撞过程导致离子和电子数目呈雪崩式的增加。这时，随着放电电流的迅速增加，电压变化却不大。这种放电过程被称为汤生放电(Townsend Discharge)。

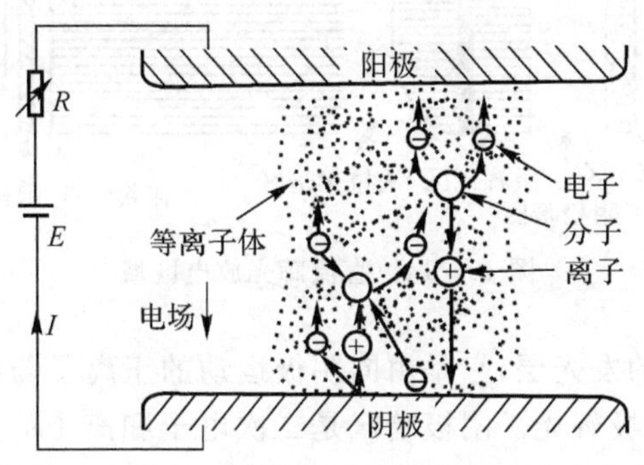

图 10-12　直流气体放电模型

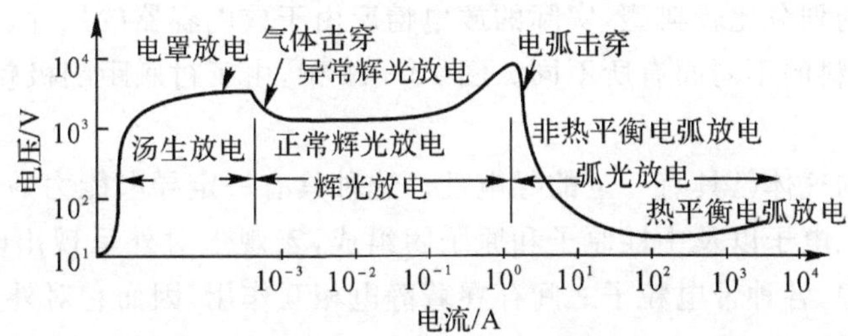

图 10-13　气体放电的伏安特性曲线

在汤生放电的后期，放电开始进入电晕放电阶段。这时，在电场强度较高的电极尖端部位开始出现一些跳跃的电晕光斑，因此，这一阶段被称为电晕放电(Corona Discharge)。

汤生放电之后，气体突然发生放电击穿现象(Breakdown)。电路的电流大幅度增加，同时放电电压显著下降。这是由于这时的气体已被击穿，因而气体内阻将随着电离度的增加而显著下降，放电区由原来只集中于阴极的边缘和不规则处变成向整个电极上扩展。在这一阶段，导电粒子的数目大大增加，在碰撞过程中的能量也足够高，因此会产生明显的辉光。

电流的继续增加将使得辉光区域扩展到整个放电长度上，辉光亮度提高，电流增加的同时电压也开始上升。这是由于放电已扩展至整个电极区域以后，再增加电流就需要相应地提高外电压。

上述的两个不同的辉光放电阶段又常被称为正常辉光放电和异常辉光放电阶段。异常辉光放电(Glow Discharge)是一般溅射方法常采用的气体放电形式。

随着电流的继续增加，放电电压将再次突然大幅度下降，电流剧烈增加。这时，放电现象开始进入电弧放电阶段。

在辉光放电时，电极之间有明显的放电辉光产生，其典型的区域划分如图 10-14 所示。从阴极至阳极的整个放电区域可以被划分为阿斯顿(Aston)暗区、阴极辉光区、阴极(Crookes)暗区、负辉光区、法拉第(Faraday)暗区、正柱区、阳极暗区和阳极辉光区等 8 个发光强度不同的区域。暗区相当于离子和电子从电场获取能量的加速区，而辉光区相当于不同粒子发生碰撞、复合、电离的区域。

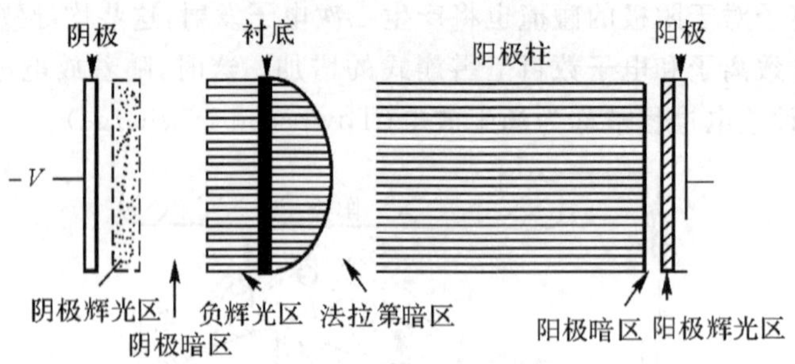

图 10-14　直流辉光放电区域

在阴极附近有一明亮的发光层，它是由向阴极运动的正离子与阳极发射出的二次电子发生复合所产生的，被称为阴极辉光。阴极暗区是二次电子和离子的主要加速区。这个区域的电压降占整个放电电压的绝大部分，如图 10-14 所示，负辉光区是发光最强的区域，它是已获加速的电子与气体原子发生碰撞而电离的区域。

上述放电区域的划分比较典型，实际的放电情况由于放电容器的尺寸、气体的种类、气压、电极的布置、电极材料的不同而有所不同。图 10-14 中，由于衬底距阴极较近，实际上已经被浸没在负辉光区中。

放电击穿之后的气体已具有一定的导电性。这种具有一定导电能力的气体被称为等离子体，它是一种由离子、电子以及中性原子和原子团组成，宏观上对外呈现出电中性的物质存在形态。在等离子体中，各种带电粒子之间存在着静电相互作用，因而它对外显示出像液体一样的整体连续性。前述的辉光放电属于等离子体中粒子能量和密度较低，放电电压较高的类型，其特点是质量较大的重粒子，包括离子、中性原子和原子团的能量远远低于电子的能量，即它是处于非热平衡状态的一种等离子体。

具体对于 1Pa 左右气压下的辉光放电等离子体来讲，理想气体定律给出电子、离子与中性粒子的总密度应是 3×10^{14} 个/cm^3，但其中只有大约 10^4 比例的电子和离子。等离子体中电子的平均动能 E 大约为 2eV，相当于电子具有 $T_E=E/k=23\ 000$ K 的温度。同时，由于电子密度较低，因而其质量热容以及能够传递给其他粒子的能量极为有限。离子以及中性原子实际上仍处于低能状态，大约只有电子能量的 1%～2%，即其温度只有 300～500 K。离子能量比中性原子的能量要高一些，这是因为离子可以通过在电场中加速而获得部分能量。

不同粒子具有极为不同的平均运动速度。电子的平均运动速度为

$$v_a=\left(\frac{8kT}{\pi m}\right)^{1/2}=9.5\times10^5\ m\cdot s^{-1}$$

Ar 离子和原子的温度远低于电子温度，质量又远大于电子质量，平均速度只有 $5\times10^2\ m\cdot s^{-1}$。

电子与离子具有不同速度的直接后果是形成所谓的等离子鞘层，即任何处于等离子体中的物体相对于等离子体来讲都呈现出负电位，并且在物体的表面附近出现正电荷积累。这是因为任何处在等离子体中的物体，如靶材和衬底，均会受到等离子体中各种粒子的轰击。由于各种粒子的速度不同，轰击物体表面的各种粒子的密度也不相同。由于离子的质量远远大于电子，因而轰击物体表面的电子数目将远大于离子数目。假如在初始时刻物体的表面没有净电荷积累的话，由于轰击表面的电子数目大于离子数目，物体表面将剩余负电荷而呈现负电位。电位的建立将排斥电子并吸引离子，使得到达物体表面的电子数目减少，离子数目增加，

直到到达物体表面的电子数与离子数相等时，物体表面的电位才达到平衡。这导致浸没在等离子体中的物体，包括阴极和阳极，其表面无一例外地相对于等离子体本身处于负电位，即在其表面形成了一个排斥电子的等离子鞘层，其厚度依赖于电子的密度和温度，其典型的数值大约为 100 μm。图 10－15 是辉光放电等离子体电位分布的示意图，其中阴极鞘层由于外电场的叠加而加大，阳极鞘层则由于外电场的叠加而减小。

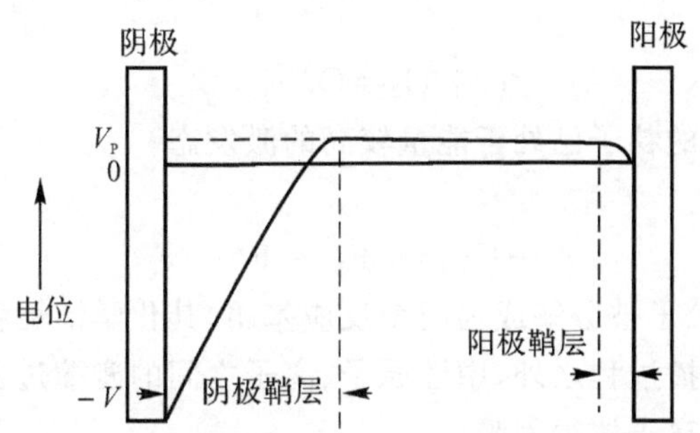

图 10－15　直流辉光放电的电位分布和等离子鞘层

在辉光放电等离子体中，电子的速度与能量远高于离子的速度与能量。因此，电子不仅是等离子体导电过程中的主要载流子，而且在粒子的相互碰撞、电离过程中也起着极为重要的作用。在鞘层中，电子密度较低，因而碰撞、电离概率较小而构成暗区。在整个放电通道中，也是电子充当着主要的导电和碰撞电离的作用。

10.2.1.2　辉光放电中的碰撞过程

等离子体中高速运动的电子与其他粒子的碰撞是维持气体放电的主要微观机制。电子与其他粒子的碰撞有两类。在弹性碰撞中，参加碰撞的粒子的总动能和总动量保持不变，并且不存在粒子内能的变化，即没有粒子的激发、电离或复合过程发生。根据经典力学可知，在两个粒子的弹性碰撞过程中，运动的粒子 1 将把部分动能转移给静止的粒子 2，碰撞后的能量满足关系

$$\frac{E_1}{E_2}=\frac{4M_1M_2\cos^2\theta}{(M_1+M_2)^2} \tag{10-18}$$

式中　M—— 相应粒子的质量；

E—— 粒子碰撞后的动能；

θ—— 碰撞前粒子 1 的运动方向与碰撞瞬间两粒子中心连线的夹角。

对于辉光放电等离子体中的大多数碰撞来说，这相当于高速运动的电子与低速运动的原子或离子的碰撞。这时 $M_1 \ll M_2$，因而每次碰撞中发生的能量转移是极少的，不会造成气体分子的电离。

对于非弹性碰撞来说，碰撞过程中有部分电子动能将转化为粒子的内能增加 ΔU，其最大值为

$$\Delta U=\frac{M_1v_1^2M_2\cos^2\theta}{2(M_1+M_2)} \tag{10-19}$$

由于 $M_2/(M_1+M_2)$ 近似等于 1，而 $(1/2)M_1v_1^2$ 正是碰撞前电子的动能，因此非弹性碰撞可以使电于将大部分能量转移给其他质量较大的粒子，如离子或原子，引起其激发或电离。因此电

子与其他粒子的非弹性碰撞过程是维持自持放电过程的主要机制。

在非弹性碰撞中可能发生许多不同的过程，其中比较有代表性的是：

(1) 电离过程，如

$$e^- + Ar \Rightarrow Ar^+ + 2e^-$$

这一过程使电子数目增加，从而使放电过程得以继续。上式的反过程被称为复合。

(2) 激发过程，如

$$e^- + O_2 \Rightarrow O_2^* + e^-$$

其中的星号表示相应的粒子已处于能量较高的激发态。

(3) 分解反应，如

$$e^- + CF_4 \Rightarrow CF_3^* + F^* + e^-$$

在这一碰撞过程中，分子被分解成为两个反应基团，其化学活性将远高于原来的分子。

除了有电子参加的碰撞过程之外，中性原子、离子之间的碰撞过程也在同时发生。各种各样的碰撞过程使得描述等离子体很困难。

10.2.2 物质的溅射现象

溅射仅是离子对物体表面轰击时可能发生的物理过程。图 10-16 是在离子轰击下固体表面可能发生的一系列物理过程，其中每种物理过程的相对重要性取决于入射离子的能量。利用不同能量离子与固体表面相互作用过程的不同，不仅可以实现对于物质原子的溅射，还可以观察到诸如离子注入(离子能量大约为 100 keV)、离子的卢瑟福背散射(离子能量大约为 1 MeV)等现象，并为人们所利用。

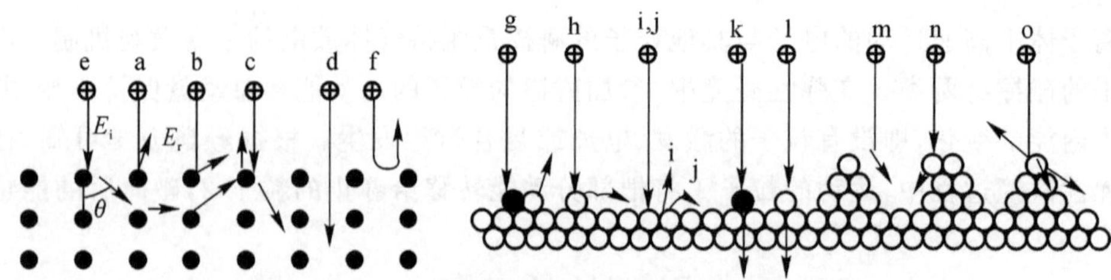

图 10-16 离子轰击固体表面时发生的物理过程

a,b—正向和大角度直接碰撞散射；c,d—碰撞和通道效应引起的离子注入；e—多级碰撞散射；f—表面多原子散射；g—表面吸附杂质的去除和表面活化；h—表面原子溅射位移；i,j—溅射和原子位移诱发空位；k—吸附杂质的注入；l—薄膜物质原子的自注入；m,n—表面扩散和溅射引起的空位填充；o—抑制岛状组织生长

10.2.2.1 溅射产额

由图 10-16 可以看出，溅射是离子轰击物质表面，并且在碰撞过程中发生能量与动量的转移，从而最终将物质表面原子激发出来的复杂过程。溅射产额是被溅射出来的原子数与入射离子数之比，它是衡量溅射过程效率的参数。溅射产额与下列参数有关。

1. 入射离子能量

如图 10-17 所示，入射离子的能量对物质的溅射产额有很大的影响。首先，只有当入射离子的能量超过一定的阈值以后，才会出现被溅射物质表面原子的溅射。每种物质的溅射阈值与入射离子的种类关系不大，但与被溅射物质的升华热有一定比例关系。大部分金属的溅射阈值在 10～40eV 之间，大约是其升华所需能量的几倍。

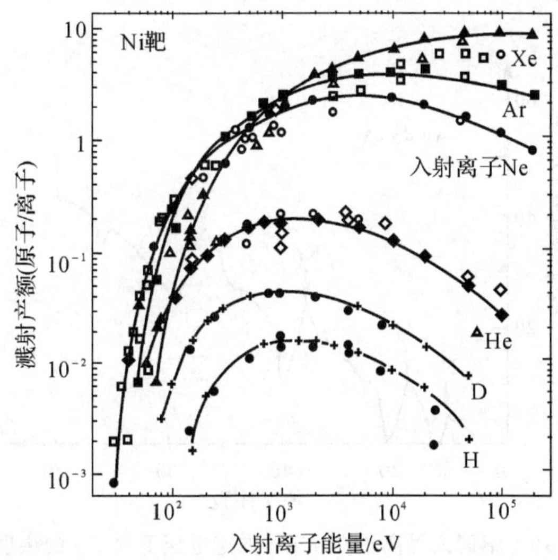

图 10-17　Ni 的溅射产额与入射离子种类和能量间的关系

随着入射离子能量的增加，溅射产额先是提高，其后在离子能量达到 10 keV 左右的时候趋于平缓。其后，当离子能量继续增加时，溅射产额反而下降。当入射离子的能量达到 100 keV 左右时，入射离子将进入被轰击的物质内部，即发生离子注入现象。

2. 入射离子种类和被溅射物质种类

入射离子以及被溅射元素的种类对溅射的产额也有很大的影响。图 10-18 是在 400V 加速电压的 Ar 离子入射情况下，各种元素的溅射产额的变化情况。由图可见，元素的溅射产额呈现明显的周期性，即随着元素外层 d 电子数的增加，其溅射产额提高，因而 Cu，Ag，Au 等元素的溅射产额明显高于 Ti，Zr，Nb，Mo，W 等元素的溅射产额。

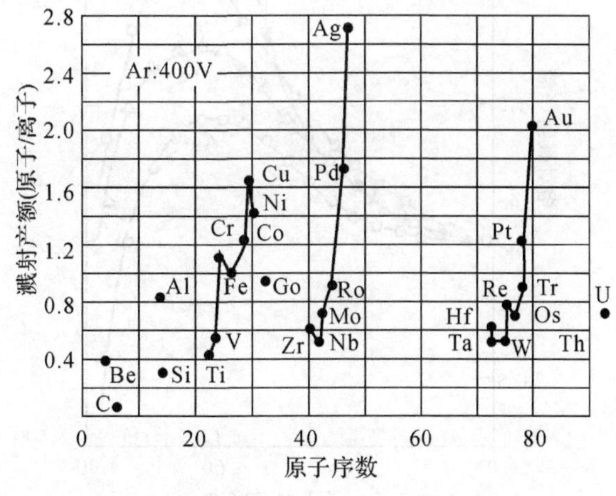

图 10-18　Ar 离子在 400V 加速电压下对各种元素的溅射产额

图 10-19 是在 45 kV 加速电压条件下各种入射离子轰击 Ag 表面时得到的溅射产额随

离子的原子序数的变化。由图可见，使用惰性气体作为入射离子时，溅射产额较高，而且重离子的溅射产额明显高于轻离子。由于经济性的原因，在多数情况下均采用 Ar 离子作为溅射沉积时的入射离子。

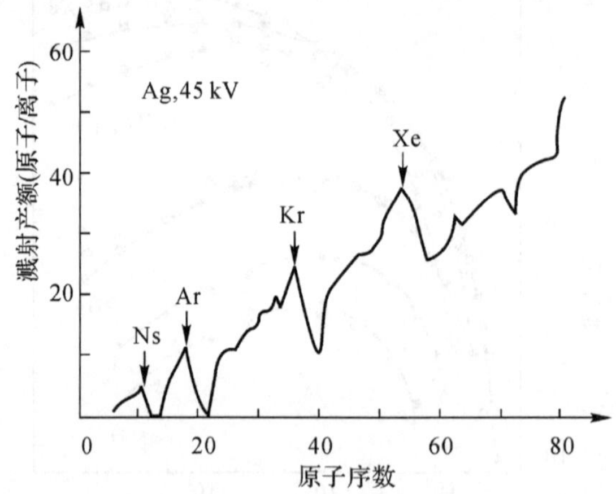

图 10－19　不同入射离子在 45kV 加速电压下对 Ag 的溅射产额

3. 离子入射角度对溅射产额的影响

入射离子的入射角度对于元素溅射产额的影响如图 10－20 所示。随着离子入射方向与靶面法线间夹角 θ 的增加，溅射产额先是呈 $1/\cos\theta$ 规律的增加，即倾斜入射有利于提高溅射产额。但当入射角 θ 接近 80°时，产额迅速下降。尤其是对于溅射产额本来就较低的 Fe，Ta，Mo 等元素，倾斜入射对溅射产额的影响更为明显。

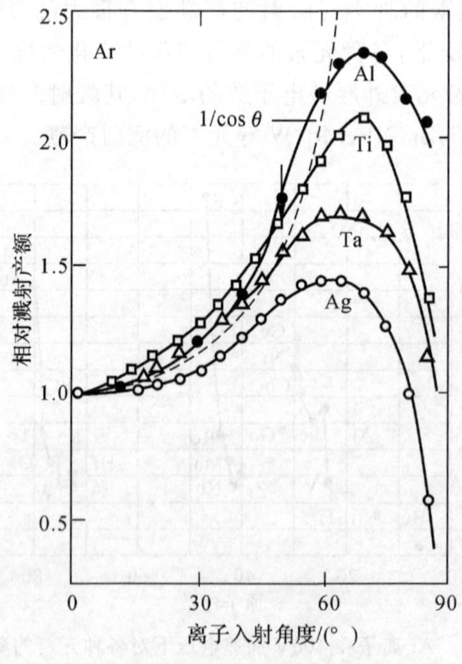

图 10－20　溅射产额随离子入射角度的变化

在溅射过程中,溅射原子的运动方向呈现如图 10 - 21 所示的角度分布。与蒸发条件下被蒸发原子运动方向的角分布形式稍有不同,溅射原子方向呈现欠余弦分布,即在表面法线方向上溅射产额稍低。尤其是当入射离子能量较低时,这种欠余弦分布的特征更为明显。一般情况下,元素的溅射产额多处于 0.01～4 之间。

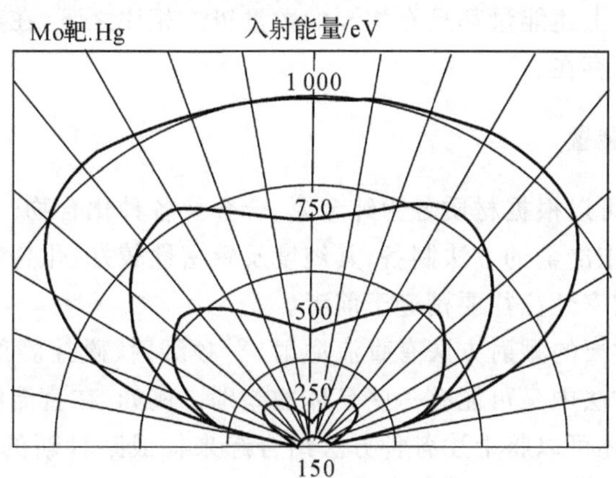

图 10 - 21　原子溅射方向的欠余弦分布

10.2.2.2　合金的溅射和沉积

溅射法易于保证薄膜的化学成分与靶材基本一致,这一点蒸发法很难做到。溅射法与蒸发法在保持确定的化学成分方面产生巨大差别的原因可以归纳为以下两点:

(1)与不同元素溅射产额间的差别相比,元素之间在平衡蒸气压方面的差别太大。例如,1 500 K时易于蒸发的硫属元素的蒸气压可以比难熔金属的蒸气压高出 10 个数量级以上。而相比之下,它们在溅射产额方面的差别则要小得多。

(2)在蒸发的情况下,被蒸发物质多处于熔融状态。这时,源物质本身将发生扩散甚至对流,从而表现出很强的自发均匀化的倾向。在持续的蒸发过程中,这将造成被蒸发物质的表面成分持续变动。相比之下,溅射过程中靶物质的扩散能力较弱。由于溅射产额差别造成的靶材表面成分的偏离很快就会使靶材表面成分趋于某一平衡成分,从而在随后的溅射过程中实现成分的自动补偿,即溅射产额高的物质已经贫化,溅射速率下降;而溅射产额低的元素得到富集,溅射速率上升。最终结果是,尽管靶材表面的化学成分已经改变,但溅射出来的物质成分却与靶材的原始成分相同。

显然,要使合金靶材的表面成分达到上述溅射的动态平衡所对应的成分,需要经过一定的溅射时间。因此在一般情况下,可以采取将靶材预先溅射一段时间的方法使其表面成分达到平衡后,再开始正式的溅射过程。预溅射层的深度一般需要达到几百个原子层左右。

例如,对于成分为 80%Ni - 20%Fe 的合金靶材来说,1 keV 的 Ar^+ 溅射的元素溅射产额分别为:$S(Ni)=2.2$,$S(Fe)=1.3$。在经过一段时间的预溅射之后,靶材表面的成分比将逐渐变为 $Ni/Fe=(80\times1.3)/(20\times2.2)=2.36$,即 70.2%Ni - 29.8%Fe。在这之后,溅射的成分将能够保证沉积出合适成分的薄膜。

在溅射过程中入射离子与靶材之间有很大能量的传递。因此,溅射出的原子将从溅射过程中获得很大的动能,其数值一般可以达到 5～20eV。相比之下,由蒸发法获得的原子动能一般只有 0.1 eV。这导致在沉积过程中，高能量的原子对于衬底的撞击一方面提高了原子自身在沉积表面的扩散能力，另一方面也将引起衬底温度的升高。

在溅射沉积过程中，引起衬底温度升高的能量主要来源于原子的凝聚能；沉积原子的平均动能；等离子体中的其他粒子，如电子、中性原子等的轰击带来的能量。

在溅射沉积过程中，上述能量都具有相同的数量级。相比之下，在蒸发法中后面两项能量或是比较小，或是根本不存在。

10.2.3 溅射沉积装置

溅射法使用的靶材可以根据材质分为纯金属、合金及各种化合物。一般来讲，金属与合金的靶材可以用冶炼或粉末冶金的方法制备，其纯度及致密性较好；化合物靶材多采用粉末热压的方法制备，其纯度及致密性往往要稍逊于前者。

根据溅射的特征，主要的溅射方法有直流溅射、射频溅射、磁控溅射和反应溅射。但是根据使用目的，各种溅射方法中又可能有一些具体的差别。例如，在直流溅射方法中又可以结合各种施加偏压的方法。还可以将上述各种方法结合起来构成某种新的方法，例如将射频技术与反应溅射相结合就构成了射频反应溅射法。

10.2.3.1 直流溅射

直流溅射称为阴极溅射或二极溅射。前文中已经介绍了直流溅射的基本原理和方法。图 10－11 是直流溅射装置的示意图。

在直流溅射过程中，常用 Ar 作为工作气体。作为重要参数的工作气压对溅射速率以及薄膜的质量都具有很大的影响。

在相对较低的气压条件下，阴极鞘层的厚度较大，原子的电离过程多发生在距离靶材很远的地方，因而离子运动至靶材处的概率较小。同时，低压下电子的自由程较长，电子在阳极上消失的概率较大，而离子在阳极上溅射的同时发射出二次电子的概率又由于气压较低而相对较小。这使得低压下的原子电离成为离子的概率很低，在低于 1 Pa 的压强下甚至不易发生自持放电。这些均导致低压条件下溅射速率根低。

随着气体压力的升高，电子的平均自由程减小，原子的电离概率增加，溅射电流增加，溅射速率提高。

但当气体压力过高时，溅射出来的靶材原子在飞向衬底的过程中将会受到过多的散射，因而其沉积到衬底上的概率反而下降。因此随着气压的变化，溅射沉积的速率会出现一个极值，如图 10－22 所示。一般来讲，沉积速度与溅射功率(或溅射电流的平方)成正比，与靶材和衬底之间的距离成反比。

溅射气压较低时，入射到衬底表面的原子没有经过很多次碰撞，因而能量较高，这有利于提高沉积时原子的扩散能力，提高沉积组织的致密程度。溅射气压的提高使得入射的原子能量降低，不利于薄膜组织的致密化。

10.2.3.2 射频溅射

使用直流溅射方法可以很方便地溅射沉积各类金属薄膜，但该方法的前提是靶材应具有较好的导电性。由于一定的溅射速率就需要一定的工作电流，因此要用直流溅射方法溅射导电性较差的非金属靶材的话，就需要大幅度地提高直流溅射装置电源的电压。

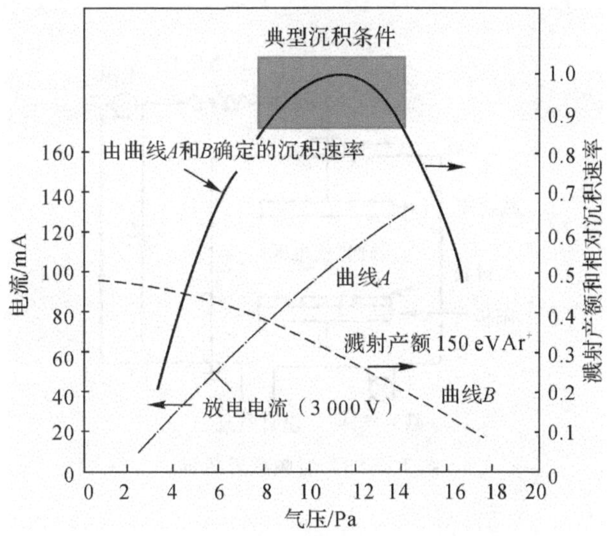

图 10－22　溅射沉积速度与工作气压的关系

射频溅射是适用于各种金属和非金属材料的溅射沉积方法。在如图 10－11 所示设备的两电极之间接上交流电源，当交流电源的频率低于 50 kHz 时，气体放电的情况与直流相比没有根本的改变，气体中的离子仍可及时到达阴极完成放电过程。唯一的差别只是在交流的每半个周期后阴极和阳极的电位互相调换。这种电位极性的不断变化导致阴极溅射交替式地在两个电极上发生。

频率超过 50 kHz，放电过程出现两个变化。第一，两极之间不断振荡运动的电子可从高频电场中获得足够的能量并使气体分子电离，而由电极过程产生的二次电子对于维持放电的重要性相对下降。第二，高频电场可以经由其他阻抗形式耦合进入沉积室，而不必再要求电板一定要是导电体。因此，采用高频电源可以使溅射过程摆脱靶材导电性的限制。

一般来说，在溅射中使用的高频电源频率已属于射频范围，其频率区间为 5～30 MHz。国际上通常采用的射频频率多为美国联邦通信委员会(FCC)建议的 13.56 MHz。

射频溅射可以在靶材上产生自偏压效应，即在射频电场起作用的同时，靶材会自动地处于一个负电位下，这导致气体离子对其产生自发的轰击和溅射。

分析图 10－23 所示的射频溅射装置示意图，可以理解射频电场对于靶材的自偏压效应。图中，射频电压通过电容 C 被耦合到靶材上。由于在射频电场中电子的运动速度比离子的速度高得多，因而对于被电容隔离，既可以作为阴极，又可以作为阳极的射频电极来说，它在正半周期内作为正电极接受的电子电量将比在负半周期内作为负电极接受的离子电量多得多，或者说它吸引电子所需要的正电压比吸引离子所需要的负电压在绝对值上要低得多。即，该电极的导电特性相当于二极管，如图 10－24 所示。

电容耦合的电极在射频电场发生周期性变化时会有充放电行为。在第一个正半周中，电极为跟随电源的电位变化将接受大量的电子，并使其本身带负电。在紧接着的负半周中，它又将接受少量带正电荷但运动较慢的离子。由于该电极经电容与电源隔离，因而经过几个周期之后，该电极将带有相当量的负电荷而呈现负电位。这时，电极的负电位将对电子产生排斥作用，因而在以后电位不断的周期变换过程中，电极所接受的正负电荷数目将趋于相等，如图10－24所示。

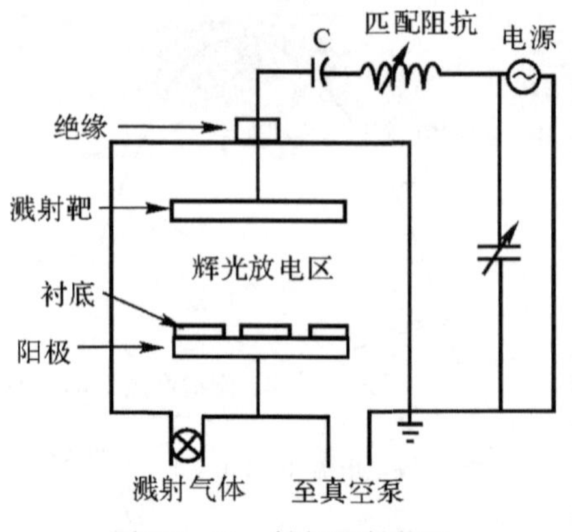

图10－23 射频溅射装置

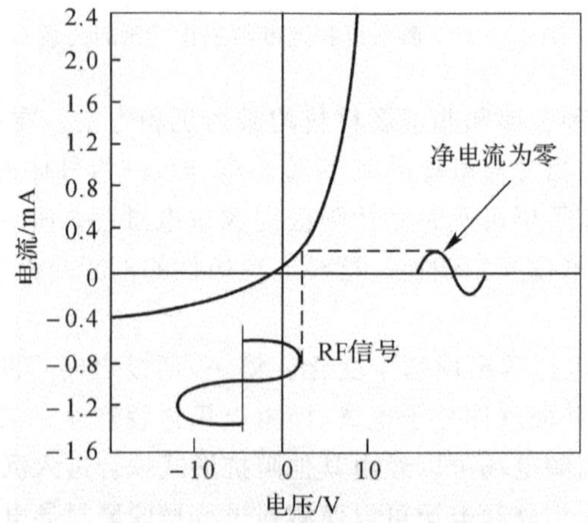

图10－24 射频溅射时靶电极的自偏压作用的示意图

上述电极自发产生负偏压的过程与所用的靶材是否是导体或绝缘体无关。但是，对于靶材是金属的情况，电源须经电容C耦合至靶材，以隔绝电荷流通的路径并形成自偏压。

另外，由于射频电压周期性地改变每个电极的电位，因而每个电极都可能因自偏压效应而受到离子轰击。解决这一问题的办法在于加大非溅射极的极面面积，从而降低该极的自偏压鞘层电压。实际的做法常常是将样品台、真空室器壁与地电极并联在一起，形成一个面积很大的电极。在这种情况下，可以将两个电极以及电极中间的等离子体看做是两个电容的串联，其中靶电极与等离子体间的电容因靶面积小而较小，另一电极与等离子体间的电容因电极面积大而较大。因此，面积较小的靶电极受到较高的自偏压，而另一极的自偏压很小，这时衬底以及真空室壁受到的离子轰击和产生的溅射效应也很小。

10.2.3.3 磁控溅射

溅射沉积方法具有两个缺点：

(1)溅射方法沉积薄膜的沉积速度较低；

(2)溅射所需的工作气压较高。

这两个缺点的综合效果使气体分子对薄膜产生污染的可能性提高。因此，磁控溅射技术作为沉积速度较高，工作气体压力较低的溅射技术具有独特的优越性。

磁场的存在将延长电子在等离子体中的运动轨迹，提高了它参与原子碰撞和电离过程的概率，因而在同样的电流和气压下可以显著地提高溅射的效率和沉积的速率。一般磁控溅射的靶材与磁场的布置形式如图 10－25 所示。这种磁场设置的特点是在靶材的部分表面上方使磁场与电场方向相垂直，从而进一步将电子的轨迹限制到靶面附近，提高电子碰撞和电离的效率，而不让它去轰击作为阳极的衬底。实际可将永久磁体或电磁线圈放置在靶的后方，从而造成磁力线先穿出靶面，然后变成与电场方向垂直，最终返回靶面的分布，即如图 10－25 所示的磁力线方向。

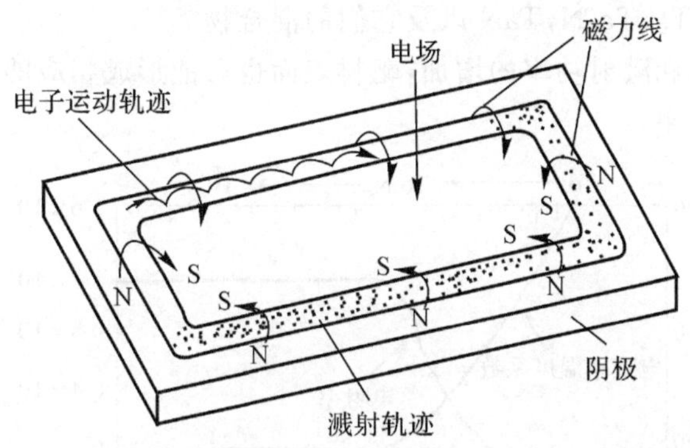

图 10－25　磁控溅射靶材表面的磁场及电子的运动轨迹

在溅射过程中，由阴极发射的电子在电场的作用下具有向阳极运动的趋势。但是，在垂直磁场的作用下，这部分电子的运动轨迹被弯曲而重新返回靶面。在与靶面平行的磁场的作用下，这部分电子的运动轨迹将是一条摆线。因此，在图 10－25 所示的靶面上将出现一条电子密度和原子电离概率极高，同时离子溅射概率极高的溅射带。

目前，磁控溅射能够成为应用最广泛的溅射沉积方法，其主要原因是这种方法的沉积速率可以比其他溅射方法高出一个数量级。这一方面要归结于在磁场中电子的电离效率提高，另一方面还因为在较低气压条件下溅射原子被散射的概率减小。另外，由于磁场有效地提高了电子与气体分子的碰撞概率，因而工作气压可以明显降低，即可由 1 Pa 降低至 0.1 Pa。这一方面降低了薄膜污染的倾向，另一方面也将提高入射到衬底表面原子的能量，可以在很大程度上改善薄膜的质量。

10.2.3.4　反应溅射

利用化合物直接作为靶材也可以实现溅射，但在有些情况下，化合物的溅射过程中也会发生气态或固态的分解过程。这时，沉积得到的物质往往与靶材的化学组成有很大的差别。例如在溅射氧化物时就经常发生沉积产物中氧含量偏低的情况。

可以调整溅射室内的气体组成和压力，限制化合物分解过程的发生；也可以采用纯金属溅射靶材，但是在工作气体中混入适量的括性气体如 O_2，N_2，NH_3，CH_4，H_2S 等，使其在溅射沉积的同时生成特定的化合物，从而一步完成从溅射、反应到沉积多个步骤。一般认为，化合物的形成是在薄膜沉积时发生的过程。这种在沉积的同时形成化合物的溅射技术被称为反应溅射方法。利用这种方法可以沉积的化合物包括氧化物（如 Al_2O_3，SiO_2，In_2O_3，SnO_2等）、碳化物（如 SiC，WC，TiC 等）、氮化物（如 TiN，AlN、Si_3N_4等）、硫化物（如 CdS，ZnS，CuS 等）以及各种复合化合物。

通过控制反应溅射过程中活性气体的压力，得到的沉积产物可以是有一定固溶度的合金固熔体，也可以是化合物，甚至还可以是上述两相的混合物。例如在含 N_2的气氛中溅射 Ti，可能出现的组织中将包括 TiN_x($0<x<1$)，TiN 或它们的混合物。一般地说，提高等离子体中活性气体的分压将有利于化合物的形成。

沉积产物化学成分的变化将影响薄膜的最终使用性能。例如在反应溅射沉积 TaN 的过程中，N_2分压对于沉积物的电阻率及其随温度的变化率的影响如图 10 - 26 所示。在溅射过程中，可能形成的相有 Ta，Ta_2N，TaN 以及它们的混合物等。

随着活性气体压力和溅射功率的增加，靶材表面也可能形成相应的化合物层，这可能会降低材料的溅射和沉积速率。

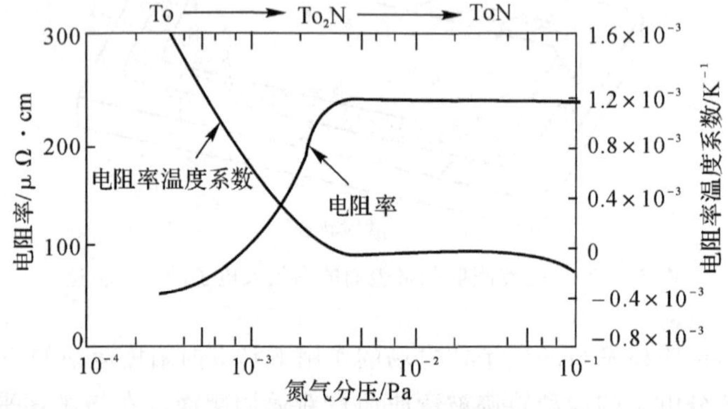

图 10 - 26 N_2分压对 Ta 的溅射产物电阻率及电阻率温度系数的影响

10.2.3.5 偏压溅射

偏压溅射是在一般溅射装置的基础上，在衬底与靶材之间有目的地施加一定大小的偏置电压，改变入射到衬底表面的带电粒子的数量和能量，以达到改善薄膜组织结构及使用性能的目的。

例如，可以利用施加偏压的方法，改变 Ta，W，Ni，Au 等金属薄膜的电阻率，如图 10 - 27 所示，采用直流溅射和射频溅射制备的薄膜都表现出了类似的结果。利用偏压还可以改变薄膜的硬度、介电常数、折射率、密度、附着力等性能。

偏压影响薄膜性能的作用机理比较复杂，但是偏压对于薄膜内部结构的影响是显而易见的。其中最为重要的是在偏压下带电粒子对于薄膜表面的轰击可以提高沉积原子在薄膜表面的扩散和参加化学反应的能力，提高薄膜的密度和成膜能力，诱发各类缺陷，抑制柱状晶生长和细化薄膜晶粒等。

偏压还可以改变薄膜中的气体含量。一方面，带电粒子的轰击可以清除衬底表面的吸附气体原子，包括吸附较弱的 Ar 以及吸附较强的 O，N 等，从而可以减少薄膜中的气体含量。

另一方面，某些气体原子又可能因为偏压下的高能离子轰击而被深埋在薄膜材料之中。

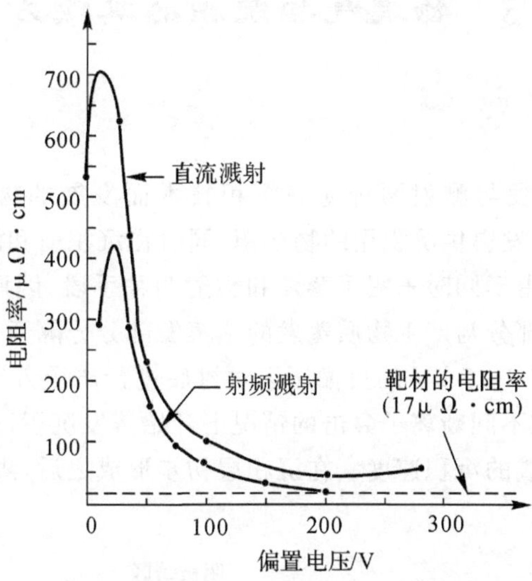

图 10-27　溅射制备的 Ta 薄膜的电阻率随偏置电压的变化

表 10-5 是从沉积原理方面对溅射和蒸发这两种薄膜制备各方法进行的总结与比较。很显然，它们作为最常用的两种物理气相沉积方法各有其特点，应用场合也不尽相同。

表 10-5　溅射与蒸发方法的原理及特性比较

溅射法	蒸发法
沉积气相的产生过程	
(1)离子轰击或碰撞动量转移机制； (2)较高的溅射原子能量(2～30eV)； (3)稍低的溅射速率； (4)溅射原子运动有方向性； (5)保证合金成分，有的化合物有分解倾向； (6)靶材纯度随材料种类而变化	(1)原子的热蒸发机制； (2)低的原子动能(1 200 K 时约为 0.1 eV)； (3)较高的蒸发速率； (4)蒸发原子运动有方向性； (5)元素贫化或富集，部分化合物有分解倾向； (6)蒸发源纯度较高
气相过程	
(1)工作压力稍高； (2)原子平均自由行程小于靶与衬底间距，原子沉积前多次碰撞	(1)高真空环境； (2)蒸发原子不经碰撞直接在衬底上沉积
薄膜的沉积过程	
(1)沉积原子有较高能量； (2)沉积过程会引入部分气体杂质； (3)薄膜附着力较高； (4)多晶取向倾向大	(1)沉积原子能量较低； (2)气体杂质含量低； (3)晶粒尺寸大于溅射沉积的薄膜； (4)有利于形成薄膜取向

10.3 物理气相沉积的其他方法

10.3.1 离子镀

离子镀技术是结合蒸发与溅射两种薄膜沉积技术而发展的物理气相沉积方法。如图10-28所示，该方法使用蒸发提供沉积用的物质源，同时在沉积前和沉积中采用高能量的离子束对薄膜进行溅射处理。由于同时采用了蒸发和溅射两种手段，因而在装置的设计上需要将提供溅射功能的等离子体部分与产生物质蒸发的热蒸发部分分隔开来。

在沉积开始之前，先在2～5 kV的负偏压下对衬底进行离子轰击，清理衬底表面，清除其表面的污染物。紧接着，在不间断离子轰击的情况下开始蒸发沉积过程，但要保证离子轰击产生的溅射速度低于蒸发造成的沉积速度。在沉积层初步形成之后，溅射可以持续下去，但也可以停止离子的轰击和溅射。

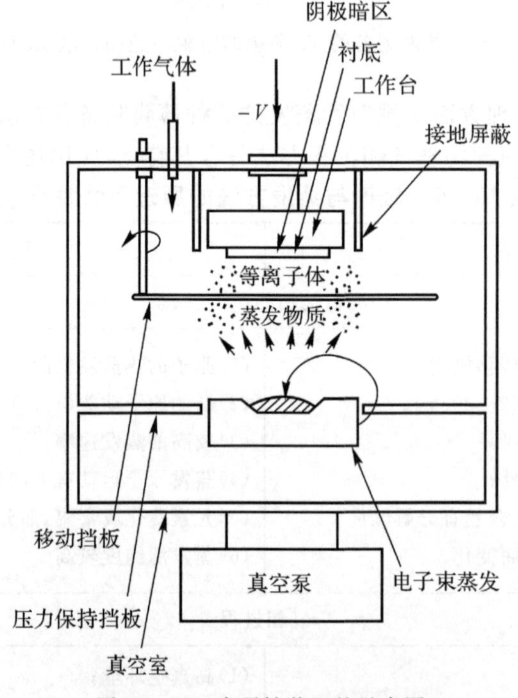

图10-28 离子镀装置的示意图

离子镀的优点在于它所制备的薄膜与衬底之间具有良好的附着力，并且薄膜结构致密。这是因为，在蒸发沉积之前以及沉积的同时采用离子轰击衬底和薄膜表面的方法，可以在薄膜与衬底之间形成粗糙洁净的界面，形成均匀致密的薄膜结构并抑制柱状晶生长，前者可以提高薄膜与衬底间的附着力，后者可以提高薄膜的致密性，细化薄膜微观组织。离子镀还可以提高薄膜对于复杂外形表面的覆盖能力。这是因为，与纯粹的蒸发沉积相比，在离子镀过程中，原子将从与离子的碰撞中获得一定的能量，同时加上离子本身的轰击等，这些均造成原子在沉积至衬底表面时具有更高的动能和迁移能力。

离子镀主要的应用领域是制备钢及其他金属材料的硬质涂层，例如各种工具耐磨涂层中广泛使用的 TiN，CrN 等。在制备这些涂层的反应离子镀(RIP)中，电子束蒸发形成的 Ti，Cr 原子束在 Ar－N_2等离子体的轰击下反应形成 TiN，CrN 涂层。这一技术被广泛用来制备氮化物、氧化物以及碳化物涂层。

10.3.2　反应蒸发沉积

反应蒸发沉积，就是使金属蒸气通过活性气氛后，沉积并反应生成相应的化合物。如果金属蒸气通过的是处于蒸发源与衬底间的活性气体等离子区，活性气体和金属原子均处于离子化的状态，就会增加两者的反应活性，促使其在衬底上形成其化合物，这种改进的反应蒸发沉积又被称为活化反应蒸发沉积(ARE)。

图 10－29 是活化反应蒸发沉积装置的示意图。在该装置中，使用电子束来实现金属的蒸发，而在蒸发源与衬底之间喂入反应活性气体并使之发生电离。衬底可以接地或处于浮动电位，也可以是处于正偏压或负偏压下。在这类装置中，可以采用直流或射频的方法产生等离子放电，也可以施加磁场提高等离子体中电子的电离效率。

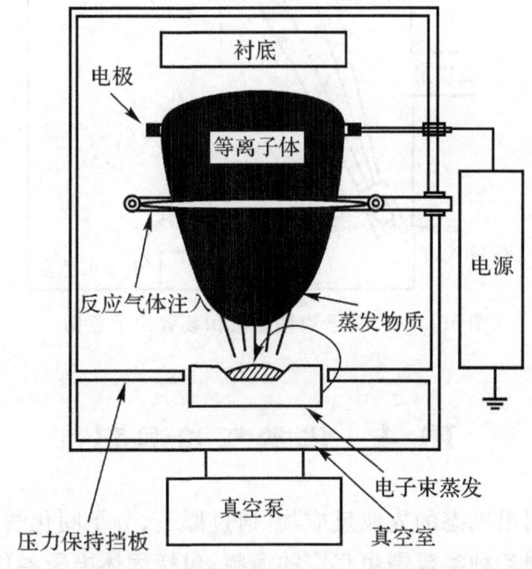

图 10－29　活化反应蒸发沉积装置的示意图

活化反应蒸发沉积可以用于各种氧化物、碳化物、氮化物硬质涂层的沉积。与化学气相沉积技术相比，这种方法的最大优点在于其沉积温度显著低于化学气相沉积方法的沉积温度，因而可被用于制备各种不能经受高温处理的耐磨零件的涂层。

10.3.3　离子束辅助沉积

偏压溅射过程中离子对于衬底表面的轰击可有效地改善沉积层的组织和性能。但是等离子体的放电过程不易控制，因而入射离子的方向、能量、密度等条件很难得到综合优化。为克服偏压溅射法的这一问题，发展了离子束辅助沉积(IAD)技术。

在反应沉积中化学反应经常进行得不很完全。这是因为化学反应需要克服一定的能量势垒。在活化反应蒸发沉积中，活化等离子体促进了许多活性基团的生成，从而有效地降低反应沉积过程的能量势垒，实现化合物的高速沉积。

在离子束辅助沉积技术中，使用单独的离子源完成对衬底表面的轰击。在如图 10-30 所示的装置中，使用一个离子源对衬底进行轰击，而欲沉积的物质则来源于一个蒸发源。该方法结合了高速蒸发沉积和偏压溅射离子轰击的特点，同时又具有离子束的能量、方向可调的优点。而在被称为双离子束沉积的装置中，分别使用两个离子源，一个用来对靶材进行溅射从而提供沉积所需要的物质，另一个用来对衬底施行离子轰击。对两个离子源的分别控制可以实现对于沉积速率和轰击离子流的独立调整。

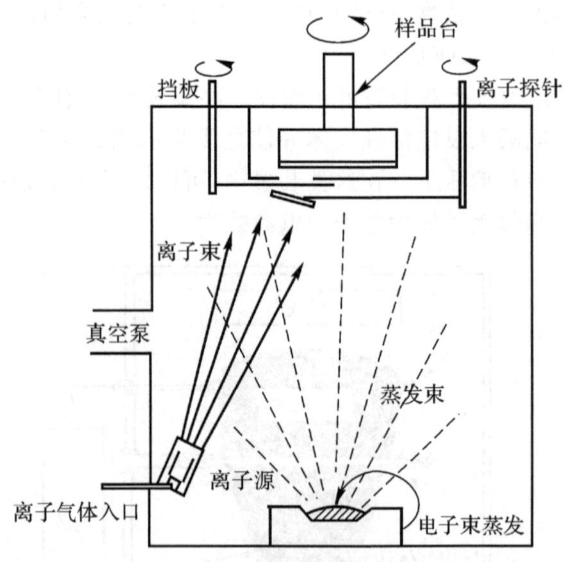

图 10-30　离子束辅助沉积装置的示意图

10.4　化学气相沉积

化学气相沉积技术利用气态的先驱反应物，通过原子、分子间化学反应的途径生成固态薄膜。利用这种方法可以制备种类范围也很广的薄膜，包括固体电子器件的各种薄膜，轴承和工具的耐磨涂层，发动机或核反应堆部件的高温防护涂层等。在高质量半导体晶体外延技术以及各种绝缘材料薄膜的制备中大量使用了化学气相沉积技术。例如，在 MOS 场效应管中，应用化学气相技术沉积的薄膜就包括多晶 Si，SiO_2，SiN 等。

化学气相沉积技术可以制备各种高纯晶态、非晶态的金属、半导体、化合物薄膜，能够有效地控制薄膜的化学成分，设备和运转成本低，与其他相关工艺具有较好的相容性。

10.4.1　化学气相沉积所涉及的化学反应类型

化学气相沉积技术涉及的主要化学反应类型有热解反应、还原反应、氧化反应、化合反应、歧化反应、可逆反应以及气相输运。

10.4.1.1　热解反应

许多元素的氢化物、羟基化合物和有机金属化合物以气态形式存在，在适当的条件下会在衬底上发生热解反应生成薄膜。比较典型的例子是 SiH_4 热解沉积多晶 Si 和非晶 Si 的反应：

$$SiH_4(g) \Rightarrow Si(s) + 2H_2(g) \quad (650℃)$$

在传统的镍提纯过程中使用的羟基镍热解生成金属 Ni 的反应也属于热解反应类型：

$$Ni(CO)_4(g) \Rightarrow Ni(s) + 4CO(g) \quad (180℃)$$

10.4.1.2　还原反应

许多元素的卤化物、羟基化合物、卤氧化物等虽然也以气态形式存在，但它们具有相当的热稳定性，因而需要采用适当的还原剂才能将其置换出来，如利用 H_2 还原 $SiCl_4$ 制备单晶硅外延层的反应：

$$SiCl_4(g) + 2H_2(g) \Rightarrow Si(s) + 4HCl(g) \quad (1\,200℃)$$

还有各种难熔金属如 W，Mo 等薄膜的制备反应：

$$WF_6(g) + 3H_2(g) \Rightarrow W(g) + 6HF(g) \quad (300℃)$$

都利用了还原反应。在适用于作还原剂的气态物质中，H_2 最容易得到，利用得最多。

10.4.1.3　氧化反应

利用 O_2 作为氧化剂对 SiH_4 进行的氧化反应：

$$SiH_4(g) + O_2(g) \Rightarrow SiO_2(s) + 2H_2(g) \quad (450℃)$$

另外，还可以利用

$$SiCl_4(g) + 2H_2(g) + O_2(g) \Rightarrow SiO_2(s) + 4HCl(g) \quad (1\,500℃)$$

实现 SiO_2 的沉积。这两种沉积方法分别应用于半导体绝缘层和光导纤维原料的沉积。前者要求低的沉积温度，而后者的沉积温度可以很高，但沉积速度要求较快。

10.4.1.4　化合反应

只要所需物质的反应先驱物以气态存在并且具有反应活性，就可以利用化学气相沉积的方法沉积其化合物，如各种碳、氨、硼化物的沉积：

$$SiCl_4(g) + CH_4(g) \Rightarrow SiC(g) + 4HCl(g) \quad (1\,400℃)$$

$$3SiCl_2H_2(g) + 4NH_3(g) \Rightarrow Si_3N_4(s) + 6H_2(g) + 6HCl(g) \quad (750℃)$$

10.4.1.5　歧化反应

某些元素具有多种气态化合物，其稳定性各不相同，外界条件的变化往往可促使一种化合物转变为稳定性较高的另一种化合物。可以利用所谓的歧化反应实现薄膜的沉积，例如

$$2GeI_2(g) \Rightarrow Ge(s) + GeI_4(g) \quad (300\sim600℃)$$

就属于歧化反应。有些金属卤化物具有这类特性，即其中的金属元素能够以两种不同的化合价构成不同的化合物。提高温度有利于提高低价化合物的稳定性，如上式中的 GeI_2 和 GeI_4 中的 Ge 分别是以＋2 价和＋4 价存在的，提高温度有利于 GeI_2 的生成。利用这种特性，可以实现 Ge 的转移和沉积，将反应室划分为高温区和低温区，GeI_4 气体在高温区(600℃)通过 Ge 形

成 GeI_2，进入低温区（300℃）的 GeI_2 在衬底上歧化反应生成 Ge。

可以形成上述变价卤化物的元素包括 Al，B，Ga，In，Si，Ti，Zr，Be 和 Cr 等。

10.4.1.6 可逆反应

利用某些元素的同一化合物的相对稳定性随温度变化的特点也可以实现物质的转移和沉积。例如

$$As_4(g)+As_2(g)+6GaCl_2(g)+3H_2(g)\Rightarrow 6GaAs(s)+6HCl(g) \quad (750\sim 850℃)$$

反应在高温（850℃）下倾向于向左进行，而在低温（750℃）下会转向右进行。利用这一特性，可用 $AsCl_3$ 气体将 Ga 蒸气载入，并使其在适宜的温度与 As_4 蒸气发生反应，从而沉积出 GaAs。

图 10－31 是利用类似反应制备（Ga，In），（As，P）系列半导体薄膜的装置的示意图，图中 In，Ga 两种元素是在与 HCl 气体反应后以气态的形式载入的。

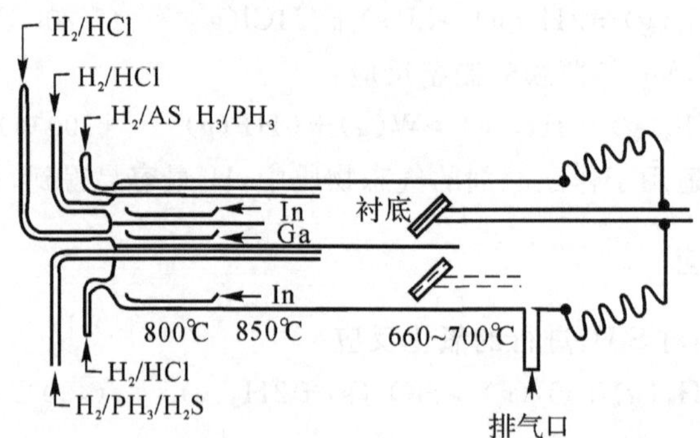

图 10－31 制备（Ga，In），（As，P）系列材料的 CVD 装置的示意图

10.4.1.7 气相输运

如果某种物质的升华温度不高，可利用该物质的升华和冷凝的可逆过程实现气相沉积，例如反应

$$2CdTe(s)\Rightarrow 2Cd(g)+Te_2(g) \quad (T_1, T_2)$$

在沉积装置中，处于较高温度 T_1 的 CdTe 发生升华，并被气体输运到处于较低温度 T_2 的衬底上发生冷凝沉积。

化学反应的途径是多种多样的，因而制备同种材料也可能有许多不同的 CVD 方法。根据上述反应类型，可以发现 CVD 方法的共同特点是：

（1）反应式总可以写成由一个固相和几个气相组成反应式，如

$$aA(g)+bB(g)\Rightarrow cC(s)+dD(g)$$

（2）反应往往是可逆的，因而热力学的分析对于了解 CVD 反应的过程是很有意义的。

10.4.2 化学气相沉积装置

一般来讲，CVD 装置往往包括以下几个基本部分：

（1）反应气体和载气的供给和计量装置；

（2）必要的加热和冷却系统；

(3)反应产物气体的排出装置。

对于不同的材料和使用目的,化学气相沉积装置可以具有各种各样不同的形式。在 CVD 装置中也可以采用各种物理的手段,如等离子体或热蒸发技术等,这可以使 CVD 装置的功能更加强大。

10.4.2.1　高温和低温 CVD 装置

薄膜制备时最重要的两个物理量分别是气相反应物的过饱和度和沉积温度。两者相结合,决定了沉积过程的形核率、沉积速度和薄膜微观结构的完整性。通过调整上述两个参数,获得的沉积产物可以是单晶状态、多晶状态甚至是非晶状态。

要想得到高度完整的单晶沉积,一般的条件是气相的过饱和度要低,沉积温度要高。相反的条件则促进多晶甚至非晶材料的生成。因此,如果要强调材料的完整性,多采用高温 CVD 系统,强调材料的低温制备条件,多使用低温 CVD 系统。

高温 CVD 系统被广泛应用于制备半导体外延薄膜,以保证材料的制备质量。这类系统可分为热壁和冷壁式两类。如图 10-31 所示的热壁式 CVD 装置已有介绍,这类装置的特点是使用外加热器将反应室器壁加热至较高温度。

图 10-32 所示的前两种装置属于冷壁式系统,这类装置的特点是使用感应加热装置对具有一定导电性的样品台从内部进行加热,而反应室器壁由导电性较差的材料制成,且由冷却系统冷至较低温度。

在图 10-31 和图 10-32 所示的装置中,大多采取了具有一定倾斜角度的样品放置方法,目的是为了强制加快气体流速,部分抵消反应气体通过反应室时的贫化现象。

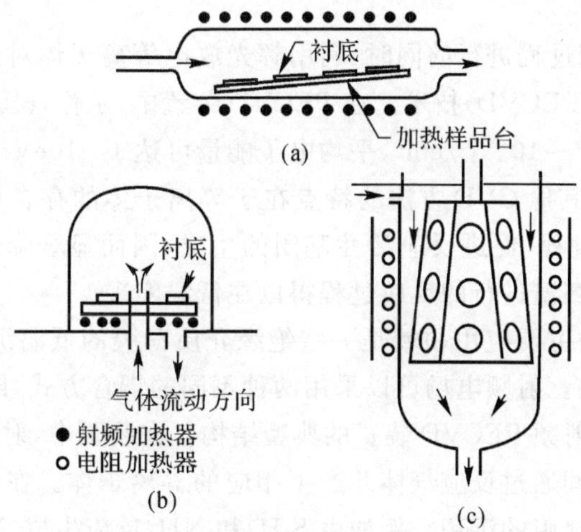

图 10-32　几种 CVD 装置的示意图

为了减少放热反应的反应产物在反应室壁上的沉积,可以采用热壁式 CVD 装置,GaAs 类材料的沉积就属于这种情况。而冷壁式装置则可减少吸热反应的反应产物在反应容器壁上的沉积,由 H_2还原 SiH_4而沉积 Si 的反应就属于这类反应。

在半导体工业中,低温 CVD 装置被广泛用于各类绝缘介质膜,如 SiO_2,Si_3N_4等的沉积。高温 CVD 装置除了可被用于半导体材料的外延生长之外,还被广泛应用于金属部件耐磨涂层的制备方面。

10.4.2.2 低压 CVD(LPCVD)装置

在显著低于 0.1MPa 的压力下工作的 CVD 装置属于低压 CVD 装置。降低 CVD 装置工作室的压力可以提高反应气体和反应产物通过边界层的扩散能力。同时，为了部分抵消压力降低的影响，可以提高反应气体在气体总量中的浓度比。与常压 CVD 装置相比，低压 CVD 装置工作的压力可以低至 100 Pa 左右，因而导致反应气体的扩散系数提高了大约 3 个数量级。

尽管由于压力降低衬底表面边界层的厚度有所增大，但气体流速也可相应提高。因此边界层厚度只增加 3～10 倍，总的结果是大大提高了薄膜的沉积速率。

典型的低压 CVD 装置如图 10-33 所示，它与一般常压热壁式 CVD 装置的主要区别在于前者需要真空泵系统维持整个系统的工作气压。

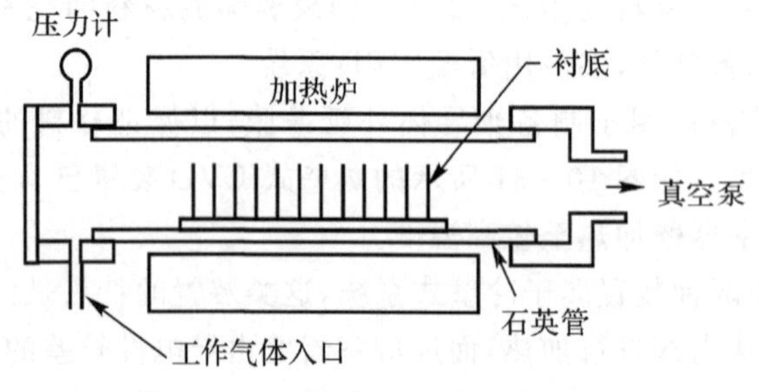

图 10-33 低压 CVD 装置的示意图

10.4.2.3 等离子体增强 CVD(PECVD)装置

在低压化学气相沉积过程进行的同时，利用辉光放电等离子体对过程施加影响的技术被称为等离子体增强 CVD(PECVD)技术。在 PECVD 装置中，工作气压大约为 5～500 Pa 的范围，电子和离子密度达 10^9～10^{12}个/cm^3，平均电子能量可达 1～10eV。

PECVD 方法区别于其他 CVD 方法的特点在于等离子体的存在可以促进气体分子的分解、化合、激发和电离的过程，促进反应活性基团的生成，因而显著降低了反应沉积的温度范围，使得某些原来需要在高温进行的反应过程得以在低温实现。

由于 PECVD 方法的主要应用领域是一些绝缘介质薄膜的低温沉积，因而其等离子体的产生方法多采用射频方法。射频电场可以采用两种不同的耦合方式，即电感耦合和电容耦合。图 10-34 是电容耦合的射频 PECVD 装置的典型结构。在装置中，射频电压被加在相对安置的两个平板电极上，在其间通过反应气体并产生相应的等离子体。在等离子体各种活性基团的参与下，在衬底上实现薄膜的沉积。例如由 SiH_4 和 NH_3 反应生成 Si_3N_4 的 CVD 过程，在常压 CVD 装置中是在 900℃ 左右进行，在低压 CVD 装置中要在 750℃ 左右进行。而应用 PECVD 装置可以在 300℃ 的低温条件下实现 Si_3N_4 介质膜的均匀、大面积沉积。同时，PECVD 装置也工作在很低的气压条件下，提高了活性基团的扩散能力，因而薄膜的生长速度可以达到 30nm/min。

电感耦合的 PECVD 装置如图 10-35 所示。其中的高频线圈放置于反应容器之外，它产生的交变磁场在反应室内诱发交变感应电流，从而形成气体的无电极放电。也正是由于这种等离子体放电的无电极特性，通常认为它可以避免电极放电可能产生的电极材料污染。

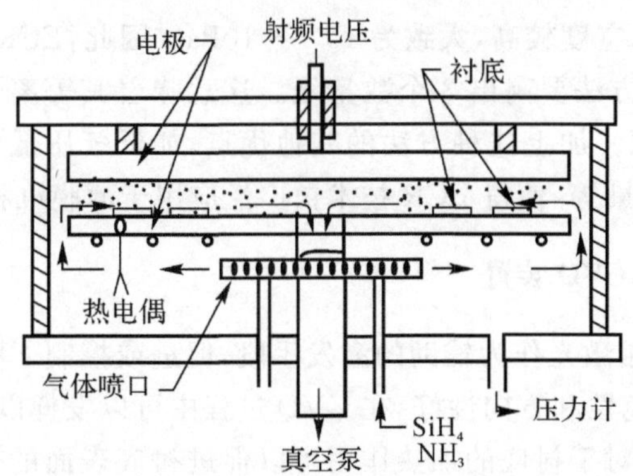

图 10 - 34　电容耦合的射频 PECVD 装置的示意图

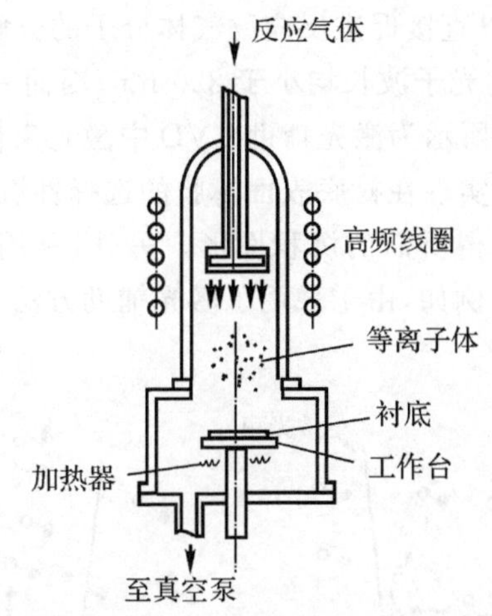

图 10 - 35　电感耦合的射频 PECVD 装置的示意图

PECVD 的常见的改进形式如图 10 - 36 所示。这种被称为电子回旋共振(ECR)方法的 PECVD 装置使用微波频率的电源激发产生等离子体。2.45GHz 频率的微波能量由微波波导耦合进入反应容器并使得其中的气体产生等离子体击穿放电。为了促进等离子体中电子从微波场中的能量吸收过程，在装置中还设置了磁场线圈以产生具有一定发散分布的磁场。

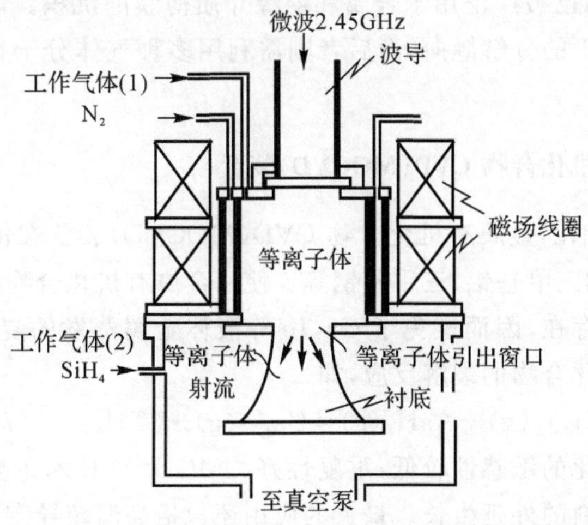

图 10 - 36　电子回旋共振 PECVD 装置的示意图

ECR 方法所使用的真空度较高，大致为 10^{-3}～10Pa。因此，ECR 方法获得的等离子体的电离度比一般的 PECVD 方法要高出 3 个数量级。这意味着其等离子体具有很高的活性，即可以被认为是一个离子源。加上这种方法的其他优点，如低气压低温沉积，等离子体可控性好，沉积速率高，无电极污染等，使得 ECR 技术被广泛应用于薄膜沉积以及刻蚀方面。

10.4.2.4 激光辅助 CVD 装置

激光辅助 CVD 是采用激光作为辅助的激发手段，促进或控制 CVD 过程进行的薄膜沉积技术。激光的强度高、单色性和方向性好，在 CVD 过程中可以发挥以下两种作用。

(1)热作用：激光能量对于衬底的加热作用可以促进衬底表面的化学反应，从而达到化学气相沉积的目的。

(2)光作用：高能量光子可以直接促进反应物气体分子的分解。由于许多常用反应物分子(如 SiH_4，CH_4等)的分解要求的光子波长均小于 220 nm，因而一般只有紫外波段的准分子激光才具有这一效应。图 10－37 所示为激光辅助 CVD 中激光束作用的两种机理。

利用激光的上述效应，可以实现在衬底表面薄膜的选择性沉积，即只在需要沉积的地方才用激光束照射衬底表面，从而获得所需的沉积图形。另外，利用激光辅助 CVD 技术，可有效地降低 CVD 过程的衬底温度。例如，由于采用了激光辅助方法，在 50℃的衬底温度下也可实现 SiO_2薄膜的沉积。

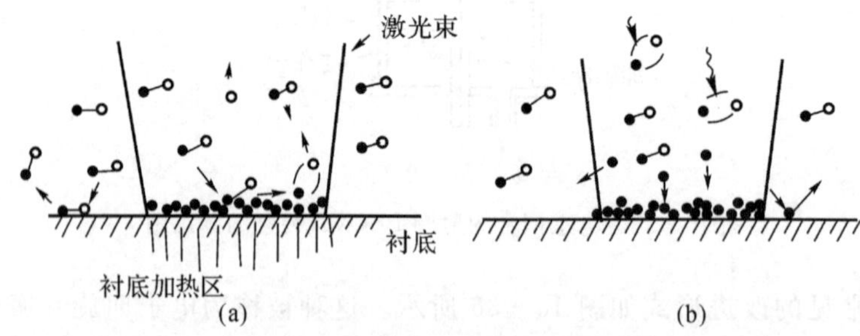

图 10－37　激光束在 CVD 沉积衬底表面的两种作用机理

(a)热解；(b)光活化

激光辅助 CVD 技术已被广泛用于金属和绝缘介质薄膜的沉积。前者直接利用了某些金属化合物分子在光作用下的分解倾向，而后者则需利用多种气体分子在光子促进作用下的化学反应。

10.4.2.5 金属有机化合物 CVD(MOCVD)装置

与一般 CVD 装置相比，金属有机化合物 CVD(MOCVD)装置在沉积过程中使用有机金属化合物作为反应物，如三甲基铝、三甲基铟等。使用金属有机化合物的优点在于这类化合物在较低的温度即呈气态存在，因而避免了 Ga，In 等液体金属蒸发的复杂过程。再者，由于整个沉积过程仅涉及这类化合物的裂解反应，如

$$Ga(CH_3)_3(g)+AsH_3(g)\Rightarrow GaAs(g)+3CH_4 \qquad (700℃)$$

因而沉积过程对温度变化的敏感性较低，重复性好。MOCVD 技术主要应用于各类Ⅲ～Ⅴ和Ⅱ～Ⅵ化合物半导体材料的外延生长。最近的应用还包括高温超导陶瓷薄膜的制备。

思　考　题

1. 请说出物理气相沉积和化学气相沉积的主要差别。

2. 说明在制备薄膜方面蒸发法与溅射法的区别。

3. 相比普通直流溅射，磁控溅射为什么能提高沉积速率、降低沉积温度、降低薄膜的污染？

4. 说明低压 CVD（减压 CVD）与常压 CVD 相比有什么优越性，为什么？

参考文献

[1] 陆佩文. 无机材料科学基础:硅酸盐物理化学[M]. 2 版. 武汉:武汉理工大学出版社,2006.

[2] 浙江大学,武汉建材学院,上海化工学院,等. 硅酸盐物理化学[M]. 北京:中国建筑工业出版社,1980.

[3] 樊先平,洪樟连,翁文剑. 无机非金属材料科学基础[M]. 杭州:浙江大学出版社,2004.

[4] 贺蕴秋,王德平,徐振平. 无机材料物理化学[M]. 北京:化学工业出版社,2005.

[5] 叶瑞伦,方永汉,陆佩文. 无机材料物理化学[M]. 北京:中国建筑工业出版社,1984.

[6] 周玉. 陶瓷材料学[M]. 2 版. 北京:科学出版社,2004.

[7] 南京化工学院. 陶瓷物理化学[M]. 北京:中国建筑工业出版社,1981.

[8] 闵乃本. 晶体生长的物理基础[M]. 上海:上海科学技术出版社,1982.

[9] 张克从,张乐潓. 晶体生长科学与技术[M]. 北京:科学出版社,1997.

[10] 朱世富,赵北君. 材料制备科学与技术[M]. 北京:高等教育出版社,2006.

[11] 唐伟忠. 薄膜材料制备原理、技术及应用[M]. 北京:冶金工业出版社,1998.

[12] 杨树人,丁墨元. 外延生长技术[M]. 北京:国防工业出版社,1992.